EJNAR HERTZSPRUNG

Pionier der Sternforschung

Ejnar Hertzsprung (1873–1967)

Dieter B. Herrmann

EJNAR HERTZSPRUNG

Pionier der Sternforschung

Mit 41 Abbildungen

Springer-Verlag

Berlin Heidelberg New York
London Paris Tokyo
Hong Kong Barcelona
Budapest

Professor Dr. Dieter B. Herrmann

Archenhold-Sternwarte
Alt Treptow 1, D-12435 Berlin

ISBN-13:978-3-642-78813-0

Die Deutsche Bibliothek – CIP-Einheitsaufnahme

Herrmann, Dieter B.: Ejnar Hertzsprung : Pionier der Sternforschung / Dieter B.
Herrmann. – Berlin ; Heidelberg ; New York ; London ; Paris ; Tokyo ; Hong Kong ;
Barcelona ; Budapest : Springer, 1994
ISBN-13:978-3-642-78813-0   e-ISBN-13:978-3-642-78812-3
DOI: 10.1007/978-3-642-78812-3

Einbandgestaltung: E. Smejkal, Heidelberg
Innengestaltung und Herstellung: A. Kübler, Heidelberg
Satz: Datenkonvertierung durch K. Mattes, Heidelberg

SPIN: 10127707   55/3140-5 4 3 2 1 0 – Gedruckt auf säurefreiem Papier

Wenn man unerbittlich arbeitet,
wird man immer etwas
und manchmal etwas Gutes finden

Ejnar Hertzsprung

Ich denke *manchmal*,
Hertzsprung denkt *immer*

Karl Schwarzschild

Eine Form des Genies
besteht in einer grenzenlosen Fähigkeit,
sich Mühe zu geben

Arthur S. Eddington

Ejnar Hertzsprung (1873–1967) ist unbestritten einer der großen Astronomen des 20. Jahrhunderts. Seiner Persönlichkeitsstruktur nach zählt er zum Ostwaldschen Forschertypus des Klassikers, der vor allem charakterisiert wird durch eine starke Zurückdrängung alles Persönlichen. Nicht allein das Werk selbst zeigt kaum persönliche Züge, es fehlt dem Klassiker überhaupt die Neigung, Privates preiszugeben, Motive seines Handelns in Wort und Schrift offenzulegen. Nun liegt die Bedeutung eines Wissenschaftlers ohne Zweifel in seinem Werk, doch verfolgt eine Biographie das Ziel, die Entstehung des Werkes mit der Lebensgeschichte, der Herkunft, der Ausbildung, den Zeitumständen und den persönlichen Eigenarten so in Verbindung zu bringen, daß eines aus dem anderen verstanden werden kann. Eine bloße Synchronisation von Leben und Werk vermag diesen Anspruch jedoch noch nicht zu erfüllen; zur Ergänzung von „Melodie" und „Generalbaß" fehlen noch die verbindenden Mittelstimmen, die nicht einfach „hinzugedichtet" werden können, sondern der Forschung bedürfen[1].

Was bisher an biographischen Arbeiten über Hertzsprung vorliegt, besteht fast durchweg aus Würdigungen anläßlich seiner Geburtsjubiläen oder aus Nekrologen. Sich als Biograph auf derlei Quellen zu verlassen, ist schon deshalb bedenklich, weil die Anlässe oft dazu verführen, sich auf „alles Gute, … was sich halbwegs begründen läßt" zu beschränken, während es andererseits gilt, „alles Üble entweder zu verschweigen, oder doch wenigstens so vorteilhaft für den Helden darzustellen, als es eine entsprechende Anordnung der Tatsachen nur irgendwie ermöglichen läßt"[2]. Diese Sicht dient natürlich in keiner Weise der Wahrheitsfindung über eine

Persönlichkeit, und somit ergeben sich auch verzerrte Blicke auf den Wissenschaftsprozeß und seine Spiegelung im Individuum. Die sich hinter der Lebensgeschichte verbergende Frage, wie denn wissenschaftliche Erkenntnisse im einzelnen zustande kommen, wird quasi durch Beschränkung auf das Positive falsch beantwortet – ein schwerer Verstoß gegen das Gebot der Objektivität. Vermeiden kann man diese Mängel wohl bei der Ausarbeitung einer Biographie niemals vollständig. Jede Biographie kann bestenfalls eine Annäherung an die Persönlichkeit sein, der sie gilt.

Glücklicherweise ist der wissenschaftliche Nachlaß von Hertzsprung weitgehend erhalten geblieben und mit großer Sorgfalt aufgearbeitet. Er befindet sich im History of Science Department der Universität Aarhus (Dänemark) und besteht aus Manuskripten, Notizen und der äußerst umfangreichen Hertzsprung-Korrespondenz. Letztere ist vollständig alphabetisch nach den Briefpartnern geordnet und liegt in einer Microfiche-Edition vor[3]. Es handelt sich um Zehntausende von Briefen, die an Hunderte von Adressaten gerichtet sind und insofern eine nahezu unerschöpfliche Quelle für die Hertzsprung-Forschung darstellen.

Zu der historischen Hauptquelle im Aarhuser Hertzsprung-Archiv gesellen sich noch weitere ergiebige Materialien, so z. B. in der Handschriftenabteilung der Niedersächsischen Staats- und Universitätsbibliothek Göttingen, im ehemaligen Zentralen Staatsarchiv der DDR, Dienststelle Merseburg (jetzt: Geheimes Staatsarchiv Preußischer Kulturbesitz, Dienststelle Merseburg), im Universitätsarchiv Göttingen sowie im Zentralen Archiv der Akademie der Wissenschaften der ehemaligen DDR (jetzt KAI e.V. Akademie-Archiv).

Von großem Wert für die Aufhellung biographischer Fakten ebenso wie für Hinweise auf die persönlichen Lebensumstände ist das Privatarchiv des Neffen von Ejnar Hertzsprung, Herrn Civilingenieur Leif Ditlevsen (Roskilde, Dänemark). Herr Ditlevsen hat mich anläßlich einer damals nur unter großen Schwierigkeiten möglichen Dänemark-Reise im Jahre 1989 auf das freundlichste empfangen und mir die Schätze seines Privatarchivs in großzügiger Weise zur Verfügung gestellt. Mehr noch: Er hat den in dänischer

Sprache geführten Briefwechsel Hertzsprungs mit seiner Mutter, seinem Bruder und seiner Schwester (der Mutter von Leif Ditlevsen) für mich ins Englische übersetzt, eine Mühe, für die ihm an dieser Stelle herzlicher Dank ausgesprochen sei.

Überhaupt ergaben sich bei der Abfassung der Biographie viele Fragen, die nur von Zeitzeugen, also von noch lebenden Mitarbeitern Hertzsprungs, beantwortet werden konnten. Als hilfreicher Freund ist hier vor allem Herr Professor Dr. Kjeld Gyldenkerne (Brorfelde, Dänemark) zu nennen, der wichtige Voraussetzungen für den Erfolg meiner Dänemark-Reise schuf, selbst wichtige Erinnerungen aus der Zeit seiner Zusammenarbeit mit Hertzsprung nach dem II. Weltkrieg beisteuerte und zahlreiche dänische Texte für mich übersetzte. Jedoch auch alle anderen von mir angeschriebenen ehemaligen Hertzsprung-Mitarbeiter oder -Schüler haben ohne Ausnahme bereitwillig ihre Erinnerungen zur Verfügung gestellt. Herzlicher Dank gilt daher Herrn Professor A. Blaauw, Groningen, Dr. G. van Herk, Warnsveld, Frau Dr. van den Hoven van Genderen, De Bilt, Professor J. H. Oort †, Leiden, Professor Dr. M. Schwarzschild, Princeton, Professor Dr. K. Aa. Strand, Washington, Frau R. Thorning † (Tochter Hertzsprungs), Helsingør, Professor Dr. A. J. Wesselink, Bethany, sowie Dr. R. M. West, München.

Darüber hinaus waren mir viele Kollegen mit Auskünften und Hinweisen behilflich, denen hier ebenfalls gedankt sei: Michael Arndt; P. Barner-Darnell (Rødorre); W. Becker (Binningen); G. Brauer (Großbothen); Hermann Brück (Penicuik); W. B. Burton (Leiden); S. Debarbat (Paris); E. Dekker (Linschoten); D. DeVorkin (Washington); R. Dreiser (Williamsbay); H. Dürbeck (Münster); V. F. Feitzinger (Bochum); K. Friedrich † (Berlin); O. Gingerich (Cambridge/Mass.); Heinz Haupt (Arnsberg); P. D. Hingley (London); F. Jäger (Potsdam); Frank Jansen (Berlin); Carlos Jaschek (Strasbourg); P. v. d. Kamp (Amsterdam); J. K. Katgert-Merkelijn (Leiden); Alexander Kaufmann (Berlin); R. Kippenhahn (Göttingen); Ole J. Knudsen (Older); Kohnke (Merseburg); K. Krüger (Berlin); E. Lamla (Bonn); Kate Larsen (Aarhus); M. Littmann (Baltimore); K. P. Moesgard (Aarhus); L. Morelle (Paris); L. Moustgaard (Kopenhagen); M. Pacheco (Princeton);

K.-M. Pedersen (Aarhus); Olaf Pedersen (Aarhus); Marius Püttmann (Amsterdam); H. Rohlfing (Göttingen); D. Schaumberg (Santa Cruz); F. Schmeidler (München); J. Schüller tot Peursum-Mejer (Utrecht); O. Schwarz (Eisenach); G. Schwendler (Leipzig); W. Thänert (Potsdam); M. Tilgner (Hamburg); A. Tammann (Basel); H.-H. Voigt (Göttingen); F. Welsch (Halle/Köthen); W. Wenzel (Sonneberg); K. Wundsam (Wien); V. van Zyl (Pretoria). Herrn D. Fürst (Berlin) danke ich herzlich für die Arbeit am Namenverzeichnis.

Schließlich gehört der Dank des Verfassers dem Springer-Verlag und insbesondere Herrn Professor Dr. W. Beiglböck für die engagierte verlagsseitige Betreuung dieser Biographie.

Berlin, im April 1994   *Dieter B. Herrmann*

Inhaltsverzeichnis

Teil I
Die frühen Jahre (1873 – 1902)

Teil II
Eine unerwartete Karriere (1902 – 1909)

Teil III
Erfolge auf dem Telegrafenberg (1909 – 1919)

Teil IV
Als Forscher in Holland (1919 – 1944)

Teil V
Die Jahre in Tølløse (1946 – 1967)

Teil I

Die frühen Jahre (1873 – 1902)

Ejnar Hertzsprung wurde am 8. Oktober 1873 in Frederiks-
berg/Kopenhagen geboren. Das ursprünglich als Dorf nahe
der dänischen Hauptstadt um das dortige Schloß angelegte Frederiksberg liegt heute mitten in der City, ist aber immer noch eine
selbständige Gemeinde.

Hertzsprung war das erste Kind der Eheleute Severin Carl Ludvig Hertzsprung und seiner Ehefrau Henriette, geb. Frost. Ejnar
Hertzsprungs Geburtshaus in Vodroffsweg 11 wurde im Jahre 1906
abgerissen.

Die Spuren von Hertzsprungs Vorfahren verlieren sich im 17.
Jahrhundert in der Mark Brandenburg. Die handschriftliche
„Stammtafel der Familie Hertzsprung"[1], die wahrscheinlich der
Urgroßvater niedergeschrieben hat, spricht von einem märkischen
Adelsgeschlecht als Vorfahren; wahrscheinlich leitet sich der Name
Hertzsprung vom Herkunftsort der Familie ab, wie viele Adelsna-
men.[2] Darauf bezieht sich auch der Autor der „Stammtafel", wenn
er schreibt, daß ein „noch heut zu Tage" in der Mark Brandenburg
liegendes Dorf den Namen Hertzsprung führt, das als „Stammgut"
der Familie zu gelten habe. Der gedachte Stammvater der Familie
habe als „churmärkischer Edelmann" bei Friedrich Wilhelm von
Brandenburg, „der Große genannt", in Diensten gestanden, sei aber
wegen einer unstandesgemäßen Heirat in Ungnade gefallen und so
des Adelstitels verlustig gegangen.

Eine eindeutige Zuordnung nach dem Ort bleibt trotzdem
schwierig, da es in Brandenburg zwei Orte dieses Namens gibt: das
Dorf Hertzsprung in der Prignitz bei Wittstock, dessen Schreib-
weise von 1139 (Herzesprunk) bis heute vielerlei Veränderungen erfahren hat und sich gegenwärtig Herzsprung nennt, sowie das Dorf
Herzsprung in der Uckermark bei Angermünde. In beiden Fällen
geht der Name auf das mittelniederdeutsche herte für das neuhoch-
deutsche Wort Hirsch zurück.[3]

Über die jüngere Linie der Familie besteht weitaus größere
und durch die entsprechenden Dokumente belegte Klarheit[4]: Der

Großvater väterlicherseits, Eduard Samuel Friedrich Hertzsprung (1802–1872), ging nach dem Bericht des Urgroßvaters im Jahre 1812 nach Kopenhagen, so daß auch Eduard Samuel, der später Tuchmacher wurde, fortan in Dänemark lebte. In Kopenhagen heiratete er am 24. 6. 1836 die Tischlerstochter Christiane Schou. Am 18. 5. 1839 wurde in dieser Ehe Severin Carl Ludvig Hertzsprung, der Vater Ejnar Hertzsprungs, geboren. Er heiratete am 19. 5. 1866 Henriette Christiane Charlotte Frost. Aus dieser Ehe gingen drei Kinder hervor: der Erstgeborene Ejnar sowie Ivar und Ellen Hertzsprung.

Ejnars Großeltern väterlicherseits starben sehr früh: Eduard Samuel bereits vor seiner Geburt und Christiane kurz nach der Vollendung von Ejnars zweitem Lebensjahr.

Beachtung verdient der Lebensweg des Vaters, der in einem merkwürdigen Doppelsinn die Entwicklung von Ejnar prägte und ermöglichte:[5] In den Lexika finden wir für Severin Hertzsprung die eigentümliche doppelte Berufsbezeichnung „Dänischer Versicherungsdirektor und Astronom". In der Tat studierte Severin Hertzsprung ab 1857 in Kopenhagen Astronomie und beendete dieses Studium im Jahre 1861 mit der Dissertation „Reduction of Maskelynes Iagttagelser af smaa Stjerner, anstillede i Aarene fra 1765 til 1787" (Reduktion von Maskelynes Beobachtungen schwacher Sterne), einem typischen Thema der klassischen Astronomie. Diese Dissertation wurde sogar preisgekrönt und 1865 in den Schriften der Königlich Dänischen Gesellschaft der Wissenschaften publiziert.[6] Trotzdem gelang es Severin Hertzsprung nicht, eine Anstellung als Astronom an einer Sternwarte zu finden. Um seinen Lebensunterhalt zu verdienen, nahm er deshalb eine Stellung im Dänischen Finanzministerium an und wechselte nach mehreren Jahren zur Leibrente- und Lebensversicherungsanstalt als Rechner.

Daß Astronomen sich als Versicherungsmathematiker betätigen, ist nicht so fernliegend, wie es zunächst scheint. Da die Versicherungsmathematik damals noch nicht den Rang einer eigenständigen Disziplin besaß, mußten diesbezügliche Probleme von sachkundigen Vertretern anderer Wissenschaften bearbeitet werden, darunter des öfteren von Astronomen. Ein berühmter Vertreter beider Disziplinen findet sich sogar schon im 18. Jahrhundert: Der Berechner der Bahn des nach ihm benannten Kometen, Edmond Halley, stellte z. B. eine Sterbetafel nach Aufzeichnungen über die Statistik der Todesfälle auf und entwickelte eine Methode zur Berechnung von Renten auf der Grundlage der Sterblichkeit. Halley – obwohl er sich nur am Rande mit diesen Problemen beschäftigte – gilt bis heute als einer der Pioniere der Sozialstatistik[7]. In Frankfurt am Main hatte später der Direktor der dortigen Sternwarte, Martin Brendel, eine Professur für Astronomie und Versicherungsmathematik inne. Ein weiteres Beispiel aus Dänemark ist der Astronom und Mathematiker Thorvald Nicolai Thiele[8]. Als Astronom vor allem durch seine Forschungen über Doppelsterne, aber auch als Stellarstatistiker bekannt, gründete er u. a. eine Versicherungsanstalt.

Severin Hertzsprung stieg in der Hierarchie seiner Institution rasch auf und bekleidete bereits 1871 – also noch vor Ejnars Geburt – den Posten des Geschäftsführers. 1882 übernahm er noch zusätzlich das Direktorat der Allgemeinen Witwenkasse. Während er sich mit seinem eigentlichen Studienfach, der Astronomie, nicht mehr beschäftigte, trat er als Versicherungsfachmann auch literarisch hervor. So veröffentlichte er in der *Letterstedt'ske Tidskrift* für 1879 eine Übersicht über das Lebensversicherungswesen in den Skandinavischen Ländern und gab 1892 eine umfangreiche Festschrift über die staatlichen dänischen Lebensversicherungsanstalten heraus. Severin Hertzsprung bekleidete somit eine geachtete gesellschaftliche Stellung, wie u. a. seine Mitwirkung im Vorstand der Kopenhagener Telefongesellschaft und seine Ernennung zum Ritter vom Danebrog (1878) beweisen.

Severin Hertzsprung war trotz seiner beruflichen Belastung äußerst vielseitig interessiert und fand auch Zeit für zwei große Leidenschaften: das Zeichnen und Modellieren. Noch heute existiert im Familienbesitz ein von ihm verfertigtes Medaillon seiner Ehefrau sowie eine Plastik von Ejnars Schwester Ellen. Aber auch auf dem Gebiet der Musik betätigte sich Severin Hertzsprung. Die starke musische Neigung machte er mit Erfolg auch für die Öffentlichkeit wirksam, z. B. als Mitglied des Aufsichtsrates einer Konzertvereinigung.

Im Hause der Familie Hertzsprung spielte die Musik eine große Rolle. Der Vater war nicht nur ein ausgezeichneter Solopianist, sondern musizierte auch gemeinsam mit Freunden. Ein erhaltengebliebenes Foto, das ihn pfeiferauchend am Klavier zeigt, gibt die ganze gesellige Persönlichkeit von Severin eindrucksvoll wider. Im Zeichenraum seiner Wohnung hatte Severin zwei große Flügel stehen und spielte mit seinen Freunden speziell arrangierte Sinfonien und Ouvertüren. Die Kinder wuchsen dadurch in einer ausgesprochen musischen Atmosphäre auf. Noch im hohen Alter erinnerte sich Ejnar an die musikalischen Erlebnisse im Elternhaus.[9] Überhaupt bewirkte der musikalische Familiensinn bei Ejnar häufige Besuche von Konzerten und Opernaufführungen, ein lebhaftes Jugendinteresse, das sich aber später verlor und zugunsten seiner Forscherleidenschaft gänzlich zurücktrat.[10] In vielen Kurzbiographien über Ejnar heißt es, er habe die Neigung zur Astronomie von seinem Vater „geerbt". Wenn auch sicher nicht im genetischen Sinne, so ist doch anzunehmen, daß Severin – wahrscheinlich unbewußt – manches unternommen hat, was geeignet war, die Neugier seines Sohnes zu schüren und sein Interesse auf die Welt der Sterne zu lenken. Aus rationalen Erwägungen hat er seinem Sohn jedenfalls dringend abgeraten, den Beruf eines Astronomen zu ergreifen. Angesichts der mathematischen Fähigkeiten Ejnars sagte er ihm sogar – wenn vielleicht auch halb im Scherz: „Du wärest sicher ein guter Statistiker. Das kannst Du aber keinesfalls werden, denn das bin ich ja schon"[11]. Trotzdem mag die spätere Berufswahl mit der mißglückten Astronomenkarriere seines Vaters psychologisch in engem Zusammenhang gestanden haben, vielleicht sogar gerade deswegen, weil der Vater schon früh starb. Ein Hinweis in dieser Richtung ist jedenfalls die Tatsache, daß Severin eine sicherlich sehr eindrucksvolle Sternkarte in seiner Wohnung anbrachte: Er verkleidete eines der Fenster seines häuslichen Zeichenateliers mit einer dunklen Folie und markierte die Sterne durch unterschiedlich große Löcher, die er mit glühenden Nadeln in die Folie gestochen hatte entsprechend der scheinbaren Helligkeit der Sterne. Bei Tageslicht erschien auf diese Weise ein leuchtender Sternhimmel vor den Augen des Betrachters. Der junge Ejnar wurde dadurch mit den wichtigsten

Sternen und Sternbildern des nördlichen Himmels bekannt, und seit jener Zeit datiert seine Gewohnheit, das Datum von Briefen statt durch die Angabe des Wochentags mittels des zu diesem Tag gehörenden Planetenzeichens zu kennzeichnen[12].

Wie tief übrigens den jungen Ejnar die merkwürdige Sternkarte seines Vaters beeindruckt, ja vielleicht sogar unbewußt geprägt hat, zeigt eine Erwähnung dieses frühen Jugendeindrucks gegenüber seinem Schüler K. Aa. Strand: „Das einzige Mal, daß er mit mir jemals über seine Kindheit sprach", erinnerte sich Strand, „war in Berkeley, Kalifornien, anläßlich der Tagung der Internationalen Astronomischen Union im Jahre 1961: Er sagte, daß sein Vater eine Sternkarte mit Löchern anstelle der Sterne an einem Fenster befestigt hatte. Und diesen ‚Sternhimmel' beobachtete Ejnar vom Flur der Wohnung aus mit einem behelfsmäßig verfertigten Teleskop."[13]

Seine Schulausbildung erhielt Hertzsprung an der sogenannten Metropolitan-Schule, einer traditionsreichen Bildungsstätte der dänischen Hauptstadt – zu Hertzsprungs Zeit das einzige öffentliche Gymnasium der Stadt.[14] Von seinen Lehrern ist Hertzsprung besonders Anton Frederik Pullich lebenslang in Erinnerung geblieben. Ihm schrieb er den stärksten Einfluß auf seine Entwicklung zu. Pullich muß ein hervorragender Pädagoge gewesen sein. Seit 1870 an der Metropolitan tätig, wird bezeugt, daß er es nicht nur verstand, die Liebe zur Mathematik bei seinen Zöglingen zu entfachen, sondern daß er die Schüler zugleich durch seine noble Persönlichkeit beeinflußte[15]. Angesichts der zurückhaltenden Auskünfte, die Hertzsprung selbst über sein Leben gegeben hat, erscheint außerdem der Hinweis auf den Mitschüler Adam Vilhelm Rump[16] interessant, der ihn ebenfalls nachhaltig beeinflußt habe.

Als Schüler der Metropolitan-Schule zeigte Hertzsprung bereits recht einseitige Interessen, was dazu führte, daß er im Durchschnitt keine besonders herausragenden Leistungen aufzuweisen hatte. In dem Abiturzeugnis Hertzsprungs von 1892 finden sich gute und sehr gute Noten ausschließlich in den mathematisch-naturwissenschaftlichen Fächern. Die schriftliche Prüfung in Dänisch (Aufsatz mit Wahlthema) fiel gar so schlecht aus, daß ein „unbefriedigend" die Folge war. Auch in den Sprachen zeigte Hertzsprung keine herausragenden Leistungen. Hingegen erreichte er in Arithmetik, Geometrie und Chemie die beste Note, während die Bewertung in Physik nur wenig schlechter ausfiel[17].

Drei Gebiete interessierten den jungen Hertzsprung ernsthaft: Schon seit seinen frühesten Schuljahren beschäftigte er sich mit Geographie. Er zeichnete mit viel Geschick Karten verschiedener Länder und legte lange Listen über Städte und deren Bevölkerung an, verfolgte die Statistiken über den Welthandel. Dank seines ausgezeichneten Gedächtnisses arbeitete er mit diesem früherworbenen Wissen lebenslang, und es war ihm nützlich bei seiner späteren, privaten Beschäftigung mit Außenpolitik[18]. Ein zweites Gebiet, das ihn faszinierte, war die Chemie. Seine Neigung für diese Wissenschaft war durch ein kleines Buch des bedeutenden dänischen Chemikers Hans Peter Jörgen Julius Thomson[19] geweckt worden[20].

Ein drittes Interesse begann sich bei Ejnar eben herauszubilden: Im August 1892 schrieb Severin Hertzsprung von einer Geschäftsreise einen Brief an seinen Sohn, in dem er von einem Besuch bei einem befreundeten Professor der Medizin berichtet, der sich als Amateurfotograf betätigte. Severin war von den Bildern seines Freundes so begeistert, daß er selbst eine Kamera kaufte und damit bei Ejnar ein lebenslanges Interesse an der Fotografie auslöste.

Was die berufliche Zukunft von Ejnar anlangte, so fiel die Entscheidung zugunsten der Chemie, gewiß unter beratender Mitwirkung seines Vaters. Im Hinblick auf die wirtschaftliche Zukunft seines Sohnes war der Rat des Vaters durchaus treffsicher, denn die Chemie befand sich im Aufschwung. Insbesondere der Anwendung chemischer Verfahren in der Industrie war absehbar eine große Zukunft beschieden. Bereits um die Mitte des 19. Jahrhunderts hatte sich die Erkenntnis durchgesetzt, daß die Chemie eine außerordentliche Bedeutung für die Produktion haben würde. Die volle Entfaltung des Wissensgebäudes der „klassischen Chemie" ermöglichte den Aufbau einer chemischen Industrie, deren Ansätze sich zur Zeit von Hertzsprungs Abitur für einen Mann von der Bildung und dem Weitblick seines Vaters bereits deutlich erkennen ließen.

Hertzsprung studierte an der Polytechnischen Lehranstalt, einer Art Technische Hochschule, nicht an der Kopenhagener Universität. Ungeachtet des zunächst noch geringeren Ansehens der Absolventen von Polytechnika oder höheren Gewerbeschulen, hatten gerade sie eine große Bedeutung für die Übertragung wissenschaftlicher Erkenntnisse auf die Produktion. Denn gerade die chemische Technik bewirkte das verstärkte „Eingreifen" der Chemie ins „öffentliche Leben"[21].

Während seiner Studienzeit verstärkte sich Hertzsprungs Interesse für Fotografie. Von einem gemeinsamen Urlaub im Sommer 1893 außerhalb Kopenhagens schrieb Ejnar z. B. an seinen Bruder Ivar, welche Chemikalien er für seine fotografischen Experimente benötigte.

Im Herbst des Jahres 1893 traf die Familie ein schwerer Schlag: Hertzsprungs Vater, der schon seit längerem an einer schweren Bronchitis gelitten und fast den ganzen Sommer im Bett verbracht hatte, starb am 27. Oktober, wenige Wochen nach Ejnars 20. Geburtstag. Die Mutter blieb mit ihren beiden Söhnen und der Tochter Ellen allein zurück. Der frühe Tod von Severin Hertzsprung schmiedete die Familie noch fester zusammen.

Ivar teilte zunehmend die Interessen von Ejnar, und sie wurden beide begeisterte Fotografen. Aus jenen Jahren stammt eine offenbar mit Selbstauslöser und Blitzlicht belichtete Aufnahme, die beide Brüder beim Experimentieren in ihrer gemütlichen, mit Apparaten und Büchern vollgestopften Studierstube zeigt – das einzige Foto, auf dem Ejnar und Ivar gemeinsam abgebildet sind. Ivar, der Geschichte und Ärchäologie studierte, durchstreifte mit seinem Fotoapparat vor allem zahlreiche Kirchen und bannte das Interieur auf fotografische Platten, wozu ihm Ejnar die technischen Anweisungen gab[22].

Ejnar selbst wendete sich noch während seiner Studienjahre einem fotografischen Trend der Zeit zu: der stereoskopischen Abbildung.

Als die Trockenplatte und der Film als Träger der fotografischen Emulsion aufkamen, verbreitete sich Ende der 80er Jahre die Anwendung der stereoskopischen Technik merklich[23]. Hertzsprung verschrieb sich mit Eifer diesem neuen Hobby und ließ sich eigens zu diesem Zweck eine Kamera nach eigenen Angaben bauen. Sie wurde im Jahre 1898 von dem Instrumentenmacher J. P. Andersen in Nellerod (Nordseeland) hergestellt. Hertzsprung hatte sich auch gleich sechs Doppelaluminiumkassetten für Platten des Formats 12 × 16,5 cm anfertigen lassen. In den folgenden Jahren war die Stereokamera sein ständiger Begleiter auf vielen Reisen, und mit großer Sensibilität bannte Hertzsprung vielerlei Motive auf die Raumbildplatte. Bis in die zwanziger Jahre hinein war er ein begeisterter Amateurfotograf, ehe sich diese Leidenschaft dann allmählich verlor und ihn nur noch die Astrofotografie interessierte. 1898 gewann er sogar die Bronzemedaille für seine auf einer Ausstellung des Kopenhagener Fotoamateurklubs gezeigten Bilder[24]. Ein spezielles Betrachtungsgerät für die Stereofotos baute nach Ejnars Entwürfen seine Schwester Ellen, die den Beruf einer Buchbinderin erlernt hatte und die erforderlichen handwerklichen Kenntnisse mitbrachte[25].

Im Januar 1898 beendete Hertzsprung sein Studium am Polytechnikum und wurde „Fabriksingeniør". Nun galt es, sich dem Berufsleben zuzuwenden.

Jahre in St. Petersburg

Aufgrund der gutbürgerlichen finanziellen Situation der Familie bestand für Hertzsprung keine unmittelbare Notwendigkeit, umgehend Geld zu verdienen. So konnte er einerseits zunächst seinen Interessen weiter nachgehen und sich andererseits in Ruhe um eine ihn interessierende Stelle kümmern. Diese fand er 1899 als Assistent bei Theodor Höffding, der als Däne eine chemische Fabrik in St. Petersburg betrieb. Die chemische Industrie befand sich damals in Rußland in einer Phase des Aufschwungs, wenn sie auch noch weit von dem Standard in den westeuropäischen Staaten, besonders in Deutschland, entfernt war. Doch gerade in den 80er und 90er Jahren ging man in Rußland erfolgreich dazu über, die Einfuhren wichtiger Grundstoffe der chemischen Industrie durch stark zunehmende Eigenproduktion zu reduzieren.

Innerhalb der chemischen Industrie wurde das Acetylen ein besonders attraktives und profitables Produkt. Der Berliner Chemiker Michael Altschul[26] setzte sich an die Spitze der Bewegung und hatte gerade ein Jahr zuvor die Zeitschrift *Acetylen in Wissenschaft und Industrie* gegründet, ein Organ des Deutschen Acetylenvereins. Zeitschriften sind in der Wissenschaft stets ein Indiz für den Reifegrad einer Disziplin. Mit Acetylen ließ sich Geld verdienen.

Acetylen (Ethin) ist ein farbloses Gas, zu dessen wichtigsten Eigenschaften die Tatsache zählt, daß es mit helleuchtender Flamme brennt. Es wurde daher um 1900 vor allem als Leuchtgas für Acetylenlampen verwendet. Zur Gewinnung diese Stoffes benötigt man Carbid. Höffdings Firma beschäftigte sich um diese Zeit vor allem mit der Installation von Acetylenbeleuchtungsanlagen und hatte einige Aufträge für die Eisenbahn in St. Petersburg.[27] Hertzsprung sollte sich hauptsächlich als Konstruktionszeichner betätigen und Literaturrecherchen über Karbid und Acetylen durchführen. Er reiste im August 1899 nach Petersburg, wohnte dort zunächst im Hotel d'Angleterre, zog aber nach einigen Wochen in die Pension von Mrs. Petrick (Litejnii Prospekt 13). Um die russische Sprache zu erlernen, suchte er sich umgehend per Annonce einen Lehrer.

Innerhalb der nächsten Jahre schreibt er fast 250 Briefe und Postkarten an die Familie in Dänemark – ein Zeugnis für die starke Bindung an Mutter und Geschwister. Nur diesem Umstand verdanken wir die Kenntnis näherer Einzelheiten über seinen Aufenthalt und seine Arbeit in Rußland[28].

Höffding wußte genau, daß für die rasche Einführung der Acetylenbeleuchtung in Rußland vor allem die Bedenken zu zerstreuen waren, die immer wieder gegen die neue Lichtquelle laut wurden: Um die Geruchsbelästigung während des Abbrennens von Acetylen zu beseitigen, die Explosionsgefahr zu bannen und die neue Lichtquelle billiger und damit attraktiver zu machen, waren Kontakte zu führenden Kapazitäten des Gebietes dringend erwünscht. Deshalb reiste Hertzsprung im Auftrag seines Chefs im Dezember 1899 nach Berlin, wo er bei dem führenden Experten Altschul seine

Kenntnisse der neuesten Entwicklungen in der Acetylenforschung vertiefen sollte. Hertzsprung besichtigte mehrere Acetylenfabriken in der Nähe Berlins und arbeitete auch an der Technischen Hochschule. Gerade Berlin galt damals als eines der wichtigsten Zentren der chemischen Forschung und der chemischen Industrie, die bereits eng miteinander verflochten waren[29].

Deshalb kam Höffding im Februar des Jahres 1900 selbst nach Berlin, während er Hertzsprung beauftragte, sich in Hamburg umzuschauen. Hertzsprung beschäftigte sich jetzt hauptsächlich mit optischen Messungen.

Als Hertzsprung für einige Monate in den Kalziumkarbidwerken von Imatra eingesetzt wird, genießt er in vollen Zügen die herrliche Natur Finnlands, deren Schönheiten er wieder und wieder auf die fotografische Platte bannt. Sein Interesse an der Arbeit für Höffding wird dabei immer geringer; wahrscheinlich war er von Anbeginn ohnehin nicht gerade mit Feuereifer bei diesem „Brotberuf". Deshalb reift der Plan heran, für Änderung zu sorgen, da es für ihn in Petersburg keine Arbeit mehr gäbe. Höffding selbst hat offenbar genug Arbeit und Pläne.[30] Vielleicht war es also weniger der Mangel an Arbeit für Hertzsprung als vielmehr der Mangel an Begeisterung Hertzsprungs für diese Arbeit, der den auf Profit und Effizienz bedachten Höffding dazu bewegte, sich von Hertzsprung wieder zu trennen.

Hingegen besteht weiterhin Kontakt zu Altschul in Berlin, der weniger Unternehmer und Praktiker ist, sondern stärker die Forschung pflegt. Altschul, der offenbar Gefallen an Hertzsprung gefunden hat, bemüht sich, eine Anstellung für ihn zu finden. So verläßt Hertzsprung St. Petersburg im Juli 1901 und reist über Helsingfors und Stettin nach Berlin. Hier wird er von Altschul herzlich willkommen geheißen und nimmt eine Tätigkeit in dessen Laboratorium auf. Während des Urlaubs von Altschul wird er sogar mit der Vertretung des Chefs beauftragt, wie Hertzsprung stolz nach Hause berichtet. Altschul erkennt die offensichtliche wissenschaftliche Begabung Hertzsprungs und schlägt ihm vor, eine entsprechende Laufbahn einzuschlagen.

Eine der größten Kapazitäten der Chemie in Deutschland ist zu jener Zeit Wilhelm Ostwald, der seit 1887 den Lehrstuhl für Physikalische Chemie an der Universität Leipzig innehat. Altschul und Hertzsprung kommen gemeinsam zu dem Ergebnis, daß Hertzsprung sich in Leipzig vor allem Spezialkenntnisse auf dem Gebiet der Fotochemie aneignen sollte, was ihn natürlich außerordentlich reizte, da er doch die praktische Fotografie mit wahrer Leidenschaft betrieb.

Intermezzo in Leipzig

Anfang Oktober reist Ejnar Hertzsprung von Berlin nach Leipzig und ersucht um seine Zulassung zum Studium in Ostwalds Laboratorium. Auf den Tag genau an seinem 28. Geburtstag (8. Oktober 1901) trifft die Zusage ein.

Leipzig war in mehrerer Hinsicht eine glückliche Wahl: Die Fotochemie war eine aufstrebende Disziplin, umfassend, weitverzweigt und noch wenig bearbeitet[31]. Die beiden Männer, die in Leipzig auf diesem und verwandten Gebieten wirkten, Ostwald selbst und sein Mitarbeiter R. Luther, waren in jeder Hinsicht herausragend. Ostwald galt als ein berufener Lehrer, der zu seinen fortgeschrittenen Studenten ein so persönliches Verhältnis pflegte, daß er sie sogar an „ungezwungener Geselligkeit im Familienkreise" teilnehmen ließ[32]. Als wichtigste Aufgabe wissenschaftlicher und technischer Bildung betrachtete er die Fähigkeit, ungelöste Probleme zu bewältigen und aus dem Bekannten kommend in das Unbekannte einzudringen[33]. Luther, den Hertzsprung in Leipzig gut kennenlernte[34], sprach mit ansteckender Begeisterung von der Fotochemie[35].

Am 14. Dezember 1901 schreibt sich Hertzsprung unter der laufenden Nummer 218 in die Hörerlisten der Universität ein[36]. Sein Ziel war das sogenannte „Verbundexamen" als Vorbereitung auf eine Doktorarbeit. Da Hertzsprung bereits in Dänemark eine solide Ausbildung genossen hatte, konnte er das Examen ohne Schwierigkeiten schon Ende Juli 1902 ablegen.

Nun hatte er endlich ein klares Ziel vor Augen: Die Promotion in Chemie, und noch dazu bei einem Lehrer, der weltweites Ansehen als Forscher ebenso genoß wie als Begründer einer geachteten wissenschaftlichen Schule. Wie unbeschwert konnte Hertzsprung nun seine Ferienreise in den Bayerischen Wald antreten. Es ging über Dresden und die Sächsische Schweiz nach Prag und von dort über Süddeutschland, Eisenstein und Nürnberg. Dieser Sommerurlaub wurde eine wahre Fotosafari, wovon viele Landschaftsaufnahmen zeugen, die sich bis heute im Nachlaß Hertzsprungs erhalten haben.

Am 28. September kehrte Hertzsprung wieder nach Leipzig zurück. Da traf ihn ein unerwarteter Schicksalsschlag: Einen Tag zuvor war sein geliebter Bruder Ivar im Alter von nur 26 Jahren unerwartet gestorben. Hertzsprung änderte spontan all seine Pläne und reiste unverzüglich nach Kopenhagen zu seiner Mutter und Schwester zurück. Diese Abreise sollte den endgültigen Abschied von der Chemie als beruflicher Laufbahn bedeuten, ohne daß sich einstweilen neue Ziele vor Hertzsprungs geistigem Horizont abzeichneten.

Teil II

Eine unerwartete Karriere (1902 – 1909)

Hertzsprungs Situation nach seiner Rückkehr aus Leipzig war alles in allem seltsam: Mit fast 30 Jahren hatte er wissenschaftlich noch keinerlei Lorbeeren geerntet und außerdem die vorgesehene Chemikerlaufbahn abgebrochen. Was er in den folgenden Jahren unternahm, ist dem glücklichen Umstand zuzuschreiben, daß die soziale Situation der Familie weit über dem Durchschnitt lag, obwohl der Ernährer fehlte. Severin Hertzsprung hatte gut vorgesorgt – beinahe eine Selbstverständlichkeit angesichts seiner Profession als Versicherungsdirektor. Ein Facharbeiter verdiente damals ungefähr bis zu 700 Kronen im Jahr. Eine Dreizimmerwohnung kostete bis zur Hälfte dieses Einkommens. In vielen Zweizimmerwohnungen Kopenhagens wohnten bis zu 5 Personen, denn die Bevölkerung Kopenhagens hatte sich in der kurzen Zeitspanne zwischen 1870 und 1901 von 198 000 auf 477 000 Einwohner mehr als verdoppelt[1].

Das Hausbuch der Mutter verzeichnete zu Beginn des Jahres 1894 ein Guthaben von 100 000 Kronen bei einer jährlichen Miete der großzügigen gutbürgerlichen Wohnung von 1000 Kronen[2]. Der Verzicht des Vaters auf die ursprünglich angestrebte wissenschaftliche Laufbahn hatte somit die Grundlage für eine sorgenfreie Existenz der Familie geschaffen. Daraus ergab sich für Ejnar die Möglichkeit einer freien wissenschaftlichen Tätigkeit ohne jeden Zwang, sich nach einer finanziell lukrativen Beschäftigung umzusehen. Dessen war er sich übrigens durchaus lebenslang bewußt. Noch in seiner Antrittsvorlesung an der Universität Leiden im Jahre 1921 nahm der 48jährige dankbar auf diese wichtige Voraussetzung einer freien und ungebundenen Forschertätigkeit Bezug[3].

Zu den Vorzügen seiner Situation zählte vor allem, daß er die Themen seiner wissenschaftlichen Studien frei wählen konnte, ohne an das Programm eines Institutes oder die Neigungen eines Vorgesetzten gebunden zu sein, allerdings auch ohne die führende Hand eines erfahrenen Wissenschaftlers. Die Vorliebe Hertzsprungs für die Lösung von Forschungsaufgaben tritt jetzt ganz offensichtlich in Erscheinung, und sehr wahrscheinlich wurde sie ausgelöst durch die kurze, aber intensive Studienzeit in Leipzig. Dabei verwundert es wenig, daß Hertzsprung sich als Autor zunächst einem Thema zuwendet, dem schon länger sein besonderes Interesse gilt: der Stereofotografie. In dem kleinen Aufsatz „Normalabmessungen für Stereoskopie"[4] faßt Hertzsprung seine Erfahrungen auf diesem Gebiet zusammen und wendet sich zugleich gegen die vielen handelsüblichen stereoskopischen Apparate, in denen er eine „Mißhandlung" der stereoskopischen Gesetze erblickt. Die kleine Abhandlung bringt Empfehlungen für die bei stereoskopischen Aufnahmen am zweckmäßigsten zu verwendenden Objektive (Brennweiten, Abstand der Objektive, Plattengröße, Stativhöhe), Bildgrößen und Betrachtungsapparate und begründet die angegebenen Daten vor allem aus den praktischen Erfahrungen heraus.

Auf einer Zeichnung finden wir einen stereoskopischen Betrachtungsapparat dargestellt, der durch die Leipziger Etuis- und Kartonagenfabrik Theodor Schröter in Connewitz für 12 Mark zu beziehen war. Die Nennung dieser Firma ist kein Zufall. Von dort bezog Hertzsprung während seines Studiums gelegentlich selbst Materialien für seine Tätigkeit. Schröter handelte nämlich nicht nur mit Spezialitäten für die Mikroskopie, Instrumenten und Reagenzien, sondern auch mit Fotozubehör. Dies hatte Hertzsprung auf die Idee gebracht, seine Erkenntnisse über die stereoskopische Fotografie und Bildbetrachtung in die Konstruktion eines Betrachtungsapparates umzumünzen, den er Schröter zur Herstellung anbot. Offensichtlich verfolgte er damit die Absicht, auch am Gewinn des Verkaufs beteiligt zu sein. Der teilweise recht sporadische Briefwechsel zwischen Hertzsprung und Schröter, der sich über 17 Jahre verfolgen läßt, macht allerdings deutlich, daß Hertzsprungs stereoskopischer Betrachtungsapparat in kaufmännischer Hinsicht kein Erfolg gewesen ist – lediglich Hertzsprung selbst taucht immer wieder als Kunde auf, zuletzt noch im November 1910 als Professor in Potsdam. Möglicherweise wurden aber die 71 stereoskopischen Aufnahmen, die Hertzsprung an Schröter lieferte, besser verkauft[5].

Die Chemie spielte in seinem Denken jetzt überhaupt keine Rolle mehr, schon gar nicht das Acetylenproblem. Das verraten die Titel der folgenden Abhandlungen, die er im Sommer 1904 bei der *Zeitschrift für wissenschaftliche Photographie, Photophysik und Photochemie* eingereicht hat. Diese Zeitschrift war soeben erst gegründet worden (1. Band 1903) und erschien bei Johann Ambrosius Barth in Leipzig. Hertzsprung, der sich in der wissenschaftlichen Literatur bestens auskannte, las auch dieses neue Journal und ließ sich von dem thematisch breiten Spektrum der dort publizierten Abhandlungen sicher zu mancher eigenen Überlegung anregen. Der erste Herausgeber der Zeitschrift, H. Kayser, schrieb seinem Blatt die Aufgabe zu, die Physik des Elektrons zu fördern, denn er meinte, Fotografie und Fotochemie würden sich erst wirklich verstehen lassen, wenn die Natur des Elektrons aufgeklärt sei. Daneben solle aber auch „Kärrnerarbeit" geleistet werden, denn der „mächtige Palast", wie er das zu errichtende wissenschaftliche Gebäude der Fotografie nannte, bedürfe auch der Leute, die „Steine brechen, sie zufahren oder Mörtel anrühren"[6]. Dazu fühlte sich offenbar Hertzsprung berufen. Seine beiden, wenige Tage nacheinander eingereichten Studien heißen „Notiz über den mittleren Augenabstand"[7] und „Über Tiefenschärfe"[8]. Von Astronomie ist bis dahin weder in seiner zahlreichen Familienkorrespondenz noch in diesen ersten, eher bescheidenen Veröffentlichungen die Rede. Auch die damals schon recht fortgeschrittene astronomische Fotografie wird überhaupt nicht erwähnt. Sie lag offenbar völlig außerhalb von Hertzsprungs Interessenssphäre.

Was die kleinen Publikationen durchweg kennzeichnet, sind scharfsinnige Analyse, überaus gewissenhafte Fehlerkritik sowie die Kunst, mit einem Minimum an experimentellem Aufwand das jeweilige Problem weitgehend zu lösen. Diese Eigenschaften charakterisieren übrigens Hertzsprungs sämtliche Arbeiten ein Leben lang.

In seiner nächsten Veröffentlichung, eingereicht am 3. Dezember 1904, greift er wieder ein fotografisches Thema auf, diesmal allerdings eine Fragestellung von tiefergehendem Interesse, unmittelbar angeregt durch zwei Arbeiten des englischen Pioniers der astronomischen Fotografie, William Abney. Hertzsprungs Manuskript trägt den Titel „Notiz über die spektrale Veränderlichkeit der Gradation von Bromsilbergelatineplatten"[9]. Das Ziel besteht darin, die von Abney gefundenen experimentellen Resultate theoretisch zu erklären. Zu seiner großen Freude erreichte ihn im Sommer 1905 mit Bezugnahme auf diese Publikation ein Glückwunschschreiben von Sir Abney, in dem dieser nicht nur den von Hertzsprung geleisteten mathematischen Beitrag zur Theorie der Fotografie lobt, sondern auch nach weiteren diesbezüglichen Veröffentlichungen Hertzsprungs fragt[10].

Inhaltlich schließt sich die größere Abhandlung „Eine spektralphotometrische Methode"[11] unmittelbar an. Daß sie nur rund 4 Wochen nach der vorangegangenen Publikation bei der Redaktion eingereicht wird, belegt eine äußerst intensive Arbeitsphase Hertzsprungs.

Der astronomisch gebildete Leser vermutet wahrscheinlich, daß mit den zuletzt genannten Publikationen der Übergang zur Astronomie bereits beschritten ist. Ein Blick auf die Arbeiten selbst zeigt jedoch das Gegenteil. In der „spektralfotometrischen Methode" versucht Hertzsprung z. B. die spektrale Empfindlichkeitskurve von Platten zu bestimmen, indem er auf dieselbe Platte untereinander mehrere Spektren mit ansteigenden Expositionszeiten fotografiert und dann Stellen gleicher Schwärzung ermittelt. Dafür stehen ihm lediglich eine Petroleumlampe sowie ein Prismenspektrograph zur Verfügung. An astronomische Anwendungen ist nicht gedacht.

Am 25. November 1904 hielt Hertzsprung einen Vortrag im Fotografischen Amateurklub in Kopenhagen[12]. Schon der Titel läßt erkennen, daß er sich weder mit fotochemischen noch mit astronomischen Fragen befaßte: Er sprach „Über das Licht". Doch weniger die physikalischen Vorstellungen über das Wesen des Lichts stehen im Mittelpunkt seiner Erörterungen als vielmehr Fragen der additiven und subtraktiven Farbmischung, des Gebrauchs von Farben in der Malerei, das Purkinje-Phänomen und schließlich wieder das Problem der spektralen Empfindlichkeit von Bromsilbergelatineplatten und des Ausgleichs von Fehlern durch orthochromatische Platten und geeignete Filter.

Um dieselbe Zeit ist Hertzsprung aber auch mit einem gänzlich anderen Thema befaßt, das an seine „Acetylenzeit" erinnert: Er entwickelt einen Rechenschieber für die Kalkulation des Gastransports in Pipelines verschiedener Dimensionen. Die Lösung dieser von seinen sonstigen Interessen schon recht entfernt liegenden Knobelaufgabe sollte allerdings auch wirtschaftlich verwertet werden. Zu diesem Zweck hielt Hertzsprung Kontakt mit einer deutschen Herstellerfirma und beschäftigte sich auch mit der rechtlichen Sicherung seiner Erfindung durch eine etwaige Patentanmeldung[13].

An der Kopenhagener Urania-Sternwarte

Angesichts der zahlreichen Interessen Hertzsprungs, seiner immensen Tätigkeit und der engen Berührungen von Astronomie und Fotografie verwundert es nicht, daß Hertzsprung auch Kontakt zu den Observatorien Kopenhagens herstellte. Es gab deren zwei in der dänischen Hauptstadt: die ältere Sternwarte der Kopenhagener Universität (neu gegründet 1861) und die 1897 durch den Amateurastronomen Victor Nielsen gegründete Urania-Sternwarte in Frederiksberg[14]. Als Hauptinstrument stand dort ein visueller Refraktor 246/4090 mit einem parallel montierten, fotografischen Refraktor 160/3200 zur Verfügung. Obschon von einem Amateur begründet und bis zu dessen Tod von ihm geleitet, stellte sich die Sternwarte doch wissenschaftliche Aufgaben. Nielsen selbst war sich seiner Grenzen aufgrund mangelnder akademischer Ausbildung durchaus bewußt, strebte aber an, wissenschaftlich interessierte professionelle Astronomen an das Observatorium zu ziehen, um die ausgezeichneten Instrumente möglichst effektiv genutzt zu sehen.

Als Hertzsprung zur Urania-Sternwarte kam, wirkte dort der um sechs Jahre jüngere Hans Emil Lau[15]. Er hatte an der Kopenhagener Universität studiert und interessierte sich für sehr viele verschiedenartige astronomische Forschungsfragen. Unter anderem beschäftigte sich auch Lau mit Sternfarben, Sternparallaxen und atmosphärischer Dispersion. Für Hertzsprung war Lau offenbar nicht allein der „Verbindungsmann" zur Sternwarte, sondern auch ein großer Anreger und Lehrer. Wenn auch jünger, so war Lau doch auf dem Gebiet der Astronomie ausgebildet, Hertzsprung hingegen nicht. Wir wissen nicht, warum sich Hertzsprung eines Tages nach 25 Dronning Olgas Vej in Frederiksberg auf den Weg machte und sich Eingang in die Urania-Sternwarte verschaffte. Glaubte er dort Hilfe zu erhalten bei der Lösung von Fragen, die er bereits in Angriff genommen hatte? Oder trieb ihn ziellose Neugierde dorthin und er machte dann erst die Entdeckung einer faszinierenden Wissenschaft, das „Sternenfenster" seines Vaters als Kindheitserinnerung im Unterbewußtsein?

Jedenfalls läßt bereits seine nächste Veröffentlichung erkennen, daß er eine Reihe von Publikationen studiert hatte, die gewiß nicht ohne weiteres zugänglich gewesen sind: Er kennt sich in den „Smithsonian Miscellaneous Collections" ebenso aus wie im *Astrophysical Journal*, in den Arbeiten des englischen Astrophysikers William Huggins ebenso wie in den Veröffentlichungen des Potsdamers Julius Scheiner. In keiner seiner früheren Arbeiten hatte er solche Literatur herangezogen. Die Arbeit trägt den Titel „Berechnungen zur Sonnenstrahlung".[16] Ganz unabhängig von der vorangegangenen Arbeit ist das Thema zwar nicht, denn auch hier wird vom Gebrauch der Fotoplatten für Energieverteilungsbestimmungen gesprochen, mit Anwendung auf die Sonne allerdings. Hertzsprung versucht, die ihm aus der Literatur bekannten Werte für die Solarkonstante mit der Energieverteilung im Spektrum eines Schwarzen Strahlers nach dem Planckschen Strahlungsgesetz in Übereinstimmung zu bringen und daraus auf die Temperatur der Sonne zu schließen. Er kommt zu dem Schluß, daß die Strahlung der Sonne außerhalb der Atmosphäre der eines Schwarzen Körpers mit $c_2/T = 2,3$ bis $2,4$ entspricht. Aus den Erkenntnissen über die absorbierende Wirkung der Sonnenatmosphäre in Verbindung mit der bekannten spektralen Energieverteilung im Licht der Sonne leitet er dann ein Urteil über die Strahlung der sogenannten inneren Oberfläche der Sonne ab und kommt zu dem Ergebnis, daß dort etwa 10 000 °C herrschen müßten.

Anschließend behandelt er noch die in vielen damaligen fotometrischen Arbeiten verfolgte Frage des Vergleichs der Sonnenstrahlung mit jener von künstlichen Lichtquellen, in diesem Fall der Hefnerkerze als „Lichtnormal".

Von besonderem Interesse ist eine Fußnote, in der Hertzsprung darüber spekuliert, welche Folgen die Wirkung der Sonnenatmosphäre auf die Sonnenstrahlung besitzt und welche Schlüsse für die Fixsterne sich daraus ableiten lassen, vorausgesetzt, dort herrschten ähnliche Zustände. Diese Fußnote könnte der Schlüssel für das Motiv der unmittelbar folgenden Abhandlung „Zur Strahlung der Sterne (I)" sein. Daher soll der Wortlaut der Anmerkung hier vollständig wiedergegeben werden: „Wenn auch diese Ergebnisse noch recht unsicher sind, ist doch ersichtlich, daß die Wirkung der Atmosphäre der Sonne auf ihre Strahlung sehr beträchtlich ist, und zwar wird das Resultat annähernd dasselbe wie für eine nackte ‚schwarze' Sonne niederer Temperatur. Bei mehreren Doppelsternen hat es sich gezeigt, daß der kleinere der blauere ist. Dies könnte vielleicht darauf beruhen, daß der große Stern den Hauptteil der Atmosphäre an sich hält und deshalb nicht blauer strahlen kann, so daß in einem gewissen Stadium der Entwicklung das erwähnte Verhältnis auftritt. Denkt man sich alle Sterne ohne Atmosphäre auf dieselbe Temperatur gebracht, so würden die roten sehr viel heller werden. Wenn nun die durchschnittliche Eigenbewegung der Sonne von den letzterwähnten Sternen aus gesehen nicht so groß ist, wie man demnach erwarten sollte, liegt die Vermutung nahe, die roten Sterne wären im allgemeinen größer als die blauen?"[17].

Wenn auch Hertzsprungs Argumentation aus heutiger Sicht nicht unbedingt überzeugend klingt, könnte sie für ihn persönlich doch Anlaß gewesen sein, der Frage nach der Beziehung zwischen den heute sogenannten absoluten Helligkeiten der Sterne und ihrer Temperatur so außerordentlich inspiriert nachzugehen, wie er es in seiner nächsten Publikation getan hat.

Max Planck hat einmal geschrieben „um bedeutungsvolle Zusammenhänge aufzufinden, muß man in einer passenden Richtung suchen"[18]. In vielen Fällen wird die „passende Richtung" durch einen glücklichen Umstand gefunden. In dieser Lage befand sich Hertzsprung nun, wahrscheinlich ohne es zu wissen. Etwa vom Frühjahr 1905 bis gegen Jahresende arbeitete er intensiv an seinem Manuskript „Zur Strahlung der Sterne (I)"[19]. Als es fertiggestellt war, reichte er es kurz vor Weihnachten 1905 bei der Redaktion der *Zeitschrift für wissenschaftliche Photographie* ein – wo sonst? Schließlich hatte er fast alle seine bisherigen Aufsätze in diesem Journal herausgebracht, wie übrigens auch andere Astronomen, so z. B. G. Eberhard und J. Hartmann aus Potsdam.

Die „passende Richtung", in der Hertzsprung jetzt suchte, läßt sich allerdings in der Geschichte der Astronomie weit zurückverfolgen. Auch hatte es in der jüngeren Vergangenheit – erst wenige Jahre vor Hertzsprungs Publikation – eine Veröffentlichung gegeben, die derselben Zielstellung diente.

Lange Zeit herrschte in der Astronomie die Auffassung vor, daß ein Stern dem anderen weitgehend gleiche und die Fixsterne insbesondere dieselben absoluten Helligkeiten aufweisen, wenn auch dieser Begriff noch nicht benutzt wurde. Auf der Grundlage dieser Ansicht hat z. B. Friedrich Wilhelm Herschel die Struktur des Sternsystems zu entschlüsseln versucht, indem er unmittelbar aus den scheinbaren Helligkeiten der Sterne auf deren Entfernungen schloß[20]. Daß diese Voraussetzung in Wirklichkeit nicht erfüllt ist, hätte auch schon Herschel selbst wissen können, da er sich u. a. intensiv mit Doppelsternen beschäftigte. Deren Komponenten sind gleichweit von uns entfernt, so daß die deutlich unterschiedlichen scheinbaren Helligkeiten einen klaren Hinweis auf verschiedene absolute Helligkeiten darstellen. Diesbezügliche Schlüsse zog von den Doppelsternforschern des 19. Jahrhunderts der deutsche Astronom Johann Heinrich Mädler. In seinem Aufsatz „Über das Helligkeitsverhältnis der Doppelsternpaare"[21] leitet er ungleiche Massen unter der Voraussetzung gleicher „Leuchtungsfähigkeiten" der Oberflächen und Dichten aus unterschiedlich großen, leuchtenden Oberflächen ab. Ein Echo war diesen Äußerungen jedoch in Fachkreisen damals nicht beschieden, vermutlich, weil sie außerhalb der Denkweise der meisten Astronomen lagen.

Einen sichtbaren Umschwung finden wir in dieser Hinsicht erst bei Karl Friedrich Zöllner. Der Leipziger Astrophysiker reduzierte die Parallaxen von Kapella und Sonne auf gleiche Helligkeit und fand dabei, daß Kapella die Sonne „entweder an Größe oder an Leuchtkraft bedeutend übetrifft"[22]. Woran es jedoch noch mangelte, das waren Kenntnisse über die tatsächlichen Oberflächentemperaturen der Sterne. Dieses Problem wurde erst mit der Entdeckung des Planckschen Strahlungsgesetzes (1900) wissenschaftlicher Aufarbeitung zugänglich. Auch definitive Kenntnisse über absolute Helligkeiten gab es nicht, denn dazu fehlte genügend umfangreiches und genaues Material über Sternparallaxen. Noch 1878 waren lediglich die Parallaxen von 17 Objekten bekannt[23]. Durchgreifende Fortschritte wurden erst durch die Einführung der fotografischen Methode erreicht. Auch das Verfahren der Bestimmung von Parallaxen aus Eigenbewegungen stand lediglich in Gestalt eines qualitativen Denkansatzes zur Verfügung. Als grobes Kriterium hatte es bekanntlich schon Friedrich Wilhelm Bessel erfolgreich bei 61 Cyg im Jahre 1812 angewendet[24]. Trotz des dürftigen Materials machte sich der irische Privatastronom William Henry Stanley Monck ab 1892 daran, die Beziehung zwischen Spektralklassen und absoluten Helligkeiten von Sternen aufzudecken. Er wurde auf diese Thematik durch seine Forschungen zur räumlichen Verteilung der Sterne geführt, wobei er auch deren Spektralklassen berücksichtigte. Konnte man aber sicher sein, das richtige räumliche Mischungsverhältnis zu finden, wenn die wahren Helligkeiten der Sterne ungleich sind und die absolut helleren Objekte daher viel weiter in den Raum hinaus verfolgt werden können als die schwächeren, fragte er sich richtig. Daher versuchte er in einer ersten Arbeit von 1893 eine Antwort zu finden und kommt zu einem bemerkenswerten Resultat[25]. Die Sterne lassen sich nach ihren absoluten Helligkeiten (wörtlich: in order of greater or less illumination of surface) in folgender Reihe nach Spektraltypen anordnen:

$$B, A, M, K, I, H, G, E, F^{26}.$$

Monck interpretiert dieses Resultat im Sinne einer Entwicklungsreihe und stellt fest, daß ein Arkturstern (K) kein abgekühlter Sonnenstern (G) sein könne. Vielmehr sei es eher wahrscheinlich, daß umgekehrt ein Sonnenstern (G) einen abgekühlten Arkturstern darstelle. Die Grundidee dieser Interpretation besteht darin, daß die Sterne eine Entwicklungssequenz bilden, die von hellen (jungen) zu dunklen (alten) Sternen verläuft. Merkwürdig ist, wie Monck es bei seinen Betrachtungen ohne weiteres in Kauf nimmt, daß sich ein roter Stern (Arktur) im Zuge der Entwicklung in einen gelben (Sonne) verwandeln kann, obwohl dies gegen die plausible Abkühlungssequenz verstößt. Aus heutiger Kenntnis erklärt sich zwanglos, warum der K-Stern Arktur nach seiner (absoluten) Helligkeit vor dem heißeren G-Stern Sonne rangiert: Weil es sich bei Arktur um einen Riesenstern handelt, der wegen seiner bedeutend größeren Oberfläche auch die größere absolute Helligkeit aufweist. Bis zu dieser Erkenntnis drang Monck jedoch nicht vor. Offenbar hatte Monck bei den K- und M-Sternen Riesen *beobachtet*, aber nicht als solche erkannt. Wäre es ihm gelungen, auch (absolut) lichtschwächere Objekte desselben Spektraltyps zu finden, so hätte er vielleicht ein „Monck-Diagramm" über den Zusammenhang von Leuchtkräften und Spektraltypen der Sterne konstruiert.

Als Hertzsprung begann, sich dieser Frage zuzuwenden, war die Ausgangsbasis wesentlich günstiger als noch bei Monck: Einerseits waren die sorgfältigen Spektralklassifikationen von Antonia C. Maury und Annie J. Cannon in den *Harvard Annals* inzwischen hinzugekommen, zum anderen stand ein neuer Katalog von Doppelsternen mit sicher bekannten Bahnen zur Verfügung, den Aitken veröffentlicht hatte[27]. Auf die entscheidende Frage nach einem möglicherweise bestehenden, nichttrivialen Zusammenhang zwischen absoluten Helligkeiten und Spektraltypen ist Hertzsprung sicher selbst gestoßen. Außerdem dürften ihm aber die Bemühun-

gen von Monck nicht unbekannt gewesen sein, zumindest lernte
er dessen Arbeiten im Zuge seiner eigenen Beschäftigung mit dem
Thema kennen, denn die Publikation von Monck aus dem Jahre
1892 wird bei Hertzsprung ausdrücklich zitiert[28]. Da die anderen Arbeiten Moncks in derselben Zeitschrift erschienen, sind sie
Hertzsprungs Aufmerksamkeit mit hoher Wahrscheinlichkeit ebenfalls nicht entgangen.

Die Arbeit „Zur Strahlung der Sterne (I)“ beginnt mit den
Sätzen: „In den *Annals of the Astronomical Observatory of Harvard College* Vol. XXVIII (Cambridge 1897–1901) geben Antonia
C. Maury und Annie J. Cannon eine detaillierte Übersicht von Spektren der bzw. nördlich und südlich sichtbaren helleren Sterne …
Für die nähere Beschreibung der benutzten spektralen Kennzeichen
muß auf die Originalarbeiten hingewiesen werden. Hier mögen nur
einige Worte über die drei Unterabteilungen b, a und c Platz finden. Die b-Sterne haben breitere Linien als die der ‚division‘ a.
Die relativen Intensitäten scheinen aber die gleichen für a- und b-
Sterne zu sein, ‚so, daß es scheinbar keinen wesentlichen Unterschied im Aufbau derjenigen Sterne gibt, die diesen zwei Unterabteilungen angehören.‘ Als wichtigste Merkmale der Unterabteilung c
können erwähnt werden erstens, daß die Linien ungewöhnlich eng
und scharf sind, zweitens, daß zwischen den ‚metallischen‘ Linien
solche vorkommen, die mit keinen Sonnenlinien identifiziert sind,
und die relativen Intensitäten der übrigen entsprechen nicht den im
Sonnenspektrum beobachteten.

‚Die Unterabteilung c ist durch ihre außerordentlich scharfen
Spektrallinien gekennzeichnet. Der Bauplan von Sternen dieser ‚division‘ weist anscheinend grundlegende Abweichungen gegenüber
Sternen anderer Unterabteilungen auf – jedenfalls sind die Unterschiede markanter als im Fall der Gruppe b‘. Antonia C. Maury
vermutet, daß die a- und b-Sterne einerseits und die c-Sterne andererseits kollateralen Serien der Entwicklung angehören. Es ist damit gemeint, daß nicht alle Sterne dieselbe spektrale Entwicklung
haben. Welche Gründe (Unterschiede an Masse und Zusammensetzung, oder andere) eine solche Teilung bedingen, bleibt dabei dahingestellt. Es entsteht die Frage, wie groß die systematischen Unter-

schiede der auf gleichen Abstand reduzierten Helligkeiten von Sternen der verschiedenen Gruppen sein werden."[29]

In dieser Einleitung finden wir die einzige Äußerung Hertzsprungs über die Motivation für seine Untersuchung, nämlich die von Miß Maury festgestellten, unterschiedlichen Linienschärfen in den Spektren von Sternen desselben Spektraltyps. Die von Hertzsprung aufgeworfene Frage ist durchaus tiefgründiger als die seiner Vorläufer, denn ihn interessieren die absoluten Helligkeiten in Relation zu den Spektraltypen mit deutlichem Bezug auf ein unabhängig festgestelltes physikalisches Kriterium, dessen Aussagewert freilich noch rätselhaft war.

Die Methodik, mit der sich Hertzsprung seinem Problem nähert, ähnelt dem Vorgehen von Monck. Die Geschicklichkeit und Sorgfalt, mit der Hertzsprung aus den entlegensten Daten die für seine Fragestellung erforderlichen Aussagen zu destillieren versteht, ist bewundernswert, ebenso der äußerst behutsame Umgang mit diesen Daten. Ehe er auch nur eine möglicherweise nicht ganz gesicherte Schlußfolgerung zieht, verzichtet er lieber auf den maximalen Umfang verfügbarer Daten. Im übrigen ist „Zur Strahlung der Sterne" das Ergebnis reiner Schreibtischarbeit. Die von Hertzsprung gewonnenen Erkenntnisse lagen sämtlich in bereits veröffentlichten Daten verborgen. Neue Beobachtungen waren nicht erforderlich und wären für Hertzsprung unter den gegebenen Umständen auch gar nicht möglich gewesen.

Zum Abschluß der Arbeit wird ausdrücklich H. E. Lau gedankt. Die Verbindung Hertzsprungs zur Kopenhagener Urania-Sternwarte und zu Lau während der Arbeit an „Zur Strahlung der Sterne" kann daher als sicher gelten.

Die beiden Folgen „Zur Strahlung der Sterne" sind wegen ihrer begrifflichen Ferne zur heutigen Terminologie der Astronomie schwer lesbar. Die Hauptresultate hat Hertzsprung selbst am Schluß des 2. Teils[30] zusammengefaßt. Sie lauten (in moderner Terminologie):

1. Die Sterne der „mittleren" bis „späten" Spektralklassen (G, K, M) sind in zwei Serien aufgespalten, die sich bei gleichem Spektraltyp durch unterschiedliche absolute Helligkeiten auszeichnen.
2. Obschon Hertzsprung die heute üblichen Begriffe „Riesen" und „Zwerge" nicht verwendet, vermutet er als Ursache für die großen absoluten Helligkeiten von Sternen mittlerer bis später Typen große Oberflächen der absolut helleren Sterne gegenüber den absolut schwächeren. Zu diesem Schluß wurde er insbesondere durch die Analyse von Doppelsternsystemen geführt, aus denen er entnehmen konnte, daß die sehr hellen roten Sterne sich nicht durch herausragend große Massen auszeichnen.

In diesem Zusammenhang heißt es z. B.: „Einer Erklärung bedarf der Umstand, daß die auf Einheit von Masse und Parallaxe reduzierte Helligkeit von zwei an Masse nicht allzusehr verschiedenen Sterne (τ Leonis 6,5 $M_\odot$ und 70 Ophiuchi 2,5 $M_\odot$), die sogar zu derselben Unterabteilung einer Spektralklasse (XV_1a) gezählt werden, nicht weniger als 5,75 Sterngrößen voneinander verschieden gefunden wurde. Bei gleicher Oberflächenhelligkeit müßte τ Leonis eine etwa 3000mal geringere Dichte als 70 Ophiuchi haben"[31].

Qualitativ sind diese Aussagen vollauf berechtigt. Eine Nachrechnung für die beiden Objekte unter Verwendung moderner Daten ergibt als Differenz der absoluten Helligkeiten 6,23 Größenklassen, als Differenz der Massen jedoch nur 0,82 Sonnenmassen. Bei der Berechnung des Verhältnisses der Dichten der beiden Sterne bildet für Hertzsprung das aus ihrer Helligkeitsdifferenz resultierende Intensitätsverhältnis den Ausgangspunkt, aus dem für die Radien 1:14,2 folgt. Wenn er auch dieses Faktum nicht direkt erwähnt, muß es ihm doch bewußt gewesen sein. Bei anderer Gelegenheit zählt Hertzsprung übrigens noch weitere solcher Fälle krasser Unterschiede der absoluten Helligkeiten bei gleichem Spektraltyp auf[32] und bemerkt, daß die Ursache dieser großen Helligkeitsunterschiede wahrscheinlich nicht in der Verschiedenheit der Massen zu suchen ist.

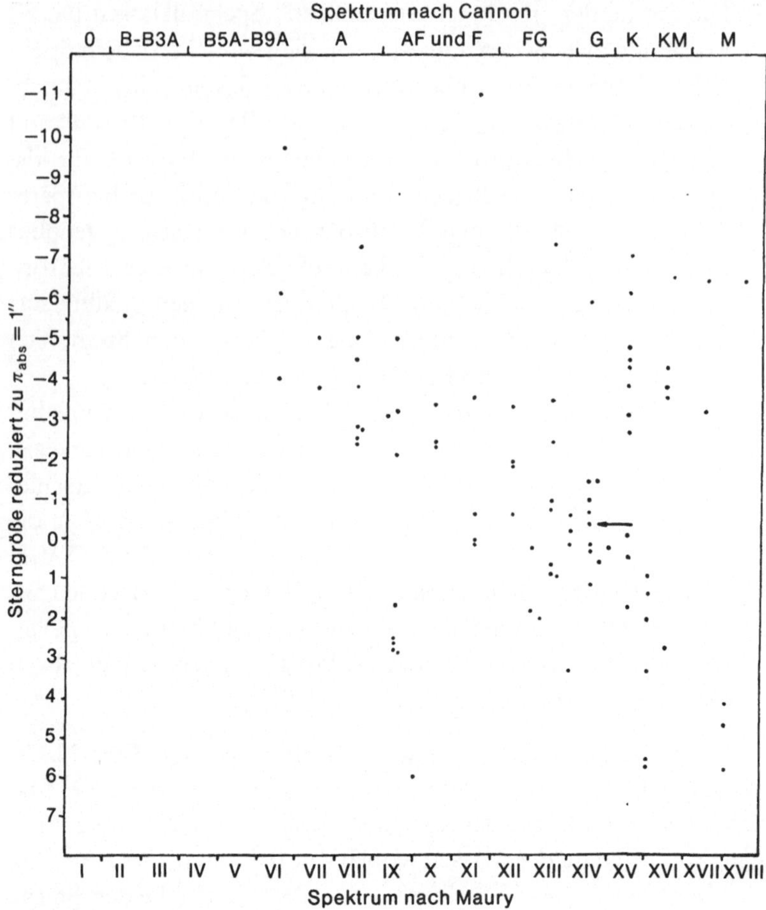

Rekonstruktion eine „Hertzsprung-Diagramms" nach den Originaldaten aus „Zur Strahlung der Sterne". Ordinate: Helligkeit reduziert auf eine Parallaxe von $1''$; Abszissen: Spektralklasse nach Miß Cannon (*oben*) und nach Miß Maury (*unten*). Der Pfeil markiert die Position unserer Sonne.

3. Die roten Riesensterne sind selten je Volumeneinheit des Weltalls.

4. Es besteht die Vermutung, daß die großen Unterschiede in den absoluten Helligkeiten von Sternen desselben Spektraltyps ein spektrales Äquivalent besitzen.

Daß die Arbeit trotz ihres aus retrospektiver Sicht brisanten Inhalts zunächst keine nennenswerte Aufmerksamkeit erregte, ist nicht verwunderlich: Schwierig zu lesen und in ihrer Aussage nicht leicht zu verstehen, beschäftigte sie sich mit einem Fragenkomplex, für den sich die meisten Astronomen damals kaum interessierten. Außerdem zählte die *Zeitschrift für wissenschaftliche Photographie* nicht eben zu der von den Fachastronomen bevorzugten Lektüre. Andererseits kann nicht behauptet werden, die *Zeitschrift für wissenschaftliche Photographie* sei weithin unbekannt gewesen oder von Astronomen nicht gelesen worden. Sie war vielmehr recht verbreitet und sogar in den USA in vielen Bibliotheken vorhanden, darunter z. B. auch in der Harvard College Library[33]. Die beiden Teile von Hertzsprungs Arbeit wurden außerdem lebhaft referiert, z. B. in den Berichten der ersten und dritten Tagung der „International Union for Co-operation in Solar Research", aber auch in dem wichtigsten Referate-Journal *Astronomischer Jahresbericht*[34]. Auch die Beiblätter zu den *Annalen der Physik* brachten ausführliche Referate beider Teile der Arbeit. Besonders bemerkenswert sind die Zitate aus dem ersten Teil der Arbeit durch den holländischen Astronomen A. Pannekoek, der sich damals ebenfalls mit diesem Problemkreis beschäftigte und im Jahre 1906 (also noch vor dem Erscheinen des zweiten Teils von Hertzsprungs Publikation) seine Studie „The luminosity of stars of different types of spectrum" herausbrachte[35]. Dort wird mehrfach direkt auf Hertzsprungs Ergebnisse Bezug genommen, auch auf die früheren Untersuchungen von Monck. Im Unterschied zu Hertzsprung geht allerdings Pannekoek bei seinen Studien stärker auf Vermutungen über die Entwicklungswege der Sterne ein. Die Ergebnisse hinsichtlich der stark streuenden absoluten Helligkeiten bei den späteren Spektralklassen decken sich weitgehend mit denen von Hertzsprung. Pannekoek zählte übrigens seit 1907 zu Hertzsprungs Briefpartnern – ein Kontakt, der bis zu Pannekoeks Tod währte.

Was den Bekanntheitsgrad von Hertzsprungs Ergebnissen anlangt, so darf nicht unerwähnt bleiben, daß er selbst die wichtigsten Ergebnisse der beiden Teile „Zur Strahlung der Sterne" mit einigen Zusätzen – wahrscheinlich auf Anraten Schwarzschilds – nochmals publiziert hat: Sie erschienen unter dem Titel „Über die Sterne der Unterabteilungen c und ac nach der Spektralklassifikation von Antonia C. Maury" in den *Astronomischen Nachrichten* 1909[36]. Allerdings betont Hertzsprung in dieser Arbeit stärker das Problem der spektralen Kriterien der c-Sterne im Vergleich zur Bedeutung der „Riesen und Zwerge". Dennoch ist der wissenschaftliche Inhalt mit jenem der umfangreicheren zweiteiligen Publikation von 1905 und 1907 durchaus vergleichbar. Auch diese Publikation wurde wiederum mehrfach referiert.

In Hertzsprungs eigenem Verständnis erschienen die beiden Arbeiten „Zur Strahlung der Sterne" wohl kaum als Einschnitt, noch weniger als bewußt vollzogener Übergang in die Astronomie. Davon zeugen sowohl seine privaten Briefe aus jener Zeit, wie auch die nachfolgenden wissenschaftlichen Manuskripte. Schon am 20. Januar 1906 kam bei der Redaktion der *Zeitschrift für wissenschaftliche Photographie* eine Abhandlung zu einer gänzlich anderen Problematik aus Hertzsprungs Feder an: „Eine Annäherungsformel für die Abhängigkeit zwischen Beleuchtungshelligkeit und Unterschiedsempfindlichkeit des Auges"[37] und bereits neun Tage später: „Über die optische Stärke der Strahlung des schwarzen Körpers und das minimale Lichtäquivalent"[38]. Letztere weist allerdings unverkennbare Verbindungen zur astronomischen Fotometrie auf und beschäftigt sich mit dem bekannten Purkinje-Phänomen[39].

Betrachten wir die frühen Veröffentlichungen Hertzsprungs zusammenfassend, so kommen wir nicht umhin, das thematische Spektrum als wenig zielgerichtet und ohne einen erkennbaren tieferliegenden inneren Zusammenhang zu bezeichnen. Fast erscheint es, als habe sich Hertzsprung ohne ein wirkliches Konzept von Thema zu Thema treiben lassen, inhaltlich motiviert durch das intensive Studium der Literatur und einen sicheren Instinkt für noch offene Fragen. Ein weiterer auffälliger Wesenszug dieser Arbeiten ist die fast völlige Abstinenz gegenüber jeglicher Spekulation. Eher trocken werden die Sachfragen abgehandelt, wobei die Einordnung der Ergebnisse dem Leser überlassen bleibt. Selbst in „Zur Strahlung der Sterne" ist nirgendwo ein Anflug von Begeisterung über die gewonnenen Resultate zu erkennen.

In seinen Briefen an die Familie berichtet Hertzsprung im Frühjahr 1906 von einer Serie von Untersuchungen, die sich mit der Absorption des ultravioletten Lichts in der irdischen Atmosphäre beschäftigten. Hierzu führte er Messungen im Freien unter Verwendung eines Quarz-Kalkspat-Spektrographen durch. Wie stets bei der Bearbeitung seiner Themen, setzt er sich auch mit Autoren, die ähnliche Fragestellungen verfolgen, brieflich in Verbindung. In diesem Fall ist es Professor Oskar Simony von der Hochschule für Bodenkultur in Wien. Als Simony ihm daraufhin die Teilnahme an einer Expedition zum schweizerischen Monte Rosa vorschlägt, um das Problem eingehender zu studieren, bemüht sich Hertzsprung umgehend um eine Finanzbeihilfe und schreibt einen langen Brief an Professor C. Christiansen von der „Polyteknisk Laereanstalt" in Kopenhagen[40]. Der Zweck der Expedition besteht in der Bestimmung der Absorption des UV-Lichtes in der unteren und oberen Atmosphäre.

Bereits im Juli reist Hertzsprung nach Wien und findet bei Simoni und dessen Mitarbeiter Durig die bestmöglichen Bedingungen für seine Arbeit vor. In der Umgebung Wiens trainieren die Forscher gemeinsam für die Besteigung des Monte Rosa.

Die Expedition begann von Innsbruck aus in den ersten Augusttagen und umfaßte insgesamt 6 Teilnehmer. Der Aufstieg zum Monte Rosa zählt zu den körperlich anstrengendsten Hochtouren in den Schweizer Alpen und wird nur bei völlig sicherem Wetter empfohlen[41]. Zunächst ging es bis zum Capanno Gnifitti in 3647 m Höhe und am nächsten Tag zum „Capanna-Osservatoria Regina Margherita" in 4559 m. Zwei Tage währte der Aufstieg insgesamt und 4 Gletscher waren zu passieren. Während anfangs noch Lasttiere mitgeführt werden konnten, war der letzte Teil des Aufstiegs nur noch unter Leitung eines erfahrenen Bergsteigers mit dem nötigsten Ausrüstungsmaterial von den Forschern selbst zu bewältigen.

Hertzsprung akklimatisierte sich rasch und führte während des 11tägigen Aufenthaltes in der Beobachtungsstation[42] zahlreiche Messungen mit seinem Spektrographen aus. Auf der Rückreise, die am 21. August begann, machte er in Mailand und Locarno Station, wo er nochmals rund 200 Vergleichsmessungen vornahm.

Start in die Astronomie.
Erster Kontakt mit Schwarzschild

Ein Blick auf die folgenden Veröffentlichungen von Hertzsprung zeigt, daß die Astronomie nach seiner Rückkehr vom Monte Rosa in den Mittelpunkt seiner wissenschaftlichen Interessen rückte und er nunmehr auch als ständiger Gast auf der Urania-Sternwarte in Erscheinung trat. Neben Lau zählte auch C. Luplau-Janssen, der seit 1905 zu den Mitarbeitern der Sternwarte gehörte und später als deren langjähriger Leiter wirkte, zu Hertzsprungs engsten wissenschaftlichen Freunden. Der Besitzer und Gründer der Sternwarte, Victor Nielsen, erkannte rasch die ganz besondere persönliche Konstellation von Hertzsprung, als er gegenüber Thorvald Køhl äußerte: „Das ist ein cleverer junger Mann, der die fotografische Bestimmung von Sternfarben in die Astronomie einführt"[43]. Welcher Astronom verfügte damals schon über so umfangreiche Kenntnisse und Erfahrungen auf dem Gebiet der Fotografie. Andererseits lag in der Anwendung der Fotografie auf zahlreiche Probleme der Astronomie ein noch weitgehend unbestelltes Feld vor der Forschung. Besonders zuverlässige Methoden der fotografischen Fotometrie boten die verlockende Aussicht, relativ einfach und schnell die Helligkeiten einer sehr großen Anzahl von Sternen bestimmen zu können, ganz zu schweigen von routinemäßigen Überwachungen der veränderlichen Sterne. Die erste Frucht dieser Bemühungen Hertzsprungs war die Publikation „Zur Bestimmung der photographischen Sterngrößen"[44]. Die mit dem 1. Juni 1907 datierte Arbeit geht der Frage nach, welche Zuverlässigkeit die Methode der Helligkeitsbestimmung aus der Messung der Sternbilddurchmesser besitzt, besonders unter Berücksichtigung der unterschiedlichen Farben der Sterne. Als Beobachtungsobjekt dienen hauptsächlich die Plejaden.

In Deutschland beschäftigte sich Karl Schwarzschild[45] seit längerem mit ähnlichen Problemen. Schwarzschild, einen Tag später als Hertzsprung geboren, war auf sehr zielsicherem Weg in die Astronomie gelangt und hatte seine ersten Publikationen in den angesehenen *Astronomischen Nachrichten* bereits als 16jähriger herausgebracht. Während seines Studiums in München in den Jahren 1894 bis 1896 entwickelte sich aus einem von Hugo von Seeliger angeregten Seminarvortrag die Idee, sogenannte Objektivgitter zur Bestimmung effektiver Wellenlängen einzusetzen. Das Ziel bestand darin, auf möglichst einfache Weise ein aussagekräftiges Äquivalent für den Spektraltyp eines Sterns zu gewinnen. Schwarzschild erkannte, daß die Differenz der scheinbaren Helligkeiten für einen Stern in zwei verschiedenen Bereichen seines Spektrums, der sogenannte Farbenindex (FI), ein Maß für die Intensitätsverteilung im Spektrum eines Sterns darstellt und somit auch als Äquivalent für dessen Spektraltyp und Temperatur angesehen werden kann. Bringt man nun vor das Objektiv eines Fernrohrs ein Drahtgitter, so werden Beugungsbilder des Sterns erzeugt, deren Abstand zur Bestimmung der „effektiven Wellenlänge" als Maß für den Farbenindex geeignet ist.

Ein anderer Schwerpunkt der Arbeiten von Schwarzschild lag auf dem Gebiet der fotografischen Fotometrie, d. h. der Ableitung von Sternhelligkeiten aus den Schwärzungen auf fotografischen Platten[46]. Auf diesem Gebiet hatte Schwarzschild im Rahmen seiner Tätigkeit an der Kuffnerschen Sternwarte in Wien-Ottakring während der Jahre 1897 bis 1899 Grundlegendes vollbracht. Ausgehend vom fotografischen Prozeß selbst, schuf er die Methode der Schwärzungsmessung von extrafokalen Sternscheibchen und entwickelte sie zu hoher Perfektion im Rahmen seiner Habilitationsschrift „Beiträge zur photographischen Photometrie der Gestirne" (1900)[47]. Ein großer Teil weiterer Arbeiten von Schwarzschild bis zum Jahre 1906 galt der fotografischen Fotometrie verschiedenfarbiger Sterne, sensitometrischen Fragen sowie der Vorbereitung der 1910 erschienenen *Göttinger Aktinometrie* [48].

Hertzsprung, der inzwischen bereits mit mehreren Astronomen in Korrespondenz getreten war, darunter mit E. C. Pickering, J. Scheiner, H. Kobold u. a., suchte nun verständlicherweise auch den Kontakt zu Schwarzschild. Der erste Brief vom 16. Oktober 1907 sollte für Hertzsprung schicksalhaft werden.

Hertzsprung äußert in dem Brief seine „besondere Befriedigung" über die gute Übereinstimmung zwischen seinen eigenen Ergebnissen und denen, die Schwarzschild in einer thematisch ähnlich gelagerten Veröffentlichung gefunden hatte [49]. Dessen Arbeit war Hertzsprung zur Zeit seiner eigenen Untersuchungen noch gar nicht bekannt gewesen. Die Ergebnisse der beiden Forscher waren also ganz unabhängig voneinander zustandegekommen. Während Hertzsprung sich „befriedigt" zeigte, ist Schwarzschild wahrscheinlich eher begeistert gewesen. Weniger über die Ähnlichkeit der Ergebnisse als vielmehr darüber, daß es in Kopenhagen einen Chemiker gab, der dieselben Fragestellungen verfolgte wie er selbst. In seinem Antwortbrief vom 24. April verwies Schwarzschild gleich auf eine Reihe offener Fragen und regte dadurch zur intensiveren Weiterarbeit an [50]. Schwarzschild und Hertzsprung traten in eine enge Korrespondenz, wobei Schwarzschild anhand der Publikationen des dänischen Außenseiters rasch zu der Erkenntnis gelangte, daß er es nicht nur mit einem fleißigen, sondern auch sehr begabten Mann zu tun hatte.

Hertzsprung arbeitete indessen an der Urania-Sternwarte gemeinsam mit Lau an Doppelsternmessungen und betrat damit ein weiteres Forschungsfeld, das ihn lebenslang beschäftigen sollte. Außerdem wandte sich Hertzsprung intensiv dem Problem der effektiven Wellenlängen als Äquivalent für die Bestimmung von Spektraltypen der Sterne zu. Zu diesem Zweck ließ er im November 1907 durch die Dansk Telegrafonfabrik nach seinen Angaben ein Drahtgitter anfertigen, das noch im Dezember an die Urania-Sternwarte geliefert würde [51].

Schwarzschild beschäftigte sich inzwischen besonders mit Hertzsprungs beiden Publikationen „Zur Strahlung der Sterne". Bereits im Jahresbericht über die Göttinger Arbeiten 1907 deutet er an, daß der Vergleich der eigenen Ergebnisse von Farbmessungen der Sterne mit den statistischen Resultaten von Kapteyn, Hertzsprung und Pannekoek interessant wäre[52]. Im folgenden Jahr bestätigt er, daß die Sterne der Mauryschen Spektralklassen XII–XIII, also die F-Sterne, eine geringere absolute Leuchtkraft besitzen als die früheren wie auch die späteren Typen, das Minimum der Leuchtkraft also nicht, wie man erwarten sollte, bei den roten Sternen liegt, sondern „wunderbarerweise bei Sternen einer gewissen mittleren Färbung"[53].

Vor allem diese Übereinstimmungen eigener Erkenntnisse mit den bereits viel früher formulierten Erkenntnissen Hertzsprungs dürfte in Schwarzschild den Wunsch geweckt haben, Hertzsprung für sich als Mitarbeiter zu gewinnen. Im Mai 1908 lud Schwarzschild seinen Briefpartner daher nach Göttingen ein[54], und am 14. Juni reiste Hertzsprung dann nach Deutschland.[55]

Die Begegnung verlief beiderseits äußerst zufriedenstellend. Die beiden Männer – obwohl in ihrer Wesensart sehr unterschiedlich – verstanden sich auf Anhieb ausgezeichnet. Hertzsprung schrieb an seine Mutter, daß Schwarzschild „ein reizender Mensch" sei[56], und Schwarzschilds Zuneigung gegenüber Hertzsprung geht wohl am deutlichsten daraus hervor, daß er ihm das definitive Angebot unterbreitete, wenigstens für ein Jahr nach Göttingen zu kommen[57].

Inzwischen waren allerdings auch in Kopenhagen Pläne gereift, die Hertzsprungs Zukunft betrafen. Elis Strömgren, der Direktor der Kopenhagener Universitäts-Sternwarte, trug sich nämlich mit dem Gedanken, dem alten Observatorium ein moderneres, neues Institut an die Seite zu stellen, und hoffte, dieses Projekt in den kommenden 3–4 Jahren verwirklichen zu können. Da Hertzsprung auch an der Universitäts-Sternwarte inzwischen ein häufiger Gast war und den dortigen Großen Refraktor (200/4802) für seine Beobachtungen benutzte, war es für Strömgren naheliegend, dem durch seine Veröffentlichungen ausgewiesenen einfallsreichen und fleißigen Forscher eine Anstellung in Aussicht zu stellen. Für Hertzsprung kam Göttingen unter diesen Umständen lediglich als eine Zwischenstation infrage, wie er Schwarzschild im Sommer

1908 mitteilte[58]. Vorher hatte er sich noch ausdrücklich des Einverständnisses seiner Mutter versichert, denn 1906 hatte Hertzsprungs Schwester Ellen geheiratet, so daß mit dem Wechsel von Ejnar nach Göttingen die Mutter allein in ihrem Hause zurückbleiben würde.

In Göttingen war das „Nichtetatsmäßige Extraordinat" für Astronomie durch den Weggang des Professors für Angewandte Mathematik, G. Herglotz, nach Wien freigeworden – eine Gelegenheit, die Schwarzschild benutzen wollte, um aus dem dänischen Chemieingenieur kurzerhand einen deutschen Astronomen und Hochschullehrer zu machen.

Mitte September reiste Hertzsprung nach Wien, um an der turnusmäßigen Tagung der „Astronomischen Gesellschaft" teilzunehmen. Gleichzeitig wurde er als Mitglied der Gesellschaft aufgenommen. Am Rande der Tagung hatte er reichlich Gelegenheit, die Einzelheiten seines neuen Amtes mit Schwarzschild zu besprechen. Anfang Dezember wurde es dann ernst: Der Dekan der philosophischen Fakultät der Georg-Augustus-Universität, Professor C. Runge, wandte sich mit einem ausführlichen Bericht zur Besetzung der Stelle des außerordentlichen Professors für Astronomie an den Minister der geistlichen, Unterrichts- und Medizinal-Angelegenheiten in Berlin. Das zweifellos in wesentlichen Teilen von Schwarzschild verfaßte Schreiben gipfelt in dem Vorschlag, das vakante Extraordinat mit Ejnar Hertzsprung zu besetzen. Aufschlußreich ist die Argumentation, mit der dem Ministerium die Besetzung der Stelle mit einer Persönlichkeit nahegebracht wird, die immerhin keinerlei akademische Ausbildung auf dem Gebiet der Astronomie genossen hatte. Dazu heißt es in dem Schreiben: „Man würde zuviel sagen, wenn man ihm tiefste wissenschaftliche Durchbildung und Geisteskraft nachrühmen wollte. Was ihn aber auszeichnet, ist die Vielseitigkeit des durch mancherlei Wissensgebiete Hindurchgewanderten, die freie Anschauung des Outsiders und die Liebe und Gründlichkeit, mit der er sich in den Gegenstand versenkt, der ihn einmal erfaßt hat. Gerade durch diese Intimität mit seinem Objekt hat er in den letzten Jahren höchst merkwürdige Beziehungen zwischen den Spektren und den Eigenbewegungen der

Fixsterne entdeckt, die von den Astronomen bisher noch wenig ge-
kannt und gewürdigt sind, die aber zu einer Menge von Fragestellungen Anlaß geben und den Grund zu künftigen gemeinsamen
Arbeiten bilden würden. Als Zeichen seiner praktischen Tätigkeit
mag die Durchbildung der Methode der effektiven Wellenlängenbe-
stimmung zum Studium der Farben der Sterne und der atmosphärischen Dispersionswirkungen hervorgehoben werden. Seine kleinen Aufsätze über Photographie, Stereoskopie, Farbenempfindung,
Photometrie sind immer klar und orientierend. Herr Hertzsprung
würde von sich aus an der praktischen Tätigkeit der Sternwarte, soweit es deren Mittel gestatten, teilnehmen wollen. Seine Lehrtätigkeit würde sich nach der ganzen Art seiner Ausbildung auf Astrophysik beziehen müssen. Wird er auch im Vortrag zunächst noch erhebliche Schwierigkeiten haben, so wird doch sein reiner Sinn, der
stets auf den Fortschritt der Erkenntnis und nicht auf den Vorteil
der Person gerichtet ist, ihm die Sympathie der Studenten zuführen
und er wird gewiß im persönlichen Kontakt, wenn nicht in Vorlesungen, auf die Studierenden wirken. Die Fakultät glaubt zunächst
keinen weiteren Kandidaten nennen zu sollen in der Annahme, daß
seiner Berufung keine weiteren Hindernisse entgegen stehen"[59].

Was in diesem kurzen Text an Charakterisierung Hertzsprungs
enthalten ist, zählt zum Treffendsten, was über ihn geschrieben
wurde, und kennzeichnet sein Wesen in vielem so präzise, daß
man selbst aus dem Rückblick auf sein gesamtes späteres Lebenswerk hieran kaum Korrekturen anzubringen hat. Der Berufungs-
vorschlag ist insofern zugleich ein brillantes Zeugnis für Schwarzschilds Treffsicherheit in der Menschenbeurteilung: In der Tat hat
Hertzsprung sich in seinem weiteren wissenschaftlichen Wirken
stets durch Originalität der Methodik, äußerste Gewissenhaftigkeit, Treffsicherheit der Fragestellungen und eine bis zur Besessenheit reichende Liebe zum Gegenstand ausgezeichnet. Andererseits
fehlte ihm jede Neigung zu äußerem Blendwerk, wobei er in dieser Hinsicht bisweilen äußerst extreme Positionen bezog. Auch die
Abneigung, Vorlesungen zu halten, hat er lebenslang nicht abgelegt.

Daß Schwarzschild die Schwierigkeiten Hertzsprungs in dieser
Beziehung gegenüber dem Ministerium so offen anspricht, geht si-

cherlich auf einschlägige Gespräche mit Hertzsprung selbst zurück. Schon im November 1908 hatte Hertzsprung ihm nämlich geschrieben: „Wissenschaftliche Tätigkeit ist mein Hauptwunsch – die Vorlesungen möchte ich auf das erlaubte Minimum einschränken"[60].

Auch die äußere Anspruchslosigkeit war ein Wesenszug Hertzsprungs, der Schwarzschild bei persönlicher Begegnung klargeworden sein muß. Sie führte dazu, daß Hertzsprung der offiziellen Anfrage zur Übernahme der Professur vom 11. März 1909 ohne weitere Bedingungen zustimmte[61], was ihm von Schwarzschild den Vorwurf einbrachte, die Chance für materiell noch günstigere Konditionen verspielt zu haben. Hertzsprung antwortete mit dem Hinweis auf seine „Naivität"[62], ihm sei eine rasche Entscheidung wichtiger gewesen. Im übrigen sei ein Jahresgehalt von 3000.– M nicht wenig, habe ihm doch Prof. Strömgren berichtet, daß man als Anfangsgehalt für ein Extraordinariat mit 2400.– M rechnen müsse.

Anfang April waren alle Formalitäten erfüllt und Hertzsprung war somit binnen 16 Wochen vom „Hilfsarbeiter der Sternwarte Kopenhagen" zum außerordentlichen Professor der Universität Göttingen aufgestiegen. Wenige Tage zuvor hatte Schwarzschild bereits gemeldet, daß es nun „auf einmal im Handumdrehen" ginge und es zu Hertzsprungs ersten Pflichten gehören würde, „sich einen Talar mit violettem Kragen anzuschaffen und sich darin photographieren zu lassen"[63], was denn auch tatsächlich geschah.

Zur Kennzeichnung der bis dahin vollbrachten astronomischen Forschungsarbeiten aus der Sicht Hertzsprungs selbst ist ein Manuskript aufschlußreich, das Hertzsprung mit dem Datum des 25. März 1909 versehen und noch in Kopenhagen geschrieben hat und in dem er den „Stand seiner Arbeiten" beschreibt[64].

Anfang April siedelte Hertzsprung nach Göttingen um. Ganz in der Nähe des Observatoriums – wie er es sich gewünscht hatte – fand er eine vollmöblierte Zweizimmerwohnung.

Das Einvernehmen mit Schwarzschild war vorzüglich. Als Schwarzschild mit 3 Freunden eine Ballonfahrt in den Süden unternahm, telegraphierte er Hertzsprung die glückliche Landung in Salzburg[65], und gegenüber seinen Eltern erklärte Schwarzschild im

Mai, Hertzsprung sei so angenehm, daß er ganz sicher sei, ein besserer wäre „nicht zu finden gewesen"[66].

Daß Hertzsprung alle in Kopenhagen aufgenommenen Platten mit Strömgrens Erlaubnis zur Auswertung mit nach Göttingen nehmen durfte[67], erleichterte den Fortgang der begonnenen Arbeiten. So widmete er sich mit Feuereifer der Bestimmung von effektiven Wellenlängen der Hyadensterne aufgrund der mitgebrachten Aufnahmen, begann sich aber gleichzeitig mit dem noch ganz in den Anfängen steckenden Problem der Bewegungssternhaufen zu beschäftigen[68]. Solche Haufen zeichnen sich im Gegensatz zu den offenen oder Kugelsternhaufen nicht dadurch aus, daß ihre Mitglieder an der Sphäre als eine Sternansammlung erscheinen, sondern, daß sie einem gemeinsamen Vertex zustreben. Als Hertzsprung in Göttingen aus den Daten von über 2000 Sternen diejenigen heraussuchte, deren Bewegungszielpunkt mit dem der 5 hellen Sterne im Großen Bären (Beta, Gamma, Delta, Epsilon, Zeta) übereinstimmte, fand er zu seiner Überraschung, daß der Hauptstern im Großen Hund (α CMa = Sirius) zu diesem „Ursae Majoris-Bewegungshaufen" gehört[69]. Heute zählt der UMa-Haufen, dessen Mitgliederzahl mit 126 angegeben wird, zu den bestuntersuchten Bewegungshaufen der Galaxis. Aufgrund der räumlichen Verteilung seiner Mitglieder kommt man zu dem Ergebnis, daß unsere Sonne inmitten dieses Haufens steht, ohne ihm anzugehören.

Ein weiterer Schwerpunkt der Arbeit von Hertzsprung lag in der Fortführung der Bestimmung von effektiven Wellenlängen der Hyadensterne.

Im Sommersemester hielt er vom 30. April bis zum 3. August die Vorlesung „Astrophysik mit besonderer Rücksicht auf die Verwendung der Photographie" (privatim) und führte vom 5. Mai bis zum 28. Juli „Astrophysikalische Übungen" (privatissime) mit 9 bzw. 5 Studenten durch[70]. Doch noch ehe das Wintersemester begann, wendete sich das Blatt.

Im selben Jahr, in dem Hertzsprung den 2. Teil von „Zur Strahlung der Sterne" geschrieben hatte, war in Potsdam der erste Direktor des Astrophysikalischen Observatoriums, Hermann Carl Vogel, gestorben. Die Verhandlungen um die Nachfolge hatten sich bereits längere Zeit hingezogen, zumal der prominenteste deutsche Astronom und Astrophysiker, Hugo von Seeliger, den Ruf nach Potsdam mit Rücksicht auf sein Alter abgelehnt hatte[71]. Für Seeliger war es allerdings naheliegend, seinen Meisterschüler Schwarzschild für das Amt vorzuschlagen. Wenn Schwarzschild sich auch voll darüber im klaren war, daß der Übergang nach Potsdam mit einer Fülle administrativer Pflichten verbunden sein würde, stimmte er doch diesem Ruf zu, allerdings nur unter der ausdrücklichen Bedingung, daß er Hertzsprung dorthin mitnehmen könne.

Dies war nicht ganz unproblematisch, schrieb doch Schwarzschild selbst an seine Eltern, er habe viele Verhandlungen mit Berlin, „um Hertzsprung mitzubekommen"[72]. Von Mitte September bis Mitte Oktober ergab sich keine Gewißheit für Hertzsprung[73]. Schwarzschild hatte den Plan, den in Potsdam tätigen Johannes Franz Hartmann, den Entdecker der „ruhenden Kalziumlinien", als seinen eigenen Nachfolger für Göttingen zu gewinnen, dann wäre dessen Stelle für Hertzsprung frei. Doch wie würde sich Hartmann entscheiden? Das erfuhr Hertzsprung in einem Brief des gerade in München weilenden Schwarzschild, dessen Wortlaut zugleich ein für sich sprechendes Zeugnis des herzlichen menschlichen Verhältnisses zwischen den beiden Forschern darstellt:

„Sehr geehrter Herr Hertzsprung!

Hartmann hat den Ruf nach Göttingen angenommen. Hurrah! Ich frage sofort in Berlin an, unter welchen Bedingungen Sie jetzt nach Potsdam kommen könnten. Es scheint mir aber schon jetzt zweifelsfrei, daß Sie sich auf kein Colleg mehr präparieren müssen, was mir im Interesse Ihrer ‚wissenschaftlichen Erziehung' natürlich sehr leid thut.

Ihr Karl Schwarzschild"[74]

Wenige Wochen später, obschon der Weggang nach Potsdam noch immer ungewiß war, richtete Hertzsprung ein Schreiben an den Minister für geistliche, Unterrichts- und Medizinalangelegenheiten mit der Bitte, ihn von den Vorlesungen in Göttingen zu entbinden. Seine Begründung: „Prof. J. Hartmann ... pflegt dasselbe Gebiet der Astrophysik, auf das sich auch meine Arbeiten und Vorlesungen beziehen, so daß für meine Lehrtätigkeit kein rechter Platz mehr ist. Ausserdem steht nach mündlicher Mitteilung von Prof. Schwarzschild meine Anstellung am astrophysikalischen Observatorium zu Potsdam in naher Aussicht, so daß ich aller Wahrscheinlichkeit nach eine etwa begonnene Vorlesung nicht zu Ende würde führen können"[75].

Am 14. November ging ein Telegramm von Hertzsprung nach Kopenhagen. Es enthielt nur ein Wort: Potsdam.[76]

Teil III

Erfolge auf dem Telegrafenberg (1909 – 1919)

Als Schwarzschild und Hertzsprung 1909 nach Potsdam kamen, stand das Astrophysikalische Observatorium bereits in hohem internationalen Ansehen, obschon es im internationalen Rahmen zu den jüngeren Sternwarten gehörte. Schon bald nach der Begründung der neuen Disziplin Astrophysik, die sich vor allem auf das methodische Rüstzeug der Spektroskopie, Fotometrie und Fotografie stützte und inhaltlich das Ziel verfolgte, die physischen Eigenschaften der Himmelskörper und deren Veränderungen zu erforschen, war klargeworden, daß die Sternwarten herkömmlichen Typs für derartige Untersuchungen nicht geeignet waren. Außerdem fand die Denk- und Forschungsweise der wenigen wirklichen Astrophysiker zunächst wenig Anklang unter den Anhängern der etablierten klassischen Astronomie. So hatte die Astrophysik zunächst nur sehr eingeschränkte Entfaltungsmöglichkeiten. Da überall die Sonne als Himmelskörper im Zentrum der Astrophysik stand, erschien es folgerichtig, ein Institut zur Erforschung der Sonne zu schaffen. Dies hatte der Anklamer Gymnasiallehrer und Sonnenforscher Gustav Spörer bereits seit 1865 immer wieder gefordert. Zu den Befürwortern des Projektes zählte auch Wilhelm Foerster, der als Direktor der Berliner Sternwarte zugleich ein äußerst geschickter Wissenschaftsorganisator gewesen ist. Er „verschaffte" sich über seine Beziehungen zum deutschen Kronprinzen Friedrich Wilhelm die förmliche Aufforderung, eine ausführliche Darstellung über die Notwendigkeit einer Sonnenwarte einschließlich eines Projektes einzureichen. Diese „Denkschrift betreffend die Errichtung einer Sonnenwarte" war dann letztlich der auslösende Faktor einer Fülle von Aktivitäten, die endlich 1874 in die Gründung des „Astrophysikalischen Observatoriums Potsdam" einmündeten[1].

Die Leitung hatte anfangs W. Foerster selbst, dann aber ein Direktorium, bestehend aus Arthur von Auwers, W. Foerster und Gustav Robert Kirchhoff, inne. Das zunächst noch an der Berliner Sternwarte tätige wissenschaftliche Personal bestand nur aus H. C. Vogel, G. Spörer und O. Lohse. Das Hauptgebäude des Observatoriums mit seinen 3 Kuppeln wurde 1879 fertiggestellt und beherbergte einen Repsold-Refraktor (300/5400), einen Grubb-Refraktor (200/3400) und einen Steinheil-Refraktor (130/2100). Zur Sonnenbeobachtung diente ein Heliograph (160/4000). Im Jahre 1890 kam in einem separaten Kuppelbau ein Doppelrefraktor mit Objektivöffnungen 320 und 240 mm (fotografisch bzw. visuell) hinzu, und im Jahre 1899 schließlich konnte noch das größte der Potsdamer Teleskope, der Doppelrefraktor 800/12000 – 500/12500 (Steinheil/Repsold), in Betrieb genommen werden. Die instrumentelle Ausstattung wurde fürs erste abgeschlossen durch die Umrüstung des Grubb-Refraktors auf 300 mm Öffnung und die Aufstellung eines fotografischen Refraktors in der Ostkuppel (150/1500) im Jahre 1908[2].

Unter dem Direktorat von Vogel standen vor allem ausgedehnte Beobachtungsreihen auf dem Forschungsprogramm des Observatoriums, die sowohl der Erfassung fotometrischer Daten dienten als auch der Spektroskopie der Gestirne dienten.[3,4]

Als Schwarzschild und Hertzsprung 1909 hierher kamen, waren auf dem Telegrafenberg bereits 8 Mitarbeiter tätig, unter ihnen auch die bekannten Astrophysiker J. Wilsing und J. Scheiner[5]. Schon am Tag seiner Ankunft führte Hertzsprung gemeinsam mit Schwarzschild die ersten Beobachtungen am Großen Refraktor durch[6].

Auf dem Gelände des Telegrafenbergs gab es zwar Wohnungen für den Direktor und die Observatoren. Deren Zahl war aber der personellen Expansion nicht gewachsen. Hertzsprung fand jedoch in unmittelbarer Nähe des Instituts ein Domizil in der Luckenwalder Straße 4.

Zu einer für den damaligen Stil offizieller Berichterstattung ungewöhnlichen Replik gegen Schwarzschild kam es nach dem Einzug von Hartmann in Göttingen. Hartmann bemängelte in seinem ersten offiziellen Jahresbericht den Zustand des Inventars der Sternwarte in scharfen Worten.[7] Offenbar waren Hartmann und Schwarzschild zwei extrem unterschiedliche Persönlichkeiten, und Schwarzschild mag Hartmann als „Beamter" untragbar erschienen sein.[8] In der Tat war Schwarzschild alles andere als der Durchschnittstypus des bärtigen deutschen Gelehrten, sowohl seiner Erscheinung als auch seinem Denkstil nach.[9]

Doch Hertzsprung und Schwarzschild bemerkten rasch, daß sich auch genügend Gründe zur Klage über die Situation der Potsdamer Instrumente und Laboratorien fanden. Sie trugen ihre Kritik aber nicht öffentlich vor, sondern gingen zur Tagesordnung über und brachten die Instrumente in einen gebrauchsfähigen Zustand.[10]

Schwarzschilds Reise in die USA

Im Unterschied zu Deutschland gab es in den USA keine nennenswerte Tradition der klassischen Astronomie. Die ersten größeren Sternwarten waren dort erst um die Mitte des 19. Jahrhunderts entstanden, als die Astrophysik schon im Aufkommen gewesen ist. Dieser Umstand hatte die bedeutsame Folge, daß sich die amerikanischen Sternwarten von Anbeginn viel stärker auf die Astrophysik konzentrierten und die Tradition nicht zum Hemmschuh dieser Entwicklung werden konnte[11]. Obschon die grundlegenden astrophysikalischen Ideen in Deutschland entstanden waren (Entdeckung der Spektralanalyse durch Kirchhoff und Bunsen, fotometrische Forschungsstrategien von Zöllner, der auch den Begriff „Astrophysik" einführte und definierte), ging die Führung auf diesem Gebiet rasch an die USA über. Deutsche Forscher, die in ihrem eigenen Land auf dem Gebiet der Astrophysik arbeiten wollten, reisten daher zunehmend in die USA, um die dortigen Institutionen und Persönlichkeiten kennenzulernen. In den USA wurde ab 1896 auch die erste astrophysikalische Fachzeitschrift der Welt, das *Astrophysical Journal* herausgegeben.

Zu den ersten bedeutenden deutschen Astrophysikern, die sich in den USA selbst ein Bild von der Situation machten, gehörte Karl Schwarzschild. Äußerer Anlaß seiner Reise war der 1910 in Pasadena stattfindende 4. Kongreß der „International Union for Cooperation in Solar Research", einer Vorläuferorganisation der „International Astronomical Union" (IAU). Daß aber Schwarzschilds Interesse weit über die Tagung hinausging, ist allein an der Dauer seines Aufenthaltes ablesbar: Er weilte insgesamt rund 2 Monate in den Staaten. Dabei besuchte er neben dem Naval Observatory in Washington und dem Harvard College Observatory auch das Yerkes-Observatorium, das Lick-Observatorium und natürlich das Mt. Wilson-Observatorium, wo intensiv Sonnenforschung betrieben wurde.

In seinem Reisebericht, der keineswegs – wie in solchen Fällen oft üblich – in den Schubladen eines Ministeriums verschwand, sondern publiziert wurde[12], analysierte er die Ursachen der zweifellosen „Überlegenheit der Leistungen der amerikanischen Astronomie verglichen mit der deutschen". Den Etat der 5 großen amerikanischen Sternwarten bezifferte er mit 1 Mio. M, den der 10 führenden deutschen Sternwarten zusammengenommen mit einem Drittel davon. Doch die „Mittel allein sind es nicht", resümiert er weiter. Davon allein hätte er auch für die eigene Arbeit wenig lernen können, da die Chancen, in Deutschland wesentlich mehr finanzielle Mittel zu erhalten, äußerst gering seien. Statt dessen hebt Schwarzschild interessanterweise einige Eigenschaften der in Amerika tätigen Forscher hervor, die sich teils als Folge der dortigen Lebensbedingungen, teils aber auch als Ergebnis des amerikanischen Ausbildungssystems entwickelt hätten: „Der schnellere und stärkere Kampf ums Dasein hat in den Vereinigten Staaten die zähen Naturen geschaffen, die Nächte hindurch und ohne Urlaub beobachtend um den wissenschaftlichen Erfolg ringen. Die Söhne der Farmer, die neues Land urbar machten, wissen sich auf den einsamen Sternwarten gut zu helfen und finden ihre Erholung in der sie umgebenden Natur … Als Leute, die von technischen Hochschulen kommen, sind die amerikanischen Astronomen ihre eigenen Ingenieure. Ihre Beobachtungstätigkeit wird von keiner Unterrichtsverpflichtung unterbrochen … Auch die Arbeitsmethode hat der amerikanische Gelehrte von der Industrie. Er benutzt die billigsten Hilfskräfte und fragt: Does it pay? aufs schärfste auch bei wissenschaftlichen Unternehmungen, während wir uns viel eher unüberlegt um des reinen Vergnügens an der Arbeit willen in Trab setzen".[13]

Lassen wir Ausbildung und Persönlichkeit Hertzsprungs vor unserem geistigen Auge Revue passieren, klingt diese Charakterisierung des amerikanischen Astronomen fast wie die des dänischen Chemieingenieurs, so als ob Schwarzschild mit ihm ein Stück amerikanischer Wissenschaftsphilosophie in sein Haus geholt hätte. Mit „Wir" hat dann Schwarzschild wohl eher sich und seinesgleichen gemeint. Allerdings hatte das amerikanische System auch Nachteile und Mängel: Sie fänden „über allem Konstruieren und Beobachten wenig Zeit, die Resultate" ihrer Beobachtungen tiefgründig durchzuarbeiten. Auch sei ihre theoretische Ausbildung gegenüber der deutscher Astronomen viel schlechter. Bei Hertzsprung fehlte sie ganz! Alles Theoretische mußte er sich mühsam selbst erarbeiten, und dies gelang ihm nach eigener, selbstkritischer Einschätzung nur unbefriedigend.[14]

Auch in der von Hertzsprung ungeliebten „Kraft und Zeit erfordernden Dozententätigkeit" sieht Schwarzschild durchaus den Vorteil, daß auf diese Weise stets der „Sinn für das Allgemeine und der Kontakt mit der Jugend" erhalten bliebe[15]. Die amerikanischen Forscher seien hingegen oft mit Rücksicht auf ihre Geldgeber gezwungen, „äußerliche glänzendere Arbeiten" zu bevorzugen.

Der amerikanische Vorsprung könne jedoch von den Deutschen durchaus aufgeholt werden, wenn die äußeren Bedingungen verbessert würden. Einen wesentlichen Beitrag für die Förderung der Astronomie sieht er in der Berücksichtigung dieser Wissenschaft in der „höheren Schulbildung" – weniger um auf diese Weise Interessenten für den Astronomenberuf zu gewinnen, als vielmehr bei den werdenden Großindustriellen ein „lebendigeres Interesse" und größeren Enthusiasmus für die idealen Ziele astronomischer Forschung zu wecken. In diesem Sinne hatte sich Schwarzschild übrigens nachdrücklich schon in zwei Aufsätzen geäußert, die bereits während seiner Göttinger Zeit entstanden waren[16].

Zu Beginn seiner Reise nahm Schwarzschild an der 11. Jahrestagung der „Astronomical and Astrophysical Society of America" am Harvard Observatory teil und hörte dort u. a. einen Vortrag von Henry Norris Russell mit dem Titel „Some hints on the order of stellar evolution"[17]. Zu seiner großen Überraschung mußte Schwarzschild feststellen, daß Russell hinsichtlich des Zusammenhanges zwischen den Spektraltypen und den absoluten Helligkeiten der Sterne zu ganz ähnlichen Ergebnissen gelangt war, wie sie Hertzsprung bereits 1905 formuliert und veröffentlicht hatte. Nur wußte Russell offenbar davon nichts, jedenfalls fand der Name Hertzsprungs in dem Vortrag keinerlei Erwähnung. Schwarzschild setzte Russell natürlich an Ort und Stelle von Hertzsprungs Forschungsresultaten in Kenntnis[18], veranlaßte Hertzsprung, seine Sonderdrucke an Russell zu schicken, und noch im September entwickelte sich ein angeregter Briefwechsel zwischen Hertzsprung und Russell, auf den wir gleich zu sprechen kommen.[19]

Russells Weg zu den Riesen und Zwergen und sein Dialog mit Hertzsprung

R ussell war auf anderem Weg zu seinen Erkenntnissen gelangt als Hertzsprung. Ihn hatte primär sein Interesse an den Problemen der Sternentwicklung geleitet.

Schon seit der Einführung der Spektralklassifikation wurde die Frage diskutiert, inwieweit die Farbfolge der Sternspektren von Weiß über Gelb zu Rot nicht zugleich eine Entwicklungsfolge darstellt, da die Reihe der Farben der Abkühlungssequenz eines heißen Körpers entspricht. Zöllner, der lebhaft den Gedanken vertrat, daß die Sterne eine Entwicklung durchmachen, versuchte bereits 1865 spektrale Kriterien für die Sterntemperaturen zu formulieren[20]. Sein Freund und Schüler, H. C. Vogel, vereinigte Spektralklassifikation und Fixsternkosmogonie, indem er die Farbenfolge (= Temperaturfolge) der Sterne zur Grundlage einer neuen Anordnung der Spektren machte. Seine Begründung lautete: „Die einzige rationelle Klassification der Sterne nach ihren Spektren dürfte erhalten werden, wenn man von dem Gesichtspunkt ausgeht, daß sich im Allgemeinen in den Spektren die Entwicklungsphase der betreffenden Weltkörper abspiegelt"[21]. Ebenfalls auf der Grundlage der dreiklassigen Einteilung der Sternspektren, jedoch in deren originaler, von A. Secchi entwickelten Form, schlug J. N. Lockyer eine Theorie der Sternevolution vor, die Ende der 80er Jahre publiziert wurde und durch eine Liste realer Objekte belegt war. Die Sterne sollten nach dieser Auffassung – ähnlich wie auch bei Vogel – als rote Sterne großer Ausdehnung sowie geringer Temperatur und Dichte beginnen, die sich unter dem Einfluß der Schwerkraft immer weiter verdichten, dabei heißer und gelber werden, schließlich als weiße Sterne den Höhepunkt ihrer Entwicklung erreichen, um anschließend abzukühlen und wiederum als rote Sterne zu enden[22].

Auf diesen Problemkreis wurde Russell gestoßen, als er sich nach seiner Studentenzeit in Princeton einige Jahre an der Cambridge University aufhielt und dort mit A. R. Hinks eines der ersten fotografischen Parallaxenprogramme entwickelte. Unter den 55 ausgewählten Sternen für das Pilotprogramm befanden sich auch 21 Objekte, deren Spektren Lockyer bereits 1902 veröffentlicht hatte. Diese Objekte waren nach dem Kriterium der Helligkeit ausgewählt, während Hinks und Russell als Indiz für große Parallaxen das Kriterium hoher Eigenbewegungen bevorzugten. Sie waren aber nicht wenig überrascht, als sie feststellen mußten, daß die Hälfte der auf diese Art ausgewählten Sterne auch in Lockyers Liste enthalten war. Lockyer hatte natürlich die Auswahl seiner Objekte nicht allein nach dem Kriterium ihrer scheinbaren Helligkeit getroffen, sondern großen Wert darauf gelegt, daß sie gleichmäßig über die Spektraltypen verteilt und somit als Testobjekte für Evolutionshypothesen geeignet waren. Daß Lockyers Vorstellung von der Sternentwicklung, nach der jeder Stern jede Spektralklasse zweimal durchläuft, von Russell klar favorisiert wurde, ist seinen lecture notes für einen Vortrag zu entnehmen, den er 1907 in Princeton hielt[23]. Um sein Parallaxenwerk fortzuführen, mußte Russell jedoch wissen, welche Aussagekraft seine Positionsmessungen gegenüber den Hintergrundsternen hatten, d. h., welche parallaktischen Bewegungen die Referenzsterne ausführen. Dazu schien die von Kapteyn entwickelte Methode geeignet, die statistischen Eigenbewegungen aus den Helligkeiten und Spektraltypen der Sterne abzuleiten. Für diesen Zweck benötigte Russell die besten zur Verfügung stehenden Angaben über Sternhelligkeiten und Spektraltypen. Hier konnte nur E. C. Pickering vom Harvard Observatory helfen.

Pickering suchte nicht allein alle für Russell interessanten Daten heraus und übergab sie ihm, sondern er zeigte sich auch detailliert sachkundig über die Zielrichtung der Russellschen Arbeit, denn er bemerkte in diesem Zusammenhang: „Vielleicht läßt sich mit diesem Material entscheiden, ob die Sterne der Klasse A oder der Klasse K am weitesten entfernt sind."[24]

Fast 18 Monate vergingen, in denen Russell mit dem Material arbeitete und dann kam das Resultat, daß „... die schwächeren Sterne durchschnittlich röter als die helleren sind. Bislang bleibt die Ursache für diesen Umstand im Dunkeln. Bislang sind mir keine Anhaltspunkte bekannt, die eine Klärung dieses Sachverhalts erlauben würden ... Ich bin zu vorsichtig, um das Problem durch die Annahme zu lösen, die roten Sterne wären tatsächlich lichtschwächer – obgleich es einige von ihnen wahrscheinlich sind. Antares und alpha Orionis besitzen hingegen enorme Helligkeiten und das Mittel mag beträchtlich groß sein."[25].

Zu diesem Zeitpunkt bestand längst ein intensiver Briefwechsel zwischen Hertzsprung und Pickering über diesen Gegenstand. Hertzsprung hatte sich gleich nach der Veröffentlichung des ersten Teils von „Zur Strahlung der Sterne" an Pickering gewandt und die erhaltenen Ergebnisse diskutiert. Dabei ging es ihm besonders um die Kernidee seiner Arbeit, nämlich die Aussagekraft der spektralen Unterabteilungen im Spektralsystem von Miß Maury für die absoluten Helligkeiten. Die zunehmend größer werdenden Differenzen zwischen den absoluten Helligkeiten mit wachsender „Rotheit" der Objekte hat er sogar in einer Tabelle zusammengestellt. Pickering war also frühzeitig über Hertzsprungs Ergebnisse informiert. Er scheint sie jedoch nicht ernst genommen zu haben. Als Hertzsprung im Jahre 1908 die neueste Ausgabe der Harvard Annals erhielt, stellte er jedenfalls fest, daß Pickering mit keinem Wort auf seine Ergebnisse eingegangen war. Er zögerte nicht, seine Enttäuschung, aber auch seine dezidierte fachliche Meinung über diese Unterlassung in einem Brief an Pickering zum Ausdruck zu bringen: „Es ist schon enttäuschend, wenn man feststellen muß, daß die gegenwärtig benutzte Spektralklassifikation das Niveau der Botanik besitzt. Dort werden die Blumen nach ihrer Größe und

Farbe unterschieden. Wird die Größe c bei einer Spektraleinteilung vernachlässigt, verhält man sich nicht besser als ein Zoologe, der zwar die Unterschiede zwischen Wal und Fisch kennt, trotzdem aber beide gemeinsam klassifiziert".[26]

Daß Pickering skeptisch blieb, geht aus seiner Antwort hervor[27], in der er deutlich sagt, daß er den Unterabteilungen in Miß Maurys Spektralklassifikation kein rechtes Vertrauen entgegenbringen könne. Dies war im August des Jahres 1908. Als nun aber Russell im September 1909 dieselben Resultate vorlegte, wie schon Hertzsprung Jahre früher, blieb Pickering gegenüber Russell immer noch schweigsam. Aus welchem Grunde auch immer dies geschah, so kann man doch vermuten, daß es die Kenntnis der Arbeiten von Hertzsprung war, die ihn veranlaßt hat, Russell auf die Fährte zu setzen. Das Ergebnis scheint ihn jedoch gar nicht befriedigt zu haben. Auch wenn wir von Pickerings merkwürdigem Schweigen absehen, mutet der Vorgang eigenartig an. Immerhin waren ja die wichtigsten Ergebnisse der zweiteiligen Arbeit Hertzsprungs inzwischen auch in den *Astronomischen Nachrichten* veröffentlicht, die in den USA natürlich nicht unbekannt gewesen sind.

So blieb es tatsächlich Schwarzschild vorbehalten, den Kontakt zwischen Russell und Hertzsprung herzustellen. Gleich nach seiner Rückkehr aus den USA informierte Schwarzschild seinen Freund und Mitarbeiter genauestens über den Vortrag von Russell und forderte Hertzsprung auf, dem amerikanischen Kollegen seine Veröffentlichungen zu senden. Dies geschah im September 1910. Noch am selben Tag, da die Sendung bei Russell eintraf, antwortete dieser:

„Ich danke Ihnen auf das herzlichste für die Nachdrucke Ihrer ungemein intessanten und bedeutsamen Arbeit, die ich heute morgen erhalten habe. Wie Ihnen vielleicht Professor Schwarzschild bereits mitgeteilt hat, habe ich unabhängig – aber einige Zeit später als Sie – erkannt, daß die roten Sterne zwei Klassen mit völlig verschiedener absoluter Helligkeit angehören. Ich glaube, alle Sterne lassen sich *einer* Entwicklungsserie zuordnen, sofern man davon ausgeht, daß ein Stern zunächst durch Kontraktion erhitzt wird, ein Temperaturmaximum erreicht (entsprechend dem Spektraltyp B oder A) und später auskühlt.

Die roten Sterne großer Leuchtkraft (großer Durchmesser, mit kleiner Dichte) könnten dann ein frühes Entwicklungsstadium durchlaufen und sich dabei aufheizen. Wie Sie selbst vorgeschlagen haben, sollten die roten Sterne geringer Leuchtkraft erkaltende Objekte in einer späten Entwicklungsphase darstellen.

Ich werde eine Arbeit über diese Theorie, die ich hoffentlich bald im *Astrophysical Journal* veröffentlichen kann, auf dem Harvard meeting of the Astronomical Society vorstellen. Mit Vergnügen werde ich auf Ihre Untersuchungen hinweisen und nach Kräften versuchen, daß Sie die Anerkennung erhalten, die Ihnen gebührt.

Würden Sie bitte viele Grüße an Prof. Schwarzschild ausrichten? Seine Bekanntschaft zu machen bereitete mir eine nachhaltige Freude. Mit den besten Wünschen für Ihre bemerkenswerte Arbeit verbleibe ich

Ihr ergebener Henry Norris Russell"[28]

In diesem Schreiben bekräftigt Russell die auch in seinem amerikanischen Vortrag ausgesprochene Ansicht, daß alle Sterne zu *einer* Entwicklungsreihe gehören und im Laufe ihrer Entwicklung zweimal dieselben Spektralklassen durchlaufen. Hertzsprung hingegen hatte in seiner Arbeit von 1905 die Ansicht von Antonia C. Maury zitiert, „daß die a- und b-Sterne einerseits und die c-Sterne andererseits kollateralen Serien der Entwicklung angehören"[29]. Hertzsprung kommt auf diese Idee im Zusammenhang mit der von ihm entdeckten Aufspaltung des eindeutigen Zusammenhangs zwischen Spektraltyp und Leuchtkraft zurück. Er meint bei der Diskussion der an Masse recht ähnlichen, aber an Leuchtkraft sehr stark differierenden Objekte γ Leonis und 70 Ophiuchi, der Zustand von γ Leonis müsse entweder ein früheres Stadium darstellen oder einer kollateralen Serie angehören.

Hertzsprungs Hauptargument zugunsten zweier Entwicklungsserien lautet, daß die als gleichalt vorauszusetzenden Komponenten eines Doppelsternsystems auch vom gleichen Spektraltyp sein müßten, wenn es nur eine Serie der Entwicklung gäbe. Da sich jedoch genügend Doppelsterne finden lassen, deren Komponenten sich hinsichtlich ihres Spektraltyps erheblich voneinander unterscheiden (vgl. Tabelle in Hertzsprungs Arbeit von 1905), zeige dies, daß man die Entwicklung der Sterne mit *einer* Serie nicht erklären könne. Nach heutigem Wissen ließe sich Hertzsprungs Vermutung insofern präzisieren, als es nicht nur 2, sondern viele „Serien" der Entwicklung gibt, die im wesentlichen durch die unterschiedlichen Massen der Sterne bedingt sind. Mit den hier angedeuteten Problemen beschäftigte sich Hertzsprung auch in seinem Antwortschreiben auf den Brief von Russell.

„Sehr geehrter Herr,

ich danke Ihnen sehr für den freundlichen Brief vom 27. September und die Komplimente für meine Arbeit. Mein Anteil ist allerdings nur ein verhältnismäßig kleiner, denn alle Erkenntnisse beruhen auf intensiven Beobachtungen, die andere durchgeführt haben.

Ich dachte zunächst auch daran, die hellen roten Sterne an den Anfang einer Serie zu stellen. Jedoch fand ich keine Hinweise, die diese Auffassung als schlüssig erscheinen lassen und habe deshalb einen solchen Gesichtspunkt in meinen Arbeiten nicht erwähnt. Ich wäre sehr froh, wenn Sie herausfinden, wo die hellen roten Sterne nun einzuordnen sind – in eine Entwicklungsfolge, zu der auch die Sonne gehört oder in eine Parallelserie. (In dieser Hinsicht sind die Veränderlichen vom Mira-Typ interessant, weil sie relativ zahlreich pro Einheitsvolumen Weltraum auftreten.)

Hoffentlich werden meine Untersuchungen Sie nicht davon abhalten, Ihre eigene Arbeit unabhängig von mir fortzusetzen. Nur zu leicht wird man durch die Beschäftigung mit anderen Autoren dazu verleitet, die Fehler anderer immer wieder neu zu begehen. Nach meinem Dafürhalten besteht gegenwärtig eine der wichtigsten Aufgaben der Spektroskopie darin, zu erkennen, auf welche Weise die großen physikalischen Unterschiede zwischen den hellen und dunklen roten Sternen in ihren Spektren zum Ausdruck kommen. Die Kernfrage ist doch, wie man die absolute Helligkeit eines Sterns aus seinem Spektrum herauslesen kann. Ich füge eine kleine Tabelle derjenigen Sterne bei, welche die abgesichertsten Parallaxen besitzen.

$$\lambda = \frac{0{,}''4}{\sqrt{n}}$$

n ist die Anzahl der guten Bestimmungen. Der mit den Veränderungen im Spektrum einhergehende Rückgang in den absoluten Helligkeiten ist ebenso klar zu erkennen, wie die relativ große Helligkeit unserer Sonne.

Das Spektrum des physischen Begleiters von Groombridge 34 entspricht der photographischen effektiven Wellenlänge, die man bei einstündiger Exposition mit unserem Reflektor (30 cm Durchmesser, 90 cm

Brennweite) erhält. Die effektiven Wellenlängen (Literatur A. N. 4362, Vol. 182, p. 301) wurden herangezogen, um die Farbäquivalente der schwächsten Sterne zu ermitteln.

Ihr treuer Ejnar Hertzsprung"[30]

Die hier weggelassene Tabelle von 17 Sternen mit besonders gut bekannten Parallaxen, für die Hertzsprung die absoluten Helligkeiten und die Spektraltypen angibt, hat er offensichtlich in der Hoffnung beigefügt, daß Russell unter Verwendung dieser Daten auf dem angezeigten Wege vorankommen würde.

Bemerkenswert erscheint in dem Brief die Äußerung, daß Hertzsprung selbst ebenfalls zu der Ansicht gekommen war, daß die roten Sterne mit großen absoluten Helligkeiten Frühstadien der Sternentwicklung darstellen, wie dies auch Russell in seinen Veröffentlichungen betonte. Es kennzeichnet aber den äußerst vorsichtigen Umgang Hertzsprungs mit seinen Daten, daß er diese Vermutung mangels Beweisen in seiner Veröffentlichung unterdrückt hatte. Interessant ist in diesem Zusammenhang auch der Hinweis von Hertzsprung auf die Bedeutung der Mira-Sterne für die Klärung von Entwicklungsfragen. Das Thema „Die Veränderlichen im HRD" kann folglich bereits in Hertzsprung seinen Stammvater erblicken. Der außerordentliche Nachdruck, mit dem Hertzsprung in seinem Brief an Russell auf die spektralen Kriterien der absoluten Helligkeit der Sterne hinweist, läßt erneut erkennen, wie stark ihn diese Problematik durch die ganzen Jahre beschäftigte.

Bedauerlicherweise bricht die Diskussion um diese Fragen im Briefwechsel zwischen Hertzsprung und Russell hiermit bereits ab.

Was die spektralen Kriterien der absoluten Sternhelligkeiten anlangt, so wurden sie bekanntlich 1914 gemeinsam von Kohlschütter und Adams am Mt. Wilson Observatory gefunden. Da Kohlschütter 1907 bei Schwarzschild in Göttingen promoviert hatte und bis 1908 als dessen Assistent tätig war, ist der genetische Zusammenhang der Idee von Hertzsprung mit der Entdeckung von Kohlschütter naheliegend. Schwarzschild war es übrigens auch, der die Empfehlung für Kohlschütter aussprach, als dieser sich um die Stelle am Mt. Wilson Observatory bewarb[31].

Daß Hertzsprung selbst die brisante Problematik der Sternentwicklung ebensowenig weiter verfolgte, wie seine Idee der spektralen Kriterien der absoluten Helligkeiten, hängt zutiefst mit seiner Forschungsphilosophie zusammen: Er wollte unbestreitbare Beobachtungsdaten liefern. Die Schlußfolgerungen daraus überließ er anderen.

Andererseits fühlte er sich wohl auch nicht in der Lage, fundierte theoretische Beiträge zur Lösung der aufgeworfenen Fragen zu liefern. Um so stärker perfektionierte er jedoch die Beobachtungen nebst der Beobachtungstechnik und brachte es auf diesem Gebiet zu höchster Vollendung.

Weitere Untersuchungen
über Spektren und Helligkeiten

In diesem Sinne blieb Hertzsprung der Untersuchung des Zusammenhanges zwischen den absoluten Helligkeiten der Sterne und deren Spektraltypus durchaus noch für längere Zeit verbunden, wovon die fortlaufenden Veröffentlichungen der folgenden Jahre zeugen. Dafür dürfte wohl auch Karl Schwarzschild gesorgt haben, den das Thema von Anbeginn faszinierte und der dessen Bedeutung für grundlegende Aussagen über die Entwicklung der Sterne spürsicher erkannte. Hierfür gibt es zahlreiche Belege. Im Zuge der fotografisch-fotometrischen Durchmusterung an der Göttinger Sternwarte, die zum überwiegenden Teil von Kohlschütter durchgeführt wurde, bemerkte Schwarzschild schon 1906: „Ordnet man ... die Differenzen zwischen optischer und photographischer Helligkeit nach ihrer Größe und zählt die Verteilung von Zehntel zu Zehntel Größenklasse der Differenzen ab, so erhält man keine gleichmäßige Streuung, vielmehr weist die Häufigkeitskurve ein Minimum zwischen zwei Maximis auf. Die Sterne würden sich hiernach in eine Gruppe von weißen und eine Gruppe von gelben Sternen spalten, zwischen denen die Übergänge relativ selten sind. Es ist hinzuzufügen, daß das Minimum nur außerhalb der Milchstraße zu verschwimmen scheint. Die Durchführung des ganzen Unternehmens gewinnt natürlich durch die Frage nach der Realität dieser Erscheinung erhöhtes Interesse. Bestätigt sie sich, so wäre ihr Zusammenhang mit den Ergebnissen der statistischen Untersuchungen der Herren Kapteyn, Hertzsprung, Pannekoek offenbar."[32]

Ein Jahr später heißt es dann: „Das im vorigen Jahr erwähnte Phänomen, daß unter den bearbeiteten Sternen diejenigen einer bestimmten Übergangsfarbe zwischen weißen und gelben Sternen relativ selten sind, hat sich bestätigt. Die relativ seltenen Sterne entsprechen der Spektralklasse XII–XIII in Miß Maurys Bezeichnung, also grade der Spektralklasse, welche nach Hertzsprung und Pannekoek die größte scheinbare Eigenbewegung aufweist. Man erklärt offenbar beide Erscheinungen, das Minimum in der Häufigkeit, wie das Maximum in den Eigenbewegungen, indem man diesen Sternen geringste absolute Leuchtkraft zuschreibt; jenes Phänomen ist daher eine gewichtige Stütze des Resultates der Herren Hertzsprung und Pannekoek, wonach das Minimum der absoluten Leuchtkraft nicht bei den roten Sternen, sondern wunderbarerweise bei Sternen einer gewissen mittleren Färbung liegt."[33]

In seiner Veröffentlichung „Über die Farbentönung der Sterne" hatte sich Schwarzschild sogar ausdrücklich der Interpretation von Hertzsprung angeschlossen[34].

Im Dezember des Jahres 1908 hatte Schwarzschild einen öffentlichen Vortrag „Über das System der Fixsterne" gehalten. Auch bei dieser Gelegenheit kam er ausführlich auf die Entdeckung Hertzsprungs zu sprechen, zum ersten Mal übrigens in ganz allgemeinverständlicher Form. Besonders hebt er den Umstand hervor, daß es neben den roten Riesen auch unter den weißen Sternen exzeptionelle Objekte gibt, „und zwar sind es hier, wie Herr Hertzsprung entdeckt hat, gerade die Sterne mit schmalen Gaslinien, welche die Gigantennatur haben. Es ist an sich höchst merkwürdig und durch keine Theorie über die Entwicklung der Sterne vorauszusehen, daß so zerstreut zwischen den gewöhnlichen Sternen diese Giganten liegen. Wieder einmal erweist sich die Welt als vornehmstes Kunstwerk, niemals willkürlich und doch stets überraschend"[35].

Angesichts der klaren Erkenntnis der Bedeutung des Zusammenhanges zwischen Spektralklassen und absoluten Helligkeiten veranlaßte Schwarzschild sogar gezielte Untersuchungen an der Göttinger Sternwarte durch seinen Mitarbeiter Rosenberg. Dieser war schon seit 1907 mit spektralfotometrischen Arbeiten unter Verwendung einer Prismenkamera der Firma Zeiss beschäftigt, so daß die Anregung von Schwarzschild, eine möglichst genaue Bestimmung der Spektraltypen der Plejadensterne vorzunehmen, unmittelbar an die bereits vorhandenen Vorarbeiten und Erfahrungen Rosenbergs anknüpfte. Die Ausführung der Arbeiten dürfte in jene Zeit gefallen sein, da sich auch Hertzsprung in Göttingen befand. Die Arbeit erschien allerdings erst im Jahre 1910 unter dem Titel „Über den Zusammenhang von Helligkeit und Spektraltypus in den Plejaden"[36]. Diese Publikation enthält übrigens auch erstmals eine graphische Darstellung des Zusammenhanges der beiden Zustandsgrößen und stellt somit das erste Spektraltyp-Helligkeits-Diagramm eines offenen Sternhaufens dar.

Hätte Hertzsprung ein Spektraltyp-Helligkeits-Diagramm seiner Daten gezeichnet, so würde es in seinem Aussehen bereits deutlich an ein „echtes Hertzsprung-Russell-Diagramm" erinnern.

Hertzsprung hatte sich bereits in Kopenhagen mit den Farben der Plejadensterne beschäftigt und vor allem deren effektive Wellenlängen nach der Gittermethode bestimmt. Diese Arbeiten gedachte er natürlich fortzusetzen. Zu diesem Zweck blieb er wegen der Lieferung weiterer Drahtgitter auch in ständigem Kontakt mit der Dansk Telegrafonfabrik. Diese lieferte nach Hertzsprungs Angaben ein Gitter von 176 mm Durchmesser mit Drähten von 0,6 mm nach Potsdam und Hertzsprung bestätigte nach entsprechenden Erprobungen dessen Eignung in einem Brief vom 27. 2. 1910[37].

Hertzsprung war somit bestens ausgerüstet, wie es scheint. Doch das große Thema sollte weniger durch neue Messungen in Potsdam als durch gewissenhafte Auswertung früherer Beobachtungen bewältigt werden. Das in Potsdam vorhandene UV-Zeiss-Triplet war nämlich für Hertzsprungs Zwecke ganz ungeeignet, da es bevorzugt für das kurzwellige Gebiet des Spektrums ausgelegt war.

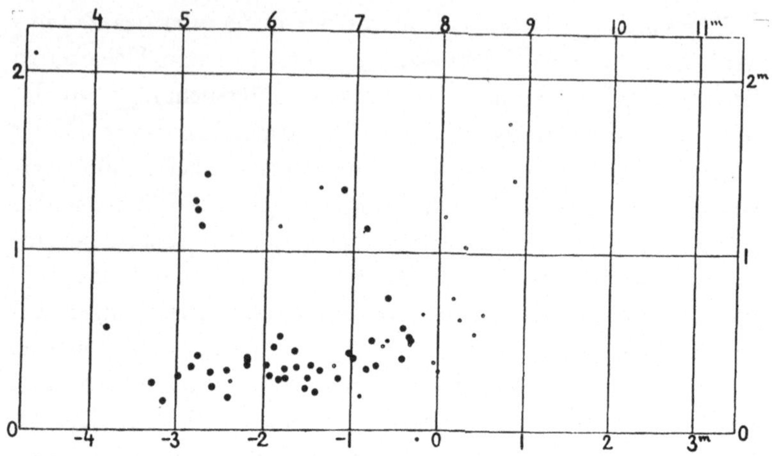

Farben-Helligkeits-Diagramm der Hyaden von Ejnar Hertzsprung (1911)

Das Ziel der Arbeit bestand einerseits darin, die Methode der effektiven Wellenlängen hinsichtlich ihrer Genauigkeit zur Bestimmung von Farbenäquivalenten zu prüfen, andererseits aber auch die Beziehung zwischen den absoluten Helligkeiten und Farben der Sterne bis zu Objekten geringerer Helligkeiten festzustellen. In der für Hertzsprung charakteristischen, äußerst sorgfältigen Analyse und unter Betonung der eigentlich noch zu großen „Knappheit des Materials" gelingt es, einen wesentlichen Beitrag zur Kenntnis des untersuchten Zusammenhanges zu leisten. Doch das aus heutiger Sicht wichtigste Ergebnis war ein ganz unvorhergesehenes: Beim Vergleich der Beziehungen zwischen Helligkeiten und Farben der Sterne *verschiedener* offener Sternhaufen (siehe Zeichnung) fand Hertzsprung nämlich markante Unterschiede, die er diesmal erstmalig auch graphisch in Gestalt der schon von Rosenberg gelieferten Farben-Helligkeits-Diagramme (FHD) darstellt und mit folgenden Worten charakterisiert: „Als Hauptergebnis dürfen wir bezeichnen, daß die physischen Mitglieder der Plejaden und Hyaden sich dadurch unterscheiden, daß sämtliche Plejaden sich, soweit bekannt, in eine Serie einordnen lassen, die ein stetiges Fortschreiten des Farbenäquivalents mit abnehmender absoluter Helligkeit zeigt, während dies nur für die Mehrzahl der Hyaden der Fall ist, indem in dieser Gruppe einzelne, weit aus der Reihe fallende, helle gelbe Sterne vorkommen"[38]. Die Ursache dieser Merkwürdigkeit mußte Hertzsprung natürlich verborgen bleiben, wenngleich er in diesem Zusammenhang die „entwicklungsgeschichtliche Stellung der hellen gelben Sterne" erwähnt, die aber „noch ganz rätselhaft" sei.[39] Die wahre Ursache der Unterschiede liegt im verschiedenen Alter von Plejaden (etwa 50 Mio. Jahre) und Hyaden (etwa 500 Mio. Jahre). Nach heutigen Kenntnissen wandern die Sterne nämlich von der Hauptreihe in den Bereich der Riesensterne ab, wenn sie etwa 10 % des Wasserstoffs zu Helium „verbrannt" haben. Da dieses Stadium um so eher erreicht wird, je massereicher die Sterne sind, bewegen sich aus einer Gruppe gleichalter Sterne, wie es die Mitglieder eines offenen Sternhaufens sind, die oben links auf der Hauptreihe stehenden massereichen Objekte zuerst in den Riesenbereich hinein. Je nach dem Alter eines Sternhaufens liegen daher die Abknickpunkte bei verschiedenen Spektraltypen.

Wenn Hertzsprung auch damals nicht ahnen konnte, welche Auswirkungen seine Entdeckung zeitigen würde, müssen wir doch aus retrospektiver Sicht feststellen, daß er einer der Vorreiter auf dem Weg zum Verständnis der Aussagekraft von Farben-Helligkeits-Diagrammen offener Sternhaufen gewesen ist. Heute spielen sie als Indikatoren für Sternentwicklungstheorien eine ausgesprochen dominante Rolle.

Richtig erkannte Hertzsprung auch die besondere Bedeutung der Hyaden, weil deren absolute Helligkeiten zur Verfügung standen. Bereits im Jahre 1908 hatte nämlich der amerikanische Astronom Lewis Boss gefunden, daß die Mitglieder der Hyaden allesamt dieselbe Bewegung im Raum ausführen, mithin einem heute sogenannten Bewegungshaufen angehören. Trägt man die Eigenbewegungen der Mitglieder eines solchen Haufens nach Größe und Richtung in ein Diagramm ein, so weisen die Eigenbewegungspfeile alle zu demselben Zielpunkt (Vertex). Die Idee von Boss bestand nun in folgendem: Kennt man die Eigenbewegungen der Haufenmitglieder und wenigstens von einem Stern auch die Radialgeschwindigkeit, so lassen sich die linearen Geschwindigkeiten angeben. Damit erhält man dann die Parallaxe des Haufens. Zwei Vorteile liegen auf der

Hand: Die Reichweite der (sehr genauen) Methode ist größer als bei (jährlichen) trigonometrischen Parallaxen, und die gewonnenen Entfernungswerte beziehen sich auf *alle* Haufenmitglieder mit ihren ganz unterschiedlichen physikalischen Eigenschaften. Somit gewinnt man einen direkten Zugang zu allen möglichen Leuchtkraftkriterien[40]. Darauf bezieht sich Hertzsprungs Bemerkung, daß man für andere Sterne mit bekannter Spektralklasse und Parallaxe unmittelbare Vergleiche anstellen könne.

Der ungeeignete Standardstern

Die Jahre 1910 und 1911 brachten für Hertzsprung eine intensive Beobachtungsarbeit. Dabei hielt er sich keineswegs ausschließlich an sein vorgegebenes Programm, sondern war auch unverhofft auftretenden Phänomen gegenüber aufgeschlossen. Als er z. B. am 11. April 1910 seine Kamera auf den offenen Sternhaufen Präsepe richtet, huscht eine helle Sternschnuppe quer durch das Bildfeld. Hertzsprung ist hocherfreut und überlegt sofort, wie er diesem Zufallsschnappschuß eine wissenschaftliche Erkenntnis abgewinnen kann. Mit Freuden erhält er eine zuverlässige Beobachtung desselben Meteors durch den dänischen Amateurastronomen Thorvald Køhl aus Jyderup, die es ihm gestattet, die Höhe des Aufleuchtens des Mikrokörpers zu 200 km auszurechnen.[41] Die Hoffnung, durch eine Publikation der Beobachtung noch weitere Hinweise zu erhalten, zerschlägt sich allerdings[42].

Das rege Interesse Schwarzschilds an allen Fragen der Wissenschaft und Technik hat auch für Hertzsprung sein Gutes. Während er selbst eher Gefahr lief, sich ausschließlich den wissenschaftlichen Problemen zu verschreiben, gelingt es Schwarzschild, den Freund gelegentlich auch aus den Potsdamer Kuppeln zu entführen. Eine ausgesprochene Sensation der damaligen Zeit waren die Flugvorführungen der „Aviatiker" in Johannisthal bei Berlin. Der Motorflug steckte damals noch in den Kinderschuhen, und die Vorführungen auf dem Gelände in Johannisthal lockten hunderttausende Schaulustige an. Schwarzschild war unter ihnen, und Hertzsprung wurde mitgenommen. Immerhin beeindruckten ihn die Vorführungen so stark, daß er seiner Mutter in Dänemark davon berichtete und im nächsten Jahr nochmals mit Schwarzschild nach Johannisthal zog.[43]

Eine andere Sensation des Jahres 1910 – diesmal eine „himmlische" – war die Erdannäherung des Kometen Halley. Zwar war die alte Kometenfurcht infolge der wissenschaftlichen Erkenntnisse nicht mehr vorhanden. Jedoch machte die „Entdeckung" die Runde, daß im Schweif des Kometen Blausäure vorhanden sei und die Erde den Schweif des Kometen durchmessen würde. Die Presse schürte eine förmliche „Kometomanie", und das Interesse, Halley zu beobachten, war ausgesprochen stark. Es verwundert daher kaum, daß Hertzsprung seine Familie als Fachmann selbstverständlich zu instruieren hatte, wie man den Kometen am besten beobachten könne.[44]

Das alles konnte Hertzsprung aber von seinen wissenschaftlichen Beobachtungen nicht abhalten. Als Mitte September 1910 in Breslau die Tagung der Astronomischen Gesellschaft stattfand, zog es Hertzsprung vor, in Potsdam zu bleiben, weil gerade eine Schönwetterperiode angebrochen war. Er nutzte die Tage der Abwesenheit seiner Kollegen, um ungestört mit zwei Assistenten sowohl am Großen Refraktor als auch mit dem kleineren Instrument in der Ostkuppel zu beobachten. Wenn er schon eine Fachtagung zugunsten astronomischer Beobachtungen versäumte, verwundert es kaum, daß er die Einladung zu einer Silvesterfeier in Berlin zum Jahreswechsel 1911/1912 wegen des gerade sehr guten Beobachtungswetters erst recht ausschlug.[45]

Zu den Beobachtungsobjekten, die mehr und mehr Hertzsprungs Interesse erweckten, zählten die Veränderlichen Sterne. Dabei widmete er sich auch mit besonderer Gründlichkeit dem Polarstern (α UMi). Über dieses Objekt kursierten in der Fachliteratur bereits seit über einem halben Jahrhundert sehr unterschiedliche Auffassungen. Insbesondere hatten schon L. Seidel (1856) und J. F. B. Schmidt darauf hingewiesen, daß der Polarstern möglicherweise variabel sei. Nun wurde aber der Polarstern in zahlreichen fotometrischen Durchmusterungen, insbesondere der Harvard Photometry, als Standard benutzt und ihm die visuelle Helligkeit 2^m12 zugeschrieben. Schon aus diesem Grund hielt Hertzsprung eine möglichst genaue Untersuchung auf Helligkeitsschwankungen für äußerst wichtig. Daneben gab es aber auch noch andere Umstände, die zu einer solchen Studie einluden: Das Spektrum von α UMi wird bei Antonia C. Maury zu derselben Unterabteilung (ac) gezählt, die für Delta-Cephei-Veränderliche charakteristisch war. Hertzsprung versuchte nun α Polaris als Cepheiden zu identifizieren. Zur Anwendung kam wieder die von ihm favorisierte Methode der effektiven Wellenlängen mittels Drahtgitter. Das speziell entwickelte Gitter war für Aufnahmen außerhalb des Brennpunktes bestimmt, und die erhaltenen Bilder von Polaris und dem unmittelbar benachbarten Stern BD $+88°4$ waren so beschaffen, daß die Gitterspektren erster und zweiter Ordnung für Polaris eine ähnliche Schwärzung zeigen wie das Zentralbild des benachbarten Vergleichsterns. In 50 Nächten belichtete Hertzsprung 418 Platten. Aus diesem reichhaltigen Material leitete er dann bei Annahme einer sinusförmigen Lichtkurve eine Amplitude der Helligkeitskurve von $0^m171 \pm 0^m012$ (m.F.) ab [46,47].

Die Fachwelt benutzte α UMi trotz seiner Variabilität weiterhin als fotometrischen Standard; einerseits war die Veränderlichkeit minimal, andererseits hatte man nun genaue Kenntnis über die Periode und die Lage der Maxima und Minima.

In jüngerer Zeit sind übrigens erneut Diskussionen um den Polarstern aufgekommen, da es Anzeichen für ein Ende seiner Pulsationen zu geben scheint [48].

Das Problem des Zusammenhangs zwischen Spektraltypen und absoluten Helligkeiten war für Hertzsprung immer noch von Interesse. Deshalb empfand er den Mangel an Farbäquivalenten lichtschwächerer Sterne als durchaus schmerzlich und keineswegs nur in bezug auf die von ihm untersuchten offenen Sternhaufen.

Universelle Aussagen und gültige Interpretationen waren nur möglich, wenn man systematisch auch Kenntnisse über die schwächeren Sterne erlangte. Dies scheiterte damals in Deutschland vor allem an den instrumentellen Möglichkeiten. So entstand bei Hertzsprung der Wunsch, seine Forschungen bis zu den schwächsten

Sternen auszudehnen, die mit den weltweit besten technischen
Möglichkeiten erreichbar waren. Praktisch bedeutete dies, einen
längeren Beobachtungsaufenthalt am Mt. Wilson Observatory
durchzuführen, wo ein Spiegelteleskop mit der freien Öffnung von
1,5 m zur Verfügung stand, das lichtstärkste astronomische Teleskop jener Zeit.

Reise in die USA (1912)

Schwarzschild war mit Hertzsprungs Idee sofort einverstanden.
Zu klären war allerdings die Finanzierung eines solchen Unternehmens, denn aus dem laufenden Haushalt des Potsdamer Observatoriums konnte die volle Finanzierung nicht erfolgen.

Gute Erfahrungen mit dem Mt. Wilson Observatory hatte hingegen J. C. Kapteyn, der Direktor des Observatoriums Groningen. Mit
diesem damals schon sehr berühmten Astronomen stand Hertzsprung seit 1906 in brieflicher Verbindung. Um die besten Vari-
anten für den erwünschten USA-Aufenthalt zu besprechen, reiste
Hertzsprung deshalb kurzentschlossen nach Groningen zu Kapteyn, mit dem er „viel zu besprechen" habe, wie er seiner Mutter mitteilte. Vor allem will er ausloten, wie der berühmte Direktor
des Mt. Wilson Observatory, der Sonnenforscher und Forschungs-
organisator G. E. Hale, sich zu seinem Projekt stellen würde. Die
Besprechungen bringen den erwarteten Erfolg: Auf Kapteyns Anfrage erhält Hertzsprung schon am 30. Dezember ein Schreiben von
Hale, im dem dieser seine Bereitschaft erklärt, den großen Spiegel
für 5–6 Nächte je Monat zur Verfügung zu stellen und – falls erforderlich – auch eine finanzielle Unterstützung zu gewähren[49]. Hale
war sehr wahrscheinlich auch persönlich an Hertzsprungs Beobachtungsprogramm interessiert, hatte er doch 1908 selbst ein Buch
über Sternentwicklung veröffentlicht, dem aber nur wenig verläßli-
ches Beobachtungsmaterial zugrunde lag[50].

Offenbar zur weiteren Vorbereitung der Reise, aber wohl auch zu Fachgesprächen mit Schwarzschild, kam Kapteyn Anfang März 1912 noch für einige Tage nach Potsdam.

Hertzsprung wandte sich dennoch wegen der Finanzierung seiner Reise am 20. März 1912 an die Königliche Akademie der Wissenschaften zu Berlin, zu der das Potsdamer Observatorium gehörte, und begründete in seiner „Eingabe" den wissenschaftlichen Zweck der Reise ausführlich. Er, der zeit seines Lebens keine Minute für die allgemeinverständliche Darstellung astronomischen Wissens aufwandte – ganz im Gegensatz zu vielen seiner bedeutendsten Kollegen –, war hier gezwungen, in einer auch dem Beamten einsichtigen Ausdrucksweise das Ziel seines Unternehmens zu schildern[51]. Hertzsprungs Bitte richtete sich auf einen Zuschuß von 2000–2500 Mark. Darauf erhielt er die Zusage einer Unterstützung von 1500 Mark. Nun schaltete sich noch Schwarzschild ein. Er hob in einem Schreiben vom 2. Mai 1912 hervor, daß es ihm nicht recht erwünscht erscheine, amerikanische finanzielle Hilfe in Anspruch zu nehmen. „Wenn das Unternehmen eines Beamten eines preußischen Observatoriums von der Kgl. Akademie der Wissenschaften unterstützt wird und so gewiss als ein deutsches Unternehmen erscheint, so wird es sich wohl empfehlen, auch den relativ kleinen noch fehlenden Restbetrag von deutscher Seite aufzubringen".[52]

Das Ergebnis dieses Schreibens war die Bereitstellung von nochmals 1500,– M aus dem Fonds des Amerika-Instituts mit der Verpflichtung, diesem nach Abschluß der Reise einen ausführlichen Bericht zu erstatten.

Noch wenige Tage vor der großen Reise beendete Hertzsprung zwei Publikationen für die *Astronomischen Nachrichten*: „Über die Verteilung galaktischer Objekte" und „Photographische Messung der atmosphärischen Dispersion"[53]. Es sollten für 13 Monate die letzten Manuskripte sein, die er zur Veröffentlichung einreichte.

Am 6. Juni 1912 begab sich Hertzsprung zunächst nach Groningen zu Kapteyn. Noch vor der gemeinsamen Abreise in die USA teilte er seiner Mutter (unverhofft?) mit, daß er sich mit der jüngsten Tochter Kapteyns, Henriette (Hetty), am 8. Juni verlobt habe. Die

Eltern seien „überrascht und erfreut"[54]. An Schwarzschild übermittelte er die Nachricht mit den lapidaren Worten: „Gestern habe ich mich mit Kapteyns jüngster Tochter verlobt. – Wir werden keine Karten verschicken. Es wird sich auch so verbreiten"[55].

Einen Tag später reiste Hertzsprung mit seinem Schwiegervater in spe zunächst nach London. Der Aufenthalt wird zu „einer sehr interessanten Diskussion" mit Sir David Gill, dem ehemaligen Direktor der Kap-Sternwarte, sowie A. S. Eddington und F. Dyson genutzt, ehe es 4 Tage später von Liverpool aus nach New York geht[56].

Schon in London verabsäumt es Hertzsprung jedoch nicht, seinem Freund Schwarzschild über den Ablauf der Hinreise zu berichten, wie er ihn mit Kapteyn verabredet hat[57]. Überhaupt wird Schwarzschild während der gesamten Abwesenheit Hertzsprungs stets bestens informiert. Seine Verlobte hingegen hört wenig von ihm[58]. Die Wissenschaft gewinnt vollständig die Oberhand.

Während der Bahnfahrt von London zum Hafen von Liverpool greift Hertzsprung erneut zur Feder und bringt die wichtigsten Fakten aus seinen Gesprächen mit Eddington, Gill und Dyson zusammen zu Papier. Daß Eddington gerade an einem Buch schreibe, das „zusammenfassen soll, was wir von Sternbewegungen (und vielleicht etwas mehr) wissen", heißt es da. Gemeint ist Eddingtons 1914 erschienenes Werk *Stellar Movements and the Structure of the Universe* – ein Thema mit dem sich auch Schwarzschild damals intensiv beschäftigte. Ein von Franklin-Adams erstellter Sternkatalog bis zur Grenzgröße von 16^m sei zum Selbstkostenpreis zu erhalten, man solle ihn möglichst für Potsdam anschaffen, aber „vielleicht ist kein Geld da". Das vertrauliche Du gab es zwar niemals zwischen Hertzsprung und Schwarzschild, aber die förmliche Anrede „Sehr geehrter Herr Professor" war inzwischen einem freundschaftlichen „L. S." (Lieber Schwarzschild) gewichen[59].

Am 22. Juni trafen die Kapteyns und Hertzsprung an Bord der Adriatic in New York ein. Ehe es nun nach Pasadena ging, nutzte Hertzsprung die Möglichkeit, mehrere der bedeutendsten amerikanischen Sternwarten kennenzulernen.

Erste Station war Boston-Cambridge, wo sich das Harvard Observatory befindet. Die zwei Tage des Aufenthaltes waren viel zu kurz, um die vielen Probleme zu besprechen, die Hertzsprung mit den dortigen Mitarbeitern gemeinsam interessierten, und vor allem „um die ganze Art" kennenzulernen und zu verstehen, wie man dort arbeitete, und die „soviel anders" sei, als in Europa gewohnt. Was Hertzsprung freilich störte, war die Unkenntnis alles dessen, was nicht in Harvard gemacht worden war. Die intensive Auseinandersetzung mit der wissenschaftlichen Weltliteratur, wie sie Hertzsprung von Anbeginn seiner Tätigkeit pflegte, fehlte hier „fast völlig". Bewundernswert hingegen empfand er das „kaufmännische Geschick", mit dem die Arbeit organisiert wurde: „Pickering erzählte mit Genugtuung, wie jetzt die Klassifikation von 5000 Spektra monatlich für den erweiterten Draper Catalogue dadurch möglich geworden war, daß man diese Routine-Arbeit Hilfskräften übertrug und nicht den ‚verfeinerten Köpfen' hochqualifizierter Astronomen überließ." Und er schließt die Frage an: „Haben wir nicht in Europa zuviele pensionsfähige Offiziere und zu wenige gemeine Linientruppen?"[60]. Fruchtbare Gespräche führte Hertzsprung auch mit Miß Leavitt und Miß Cannon, vor allem über Veränderliche Sterne und Probleme der Spektralklassifikation.

Auf dem Allegheny Observatory weilte Hertzsprung einen Tag und traf mit Frank Schlesinger zusammen. Schließlich besuchte er auch noch das Lick Observatory, wo er eine Nacht verbrachte und beim Beobachten zusah. Hier beeindruckten ihn vor allem die Schnelligkeit, mit der die Spektrographen von einer einzigen Person in fast völliger Dunkelheit ausgewechselt wurden. In Potsdam wäre dieser Prozeß viel umständlicher und würde daher zu bedauerlichen Zeitverlusten führen[61].

Für Potsdam scheint ihm die Aufgabe sinnvoll, sich systematisch den spektroskopischen Doppelsternen zuzuwenden, da ein solches Programm auf dem Lick Observatory nicht beabsichtigt sei und in Allegheny und Ottawa allein das Riesenprogramm kaum abzuarbeiten sei.

Endlich, am 6. Juli, sah er zum ersten Mal die Kuppeln und Türme des Mt. Wilson Observatory, das Ziel seiner Reise – und

Wünsche. Er ist hocherfreut und grüßt seine Familie in Kopenhagen mit einer Postkarte des großen 60-inch-Spiegelteleskops.

Das „Mt. Wilson Solar Observatory" – wie es sich damals wegen der großen Sonnentürme und dem Forschungsthema Sonne noch nannte – war eine der jüngsten amerikanischen Sternwartengründungen[62]. Hale hatte mit dem Bau des Observatoriums Anfang des Jahrhunderts begonnen. Der große Spiegel war das einzige Instrument für stellarastronomische Zwecke und zugleich das damals größte der Welt. Der Ort war noch sehr abgelegen, und es kostete schon einige Mühe, den 14 km langen Weg von Pasadena, wo sich das Hauptquartier befand, auf den 1800 m hohen Mt. Wilson emporzugelangen. Alles, was oben gebraucht wurde, mußte mit Maultieren vom Fuße des Berges heraufgeschafft werden.

Kapteyn hatte ein eigenes Häuschen, während Hertzsprung einen hübschen Wohnraum unweit der großen Kuppel zugewiesen bekam. Die Nächte waren wundervoll dunkel und sternklar. Hier oben herrschte echter Pioniergeist der Forschung. Jeden Sonntag ging Hertzsprung zu Kapteyns zum Dinner, ansonsten war in einem Hotel für die Mahlzeiten gesorgt.[63]

Den auf Mt. Wilson herrschende Umgangston und die kameradschaftliche, formlose Art der Aufnahme und Unterstützung, die er hier findet, wird er nicht müde, gegenüber Schwarzschild und seiner Familie immer wieder zu preisen. „Hier wird man nicht mit dem militärisch-servilen ‚Guten Abend, Herr Professor' begrüßt, sondern mit einem einfachen ‚Hi'. Der ganze Ton sei viel freundlicher als in Preußen, die Höflichkeit sei ehrlich und nicht nur formal. Das große Instrument sei nicht leicht zu handhaben, jedoch stünde ihm der Assistent, Mr. Hoge, zur Verfügung, ein äußerst guter und eifriger Mann, im Gegensatz zu den Potsdamer ‚pensionierten Unteroffizieren'".[64] Hoge hat Hertzsprung viel aus seinem Leben erzählt. Ursprünglich beim Militär tätig, bedauerte er, nicht viel früher zur Astronomie gekommen zu sein. Er schloß seine kurzen Ausführungen, wie Hertzsprung an Schwarzschild berichtet, mit den lapidaren Worten: „I like to work" – eine Einstellung, die Hertzsprungs eigener Veranlagung so nahe kam, daß seine Begeisterung für diesen amerikanischen Assistenten verständlich wird: „Er ist immer

am Reflektor, die ganze Nacht durch ... Zur Zeit schläft er etwa
von 4 Morgens bis 12 Mittag. Dann geht es wieder los, u. a. mit
den umständlichen Auswechselungen der Nebenapparate. Ab und
zu kommen seine Frau und Tochter in die Kuppel, auch während
der Beobachtungen"[65].

Auf solche Mitarbeiter und auf die viel größere Zahl sternklarer
Nächte führt Hertzsprung die große Effizienz der amerikanischen
Beobachtungssternwarten zurück. Allein die Zahl der klaren Nacht-
stunden betrug nach Schlesingers Auskunft in Allegheny 1100 pro
Jahr, rund dreimal soviel wie in Potsdam oder Heidelberg[66]. Vom
18.–23. Juli war es endlich soweit: Hertzsprung hatte seine ersten 6
Beobachtungsnächte am großen Spiegel. Das Wetter war gut, und
so konnte er mit dem Erfolg zufrieden sein: 44 Platten wurden belichtet, und es hätten noch mehr sein können, wenn nicht die Hand-
habung des Instruments trotz der Hilfe des erfahrenen Mr. Hoge
soviel Zeit gekostet hätte. Die Gesamtexpositionszeit betrug nur 18
3/4 Stunden. Mehr als 4 Stunden je klare Nacht würden wohl nicht
zu erreichen sein, meinte Hertzsprung[67].

Zu den interessanten Begegnungen, die Hertzsprung auf Mt. Wilson hatte, zählte zweifellos das Wiedersehen mit Kohlschütter, der
jetzt hier als Assistent tätig war. Gemeinsam mit Adams arbeitete er
an der Bestimmung von Radialgeschwindigkeiten. Zwar äußert sich
Hertzsprung nicht direkt über seine Gespräche mit Kohlschütter, es
dürfte jedoch sicher sein, daß er auch bei dieser Gelegenheit wieder
die Frage der spektralen Kriterien der großen Leuchtkräfte von Sternen später Spektralklassen angesprochen hat, die ihn offensichtlich
stark beschäftigte. Daß Hertzsprung so die unmittelbare Anregung
zu der bedeutenden Entdeckung von Adams und Kohlschütter gegeben hat, ist mehr als wahrscheinlich. Am meisten von allen Wil-
sonianern beeindruckte ihn aber George Ellery Hale, der bis Ende
Juli zweimal auf dem Berg erschien. Er beschäftigte sich damals intensiv mit dem Problem der internationalen Zusammenarbeit zwischen den Akademien und beklagte sich gegenüber Hertzsprung
„über den Konservatismus der preußischen Akademie"[68]. Hale be-
spricht mit Hertzsprung auch seine Versuche zum Nachweis von
Magnetfeldern im Kosmos, ein Gebiet, auf dem er Pionierarbeit lei-

stete. Damals war Hale gerade dabei, Magnetfelder in Nebelflecken und Sternen nachzuweisen. „Er ist nicht sehr zuversichtlich, will es aber versuchen.", berichtet Hertzsprung. Der Pessimismus von Hale bestätigte sich; erst Ende der 40er Jahre wurden in Sternspektren tatsächlich Magnetfelder nachgewiesen und damit zugleich ein wichtiges, neues Gebiet der astrophysikalischen Forschung eröffnet. Daß Hales Versuche damals fehlschlugen, war wesentlich eine direkte Folge der Beobachtungstechnik. Bei der Sonne war Hale viel erfolgreicher. Gespaltene Linien in den Spektren der Sonnenflecken waren schon im 19. Jahrhundert beobachtet worden. Hale aber hatte diese Beobachtung 1908 als Zeeman-Effekt gedeutet, d. h. als einen direkten Hinweis auf mit den Sonnenflecken verbundene Magnetfelder. Hertzsprung wurde nun unmittelbarer Zeuge der weiteren Forschungen Hales auf diesem Gebiet: Eines Tages zeigte ihm Hale „die entgegengesetzte Richtung der magnetischen Kraftlinien in zwei benachbarten Flecken. Fein! Er hat eine Hypothese über eine Verbindung zwischen solchen Flecken unter der Sonnenoberfläche – ähnlich wie es möglich ist, Wasserwirbel zu erzeugen. Die entgegengesetzte Rotationsrichtung ist dann erklärt"[68]. Hertzsprung erlebte also unmittelbar die Anfänge der Magnetohydrodynamik mit, die heute den Schlüssel zum Verständnis vieler Phänomene der Sonnenchromosphäre bildet. Hertzsprung konnte auf einige in diesem Zusammenhang wesentliche Ergebnisse der Sonnenfleckenstatistik verweisen, die Hale gar nicht kannte, weil er – wie er selbst zugab – seit Monaten keine Literatur gelesen hatte.

In dieser Hinsicht verhielt sich Hale als typischer Amerikaner, denn es war Hertzsprung schon des öfteren aufgefallen, daß man sich in den USA dem Studium der Fachzeitschriften kaum widmete.

Hertzsprung besprach mit Hale auch dessen Teilnahme an einer Sonnentagung in Europa, bei deren Durchführung man sich an Hales Terminkalender halten wollte. Hale beabsichtigte seine Europareise dann möglichst mit dem Kongreß für internationale Zusammenarbeit der Akademien in St. Petersburg zu verbinden. Auch die Teilnahme an der Tagung der „Astronomischen Gesellschaft" in Hamburg, die für Anfang August vorgesehen war, stand zur Debatte. Allerdings gab es deutliche Spannungen zwischen den Amerikanern und der „Astronomischen Gesellschaft“. Hale hatte sich wegen der Zusammenarbeit auf dem Gebiet der Sonnenforschung an die AG gewandt, aber keine Antwort erhalten und dann auf Umwegen erfahren, daß Seeliger, der damalige Vorsitzende der AG, „Einmischung (interference) der Solar-Union in die AG witterte“[69]. Auch stellte Hale die Internationalität der AG in Frage, da sie doch nur Deutsch als Tagungssprache pflege und ihre Zusammenkünfte nicht abwechselnd in den verschiedensten Ländern abhielte.

Vom 10. bis zum 13. August erhielt Hertzsprung seine zweite Serie von Beobachtungsnächten, diesmal zwar nur 4, dafür aber die besten mondlosen. Die Spiegel waren neu versilbert und für die Aufnahmen standen frische Fotoplatten zur Verfügung. Insgesamt wurden 48 Platten mit 24,5 Stunden Expositionsdauer erhalten; die Grenzgröße rückte um eine Größenklasse weiter. Hertzsprung war glücklich.

Sein Spürsinn für wissenschaftliche Fragestellungen wird am Rande des Briefwechsels immer wieder deutlich. Als Seares dank des neu versilberten Spiegels eine Serie von Minimumsaufnahmen des Algol-Veränderlichen RR Draconis erhält, der im Minimum früher unterhalb der Grenzgröße des Instrumentes gelegen hatte, wird eine Amplitude von etwa 4 Größenklassen festgestellt. „Es ist sonderbar“, vermerkt Hertzsprung, „daß es keinen Algolvariablen mit größerer Amplitude gibt“.[70] In der Tat ist der Umstand, daß es zwar theoretisch beliebig große Amplituden bei halbgetrennten und getrennten Systemen geben kann, aber in der Natur noch nie Amplituden über 5 Größenklassen (bei V 442 Cas) beobachtet wurden und Amplituden über 3 Größenklassen bereits ausgesprochen selten sind, bis heute unverstanden[71].

Hale suchte offenbar Mitarbeiter für seine wissenschaftlichen Untersuchungen. Was aber Hertzsprung anbelangt, so hielt er ihn für diese Art von Tätigkeit offenbar nicht für geeignet. Jedenfalls scheint er sich Kapteyn gegenüber in dieser Weise geäußert zu haben. „Nach dem, was mir Kapteyn erzählt, scheint Hale keine Lust zu haben, mich hier zu behalten. Er hält mich nicht für Routinearbeit geeignet und meint, ich sollte meine eigene Sternwarte haben“.

Mit dieser Einschätzung hatte Hale recht und unrecht zugleich. Die späteren Aktivitäten Hertzsprungs ließen vielmehr erkennen, daß er aus der Einsicht in die Bedeutung von Datensammlungen durchaus beharrlichste Kärrnerarbeit zu leisten vermochte. Andererseits war Hertzsprung stets so ideenreich, daß er der Hilfe anderer bedurfte, um alle seine Einfälle effektiv umzusetzen. Doch daran war vorläufig nicht zu denken. Darauf ging übrigens auch Schwarzschild in seiner Antwort ein: „Ich bin ganz damit einverstanden, wenn Hale Sie nicht behält. Es kommt auch sicher noch mehr aus Ihnen heraus, wenn Sie nochmals in Potsdam den Kampf mit Subjekten und Objekten aufnehmen. Sie dürfen nur nicht unruhig werden, wenn die eigene Sternwarte nicht so rasch kommen will."[72]

Bezüglich der „Astronomischen Gesellschaft" hatte Schwarzschild gegenüber Hale keine grundsätzlich andere Auffassung: „Die ‚Astronomische Gesellschaft' heißt international, weil sie die kleinen oder geistig unselbständigen Nachbarländer Deutschlands mit umfaßt. Es ist aber kein Zweifel darüber, daß sie wesentlich deutsch sein und unsere Parallele zur Royal Astronomical Society und zur Astronomical and Astrophysical Society of America bilden soll. Früher war sie wohl einmal internationaler gedacht. Aber die Franzosen und Engländer sind stets spärlich gewesen und haben nicht daran gedacht, die Gesellschaft einzuladen – ob sie hingegangen wäre, ist eine andere Frage. Das ablehnende Verhalten gegen Hale war nichtsdestoweniger eine Engherzigkeit, ich habe das schon damals zu Seeliger gesagt, die Gesellschaft hat sich damit nur selbst ausgeschaltet".[73]

Für die Grenzamplituden bei Algol-Veränderlichen hat Schwarzschild eine Erklärung: „Ich glaube, es gibt keine Sonnenmassen von beliebig kleiner Leuchtkraft."[74]

Im übrigen besprechen die beiden Freunde auch wissenschaftliche Fragen, die nicht unmittelbar mit Hertzsprungs Tätigkeit zu tun haben: Schon Ende Juli hatte Hertzsprung gegenüber Schwarzschild seiner Begeisterung für Laues Entdeckung der Röntgenstrahlinterferenzen in selten emotionaler Form Ausdruck gegeben: „Hurrah! für Laues Entdeckung. Das ist prächtig. Sollte er nicht den

Nobelpreis haben?."[75] Tatsächlich erhielt Laue für diese großartige Entdeckung bereits 2 Jahre später – ein nicht allzu häufiger Fall – den Nobelpreis, den er mit seinen beiden experimentellen Mitstreitern Walter Friedrich und Paul Knipping freiwillig teilte. Daß Hertzsprung gleich auf den Nobelpreis tippte, verrät, daß er doch mehr von diesen Problemen verstand, als er selbst gegenüber Schwarzschild zugeben wollte („Schade, daß ich so wenig von diesen Sachen verstehe"[76]), denn in der Tat eröffnete Laues Entdeckung nicht nur eine ganz neue Ära der Atomistik, wie Planck meinte, sondern sie bewies auch erstmals zweifelsfrei die Natur der Röntgenstrahlen als kurzwellige elektromagnetische Schwingungen und erhob außerdem die Raumgitterhypothese der Kristallographen in den Rang einer wissenschaftlich fundierten Theorie[77].

Da die Methode der effektiven Wellenlängen durchaus keine allgemeine Akzeptanz besaß, bemühte sich Hertzsprung, deren Genauigkeit mit der anderer Farbenbestimmungen zu vergleichen, wobei ihm die gute Qualität der Osthoffschen Farbenschätzungen vorschwebte. Er dachte an ein Kolorimeter, bei dem ein Vergleichsstern konstanter Helligkeit, aber variabler Farbe verwendet würde. Dieser müßte zunächst ohne Farbveränderung auf die Helligkeit des Vergleichssterns gebracht werden, während anschließend die Farbe auf das zu messende Objekt eingestellt würde. „Vielleicht wäre eine junge Dame die geeignetste Beobachterin. Die Beurteilung von Farben ist eines von den wenigen Feldern, wo die Frauen den Männern überlegen sind"[78]. Hertzsprung wendet sich an Rosenberg. „Der liebt es, solche Apparätchen zu konstruieren", meinte er[79].

Die beiden letzten Beobachtungsperioden konnte Hertzsprung wieder bei gutem Wetter vom 8.–13. September und vom 12.–17. Oktober absolvieren. In der Zwischenzeit fuhr er gelegentlich nach Pasadena, um in der dortigen Bibliothek neue Literatur zu studieren, lernte von seinen amerikanischen Kollegen viele Tricks, auch für die Entwicklung von Fotoplatten oder unternahm auch mal einen Ausflug, wie Anfang Oktober gemeinsam mit Hale in dessen Auto. Hale zeigte ihm ein Areal mit Fossilien in etwa 30 km Entfernung von Pasadena von höchst merkwürdiger Art: Das Areal besteht aus weichem Asphalt mit einer größeren Anzahl von Löchern. Wenn diese Löcher sich nach Regenfällen mit Wasser gefüllt haben, kommen die verschiedensten Tiere, um aus den Löchern zu trinken. Dabei versinken sie in dem leimartigen Untergrund und können nicht mehr entkommen. Dies geschah vor den Augen von Hale und Hertzsprung ebenso, wie es sich bereits einige hunderttausend Jahre früher zugetragen hatte. Hertzsprung berichtet fasziniert, daß er den soeben ausgegrabenen großen Zahn eines längst ausgestorbenen Säbelzahntigers in der Hand gehalten habe. Wenn Hertzsprung nicht Astronom wäre, könnte er sich vorstellen, seinen Forscherdrang auch auf solche Gegenstände zu lenken.

Im September hatte Schwarzschild Hertzsprung mitgeteilt, daß die neue Gravitationstheorie von Einstein eine Rotverschiebung aller Linien des Sonnenspektrums um 0,6 km/sec fordere. Schwarzschild war eher der Meinung, daß es sich um eine Druckverschiebung handele und die neue Gravitationstheorie falsch sei. „Es wäre aber von fundamentaler Wichtigkeit, die Beweisgründe zu vermehren"[80].

Wo konnte man diese Frage sachkundiger besprechen, als am Mt. Wilson! Hertzsprung nahm sich dieses Problems sofort an und konnte Schwarzschild mitteilen: „Ich habe eben mit St. John über die Linienverschiebungen im Sonnenspektrum gesprochen. Demnach kann kaum ein Zweifel bestehen, daß es Druckverschiebung ist. Er hat die Eisenlinien in fünf Klassen geteilt, welche sich Druck gegenüber verschieden verhalten und ebenso im Sonnenspektrum verschieden verschoben sind – einige gegen Rot, andere gegen Violett! Eine gegen Violett mit steigendem Druck wandernde Gruppe zeigt in der Sonne Verschiebung gegen Rot im Vergleich mit terrestrischen Linien und rühren demnach in der Sonne von Gegenden kleinen Druckes her. Das sind gerade die Eisenlinien, die im Flashspektrum vorkommen! ... Daß die Sonnenlinien ‚im Mittel‘ um 0,6 km/sec gegen Rot verschoben sind, gilt demnach mit ähnlicher Genauigkeit wie der Satz, daß die Sterne im Mittel weißer als unsere Sonne sind (mit bloßem Augen sichtbaren Sterne). Ich fühlte aus St. Johns Auseinandersetzungen, wie ungeheuer die Amerikaner uns voraus sind. Es ist eine Schande."[81]

Tatsächlich handelte es sich bei den bereits bekannten Rotverschiebungen nicht um den von Einstein geforderten Effekt. Einstein diskutierte den Einfluß des Schwerefeldes der Sonne auf die Strahlungsemission der Atome damals insbesondere mit dem jungen E. F. Freundlich in Potsdam, und es schien aussichtsreich, die Verschiebung nachzuweisen, da die Wellenlängen der Linien des Sonnenspektrums mit hoher Genauigkeit bekannt waren. Man hatte jedoch nicht bedacht und z. T. auch nicht gewußt, daß der Effekt von zahlreichen anderen Einflüssen überlagert wird und es eine außerordentlich schwierige Aufgabe darstellte, die verschiedenen Einflüsse voneinander zu trennen.

Erst in der jüngeren Vergangenheit gelang es, den von Einstein geforderten Effekt mit hinreichender Genauigkeit nachzuweisen[82]. So hatten die Mt. Wilson-Astronomen 1912 durchaus recht, wenn sie ihre Erklärung der beobachteten Linienverschiebungen im Sonnenspektrum verteidigten. Andererseits hat sich Schwarzschilds Gefühl, die Einsteinsche Gravitationstheorie sei falsch, nicht bestätigt. Doch davon war Schwarzschild sehr bald ohnehin überzeugt, leistete er doch selbst bahnbrechend Beiträge bei der Ausarbeitung der Allgemeinen Relativitätstheorie Einsteins[83].

„Wann kommen Sie eigentlich wieder?", lautete die letzte Frage in Schwarzschilds Brief an Hertzsprung vom 4. September. Tatsächlich war die Zeit der Rückreise nicht mehr fern, und Hertzsprung teilte seinem Freund und Chef mit, daß er am 29. Oktober von Pasadena über Salt Lake City und Chicago nach New York fahren werde, von wo er am 7. November mit dem 20 000-Tonner „Kronprinzessin Cecilie" nach Bremen reisen wollte. Von dort war die Weiterreise nach Groningen geplant[84]. Am 27. Oktober befand sich Hertzsprung schon am Fuß des Mt. Wilson in Pasadena und nahm bei Hale sein „Abschiedsdinner": „Nur sein kleiner Sohn war da, so daß wir recht fachsimpeln konnten"[85]. Dabei erklärte sich Hale damit einverstanden, daß Potsdam bei der Publikation der Ergebnisse von Hertzsprungs Beobachtungen das Vorrecht habe. Hertzsprung meinte aber, ein Resumé wolle er trotzdem im *Astrophysical Journal* veröffentlichen, während die Details in den *Publikationen des Astrophysikalischen Observatoriums Potsdam* erscheinen sollten. Es kam dann zwar etwas anders, wie denn überhaupt die wissenschaftlichen Früchte die Reise weitreichender waren als zunächst abzusehen. Ganz davon zu schweigen, daß die Reise für Hertzsprungs weitere Forschungen und internationalen Kontakte einen Impuls von kaum zu überschätzender Bedeutung besaß. Hertzsprung hatte nicht nur ein wissenschaftliches Programm absolviert, sondern die Arbeitsweise der Amerikaner kennengelernt.

Die Bilanz seiner Reise war außerordentlich positiv: In den 22 Beobachtungsnächten hatte er 337 Platten mit einer Gesamtexpositionszeit von etwa 100 Stunden belichtet. Das wäre unter den klimatischen Bedingungen von Potsdam erst in durchschnittlich 5 Monaten möglich gewesen!

In seinem am 19. April 1913 niedergeschriebenen, offiziellen Reisebericht hat Hertzsprung die Früchte seiner Mt. Wilson-Beobachtungen mit buchhalterischer Akribie zusammengestellt und die gewonnenen Aufnahmen aufgelistet[86].

Als Hertzsprung am 29. Oktober Pasadena in Richtung New York verließ, steuerte er noch das Yerkes Observatory in Chicago an, wo er mit E. E. Barnard zusammentraf. Dann ging es voller Eindrücke und Pläne in Richtung Bremerhaven und Groningen. Aus dem offiziellen Reisebericht Hertzsprungs wissen wir, daß er bereits in Groningen mit dem Ausmessen der Platten des offenen Sternhaufens NGC 1647 begann, immerhin 1500 Spektren von 200 Sternen. Das ist verständlich, fehlte es doch damals in Potsdam noch an einem geeigneten Meßapparat; der befand sich gerade bei der Firma Toepfer im Bau. Ebenso verständlich war natürlich, daß auch Henriette („Hetty") Kapteyn, Hertzsprungs Verlobte, ihr Recht forderte. Immerhin war Hertzsprung einen Tag nach seiner Verlobung gemeinsam mit Hettys Eltern abgereist und nicht weniger als 4 Monate ferngeblieben. Hetty hatte die Zeit genutzt, die dänische Sprache zu erlernen.[87] Doch jetzt mußte das neue Familienmitglied in spe der zahlreichen Verwandtschaft vorgestellt werden, und das Paar ging auf eine Rundreise durch Holland, wobei Hertzsprung gleichzeitig Gelegenheit hatte, die Heimat seiner zukünftigen Frau touristisch kennenzulernen. Auch die berühmte alte Universitätsstadt Leiden stand selbstverständlich auf dem Reiseplan, und dort auch die Sternwarte. Zum Lunch saßen die beiden Brautleute mit Willem de Sitter zusammen, dem berühmten Theoretiker und späteren Direktor der Sternwarte. Damals hätte es sich Hertzsprung wohl nicht träumen lassen, daß er Jahrzehnte später hier selbst das Zepter in der Hand halten würde, daß dies dereinst die „eigene Sternwarte" sein sollte, die Hale ihm gewünscht hatte.

Das Jahr 1912 war indessen fortgeschritten, und Hertzsprung verbrachte die Tage bis zum holländischen „Jahresfest" (St. Nicolas) in Groningen. Mit dem dortigen Meßapparat sammelte er wichtige Erfahrungen, wie ein neues Gerät aussehen könnte, das besser als jenes auf Mt. Wilson und in Groningen sein sollte: „Teuer braucht er gar nicht zu sein"[88].

In den Briefen an die Familie, in denen sonst stets die jeweils laufenden astronomischen Arbeiten erwähnt werden, gibt es in den ersten Monaten des Jahres 1913 nur ein Thema: die bevorstehende Hochzeit mit Hetty. Statt um Sterne geht es hauptsächlich um Möbel und Hausrat, aber auch um organisatorische Fragen.[89] Die Hochzeit ist für den 16. Mai geplant und soll in Groningen bei den Kapteyns stattfinden. Doch dieser Wunsch rief die Bürokraten auf den Plan. Das „Aufgebot" mußte nämlich der Niederländischen Botschaft vorgelegt werden. Außerdem war eine Zustimmung des niederländischen Ministers des Auswärtigen erforderlich. Da bürokratische Vorgänge schon damals offensichtlich viel Zeit beanspruchten, konnten die entsprechenden Voraussetzungen erst im letzten Moment erfüllt werden, nachdem Hertzsprung einen nachhaltigen, persönlichen Vorstoß bei der Botschaft unternahm. Sechs Tage vor dem Hochzeitstermin kündigte er dem Niederländischen Generalkonsulat Unter den Linden seinen Besuch für Dienstag, den 13. Mai, an, um die erforderlichen Unterlagen persönlich abzuholen. Gleichzeitig beschwerte er sich darüber, daß die deutschen Standesbeamten über den „modus operandi" bei Heiraten zwischen Deutschen und Holländern nicht unterrichtet seien, wodurch unnötige Verzögerungen bei der Bearbeitung entstünden[90].

Einen Tag nach der Hochzeit zog Hetty in Potsdam ein. Für den Juli plante das Ehepaar seine Ferien in Dänemark. Doch zuvor stellte Hertzsprung nach über einjähriger Publikationspause noch zwei Manuskripte fertig. Eine der beiden Arbeiten zählt zu den wichtigen Publikationen der modernen Astronomie und kann durchaus als Frucht des USA-Aufenthaltes betrachtet werden, obschon sie mit dem eigentlichen Thema seiner dortigen Arbeiten nichts zu tun hatte.

Erste Distanzbestimmung eines extragalaktischen Objektes

Wie so oft bei Hertzsprungs Veröffentlichungen verbarg sich auch diesmal hinter dem nüchternen Titel seiner Abhandlung eine hochbedeutsame Erkenntnis. Der Aufsatz hieß: „Über die räumliche Verteilung der Veränderlichen vom Delta-Cephei-Typus"[91]. Doch schon im ersten Teil der Abhandlung kommt Hertzsprung auf 13 Delta-Cephei-Sterne im „Preliminary General Catalogue of 6188 Stars" von Lewis Boss zu sprechen, deren genaue Eigenbewegungen es gestatteten, die Parallaxe dieser Sterne mit größerer Genauigkeit zu berechnen, als dies bis dahin möglich war. Als Mittelwert der absoluten Helligkeit dieser 13 Sterne (wie stets bei Hertzsprung reduziert auf die Distanz von einer Bogensekunde) findet er $m_{abs} = -7^m15 \pm 0^m5$. Interessant ist in diesem Zusammenhang, daß der Wert nicht allzu stark von einer schon 1906 vorgenommenen Bestimmung der absoluten Helligkeit von damals allerdings nur 3 Delta-Cepheiden abweicht, für die er damals -7^m4 gefunden hatte[92]. 1906 war aber der Zusammenhang zwischen den Perioden und den Helligkeiten von Delta-Cephei-Sternen noch unbekannt. Jetzt bedeutete die Feststellung der absoluten Helligkeit von Delta-Cephei-Sternen praktisch eine Kalibrierung der Perioden-Leuchtkraft-Beziehung. Die absolute Helligkeit -7^m3 von Delta-Cephei-Sternen entspricht nach Hertzsprungs Erkenntnis einer Periode von 6^d6. Veränderliche dieser Periode haben aber in der Kleinen Magellanschen Wolke (KMW) eine mittlere fotografische Helligkeit von 14^m5. Unter Berücksichtigung des Farbenindex findet Hertzsprung eine visuelle Helligkeit für Sterne dieser Periode von 13^m0. Die Differenz zwischen der absoluten Helligkeit und der der Periode zugeordneten scheinbaren Helligkeit führt zu einer Parallaxe von $0''0001$. Dies entspricht einer Distanz von 32 600 Lichtjahren. Paradoxerweise verrechnet sich der sonst so sorgfältige Hertzsprung auf fatale Weise, indem er die aus der Parallaxe abgeleitete Distanz in Parsec statt mit 3,26 zu multiplizieren, durch 3,26 dividiert und als Abstand der KMW 3000 Lichtjahre angibt. Da die galaktische Breite der Magellanschen Wolke jedoch etwa $-45°$ beträgt, ergibt sich für Hertzsprung trotz seines Rechenfehlers die Aussage, daß dieses Objekt „etwa 2000 Lichtjahre von einer durch unsere Sonne parallel der Milchstraße gelegten Ebene stehen und als außerhalb der Milchstraße liegend zu betrachten" sei[93]. Obwohl damals die wahren Dimensionen des Sternsystems nicht bekannt waren und Hertzsprungs Rechenfehler nur zum Teil die fehlerhafte Distanzangabe der Magellanschen Wolke ausmachte – zum anderen ging sie auf das Konto einer doch noch recht fehlerhaften Eichung –, hatte Hertzsprung erstmals auf streng wissenschaftlicher Grundlage eine extragalaktische Distanz bestimmt. Exakt dasselbe Prinzip wandte bekanntlich im Jahre 1923 E. P. Hubble auf den Andromeda-Nebel (M31) an, dessen Entfernung er aufgrund eines ebenfalls zeitbedingten Irrtums zwar auch erheblich fehlerhaft, aber methodisch mustergültig ermittelte. Somit ist Hertzsprung als ein unmittelbarer Wegbereiter der Pionierleistung von Hubble anzusehen. Außerdem überblickte Hertzsprung sofort, worin der wissenschaftliche Wert seines Ergebnisses über die Feststellung der räumlichen Position der Kleinen Magellanschen Wolke hinaus bestand: „Die isolierte Stellung einer fernen auflösbaren Sternwolke von nur $1° \times 2°$ scheinbarer Fläche bietet ganz besonderes Interesse dadurch, daß wir von den Parallaxenunterschieden der einzelnen zur Wolke gehörigen Sterne praktisch absehen können und so das Mittel in der Hand haben, Beziehungen zwischen absoluter Helligkeit und anderen Eigenschaften (Spektren, Veränderlichkeit) zu finden, die uns bei absolut so hellen Sternen, wie sie in der kleinen Magellanschen Wolke vorkommen, kaum noch in anderer Weise zugänglich sind"[94]. Das hier von Hertzsprung verkündete Programm ist in der Tat unter Verwendung von Objekten der beiden Magellanschen Wolken überaus erfolgreich abgearbeitet worden!

Erst nach diesen Erkenntnissen, die im Titel der Abhandlung gar keine Erwähnung finden, kommt Hertzsprung auf die Bestimmung der räumlichen Verteilung der Delta-Cephei-Sterne in der Milchstraße zu sprechen. Dabei findet er, daß die Cepheiden sehr nahe der Milchstraßenebene anzutreffen sind. Indem er diese Objekte nun als Indikatoren für die allgemeine Sternverteilung betrachtet, formuliert er die Erkenntnis, daß unser Sternsystem „ebenfalls sehr flach sein muß" – ein zutreffendes Resultat, das allerdings erst viel später, vor allem durch die Forschungen von Shapley hinlänglich präzisiert werden konnte. Es verwundert in diesem Zusammenhang nicht, daß Shapley bei seinen Forschungen unmittelbar an Hertzsprungs Vorgehen anknüpfte, und dessen Arbeit ausdrücklich zitierte[95], als er 1918 eine verbesserte Eichung der Perioden-Helligkeits-Beziehung vornahm.

Sonnentagung in Bonn

Die erste Tagung der „Solar Union" hatte 1905 in Oxford stattgefunden, die zweite 1907 in Meudon bei Paris und die dritte schließlich 1910 auf Mt. Wilson.[96] Bereits die Tagungsorte lassen erkennen, daß sich Hale ernsthaft um Internationale Zusammenarbeit bemühte.

Die Themen bei der „Solar Union" waren freilich von Anbeginn nicht auf Sonnenforschung beschränkt. So hatte bekanntlich Schwarzschild auf der Tagung von 1910 die Russellsche Entdeckung der Riesen und Zwerge kennengelernt. Wer zu Beginn des Jahrhunderts Astrophysik betrieb, mußte die Tagungen dieser Vereinigung besuchen.

Die Zusammenkunft in Bonn war nach vielen terminlichen Absprachen für die Zeit vom 30. Juli bis 5. August 1913 angesetzt worden. Begleitpersonen nicht mitgerechnet, umfaßte die Teilnehmerliste 94 Forscher, darunter die führenden Spezialisten der Sonnenphysik. Die 4 stärksten Delegationen stellten Deutschland, die USA, Frankreich und England mit zusammen 75 aller Teilnehmer (davon 5 Mitarbeiter aus Potsdam). Doch auch Kollegen aus Italien, Rußland, Dänemark, Spanien, Österreich, Holland, Belgien, Irland, Kanada u. a. waren anwesend. Hale hatte seine Teilnahme zu diesem Termin leider nicht ermöglichen können.[97]

Die Atmosphäre auf der Tagung war ausgesprochen familiär. Die spezifischen Themen der Sonnenforschung, die in Berichten und Beschlüssen zum Ausdruck kamen, umfaßten die Sonnenstrahlung (Solarkonstante), die Wellenlängennormale, Sonnenfinsternisse, die Bestimmung der Sonnenrotation aus den Radialgeschwindigkeiten des Randes u. a.[98]

Für die Astrophysik waren die Diskussionen zur Klassifikation der Sternspektren von bevorzugtem Interesse, die unter der Leitung von Pickering geführt wurden. Allgemein gelangte man zu der Übereinstimmung, das Harvard-Klassifikationssystem, das in Gestalt des Henry-Draper-Katalogs vorzüglich dokumentiert war, „bis auf weiteres" zu verwenden. Bekanntlich ist diese Entscheidung auch zukünftig nicht revidiert worden, im Gegenteil: Das System wurde 1922 durch die Internationale Astronomische Union offiziell empfohlen[99].

Für Hertzsprung, der mit seiner Frau nach Bonn gekommen war, bot der Kongreß vor allem reichhaltige Möglichkeiten zum Gedankenaustausch am Rande des offiziellen Programms. Für diese bis heute bei jedem Kongreß oft wichtigsten Teile des Programms war von den Veranstaltern reichlich Zeit eingeplant worden. Bei Fahrten auf Rhein und Mosel, ins Siebengebirge oder nach Köln, oder auch bei einer stimmungsvollen Gartenparty, zu der Prof. Küstner, der Direktor der Sternwarte, eingeladen hatte, standen Austausch von Ideen und Gedanken und das persönliche Kennenlernen der Teilnehmer vornan. Hertzsprung traf hier übrigens zum ersten Mal mit Russell zusammen, der auf dem Gruppenbild der Teilnehmer auch unweit von ihm zu sehen ist. Eine Vertiefung der wissenschaftlichen Beziehungen dürfte sich wohl auch zu A. S. Eddington angebahnt haben, mit dem Hertzsprung schon seit 1907 in Briefwechsel stand und eine fruchtbare Zusammenarbeit einleitete. Gerade die gründliche Beobachtungsarbeit Hertzsprungs und das theoretische Denken Eddingtons ergänzten sich in geradezu klassischer Weise und führten zu schönen wissenschaftlichen Früchten, z. B. bei der Entdeckung der Masse-Leuchtkraft-Beziehung (vgl. S. 106f.).

Unmittelbar an die Tagung der „Solar Union" schloß sich die 24. Jahrestagung der „Astronomischen Gesellschaft" vom 6.–9. August in Hamburg an. Man wollte den ausländischen, besonders den überseeischen Teilnehmern die Gelegenheit geben, daran problemlos teilzunehmen. Immerhin: Mehr als ein Drittel der Teilnehmer an der Bonner Konferenz reiste tatsächlich nach Hamburg weiter, während sich gleichzeitig viele – besonders deutsche Astronomen – darüber beklagten, an der Tagung der „Solar Union" nicht haben teilnehmen zu können, weil nur wissenschaftliche Gesellschaften, nicht jedoch Einzelpersonen die Mitgliedschaft in der „Solar Union" erwerben konnten. Deshalb wurde der allgemeine Wunsch formuliert, die „Astronomische Gesellschaft" möge Mitglied der „Solar Union" werden, um künftig dergleichen Ausschlüsse von der Teilnahme zu vermeiden.

Die AG-Tagung wurde von 155 Teilnehmern besucht. Hertzsprung trat dem darüber veröffentlichten Bericht zufolge nicht mit einem Beitrag in Erscheinung. Die von ihm bearbeiteten Probleme, auch die aus seinen Entdeckungen heraus entstandenen Fragen, spielten im offiziellen Vortragsprogramm auch keine Rolle.[100]

Im Anschluß an die AG-Tagung war den Teilnehmern noch die Möglichkeit geboten, das Astrophysikalische Observatorium in Potsdam kennenzulernen[101]. Unter den Astronomen, die davon Gebrauch machten, befand sich auch Eddington. Er wohnte sogar bei den Hertzsprungs in Potsdam – ein Hinweis auf die bereits recht engen Beziehungen zwischen den beiden Forschern.

Als alle Tagungen und Besuche vorüber waren, so anregend sie auch gewesen sein mochten, schrieb Hertzsprung sichtlich erleichtert an seine Mutter: „Wir sind jetzt wieder in den Alltag zurückgekehrt und ich schwimme in Astronomie"[102].

Der Ausbruch des Ersten Weltkrieges am 1. August 1914 brachte einen tiefen Einschnitt in alle Bereiche des Lebens, insbesondere auch für die Wissenschaft, mit Auswirkungen weit über Deutschlands Grenzen hinaus. Zum einen bedingten die unmittelbaren Kriegshandlungen in größerem Maße Unterbrechungen der wissenschaftlichen Produktion, zum anderen kam der internationale Gedankenaustausch ins Stocken, und schließlich entbrannte ein erbarmungsloser „Krieg der Geister"[103]. Dieser fand seinen Ausdruck in zahlreichen Stellungnahmen von Intellektuellen zum Kriegsgeschehen, die meistens die Kriegziele der eigenen Seite unterstützten und die der jeweiligen Gegner zurückwiesen. Am bekanntesten wurde der am 4. Oktober in Deutschland veröffentlichte „Aufruf an die Kulturwelt", der die Unterschriften von 93 der hervorragendsten deutschen Intellektuellen trug, darunter auch 15 weltbekannte Naturwissenschaftler. Ein kurz darauf veröffentlichter Gegenaufruf fand zwar kaum ein nachhaltiges Echo, trug dafür aber u. a. die Unterschrift Albert Einsteins. Der anhaltende Zustimmungstaumel, der die deutschen Geistesschaffenden beherrschte, brachte verständlicherweise für Hertzsprung Probleme mit sich. Hertzsprung fühlte sich lebenslang als Däne und wenn ihn auch außer seiner wissenschaftlichen Arbeit wenig interessierte, Dänemark lag ihm doch stets am Herzen.

Personell machte sich der Kriegsausbruch am Potsdamer Observatorium schon bald bemerkbar: Schwarzschild nannte die Potsdamer Arbeiten bereits im zweiten Halbjahr 1914 „stark vom Krieg beeinflußt"[104]. Dr. Münch und Dr. Kron waren schon zu Kriegsbeginn eingezogen worden, Kron war bald darauf verletzt und in Gefangenschaft geraten. Folgenschwerer war Schwarzschilds freiwillige Meldung Mitte September als Offiziersstellvertreter und Leiter einer Feldwetterstation nach Belgien. Kurz darauf folgten noch weitere Potsdamer Astronomen. Schon Ende 1914 fehlten in Potsdam 9 Mitarbeiter. Die Mitglieder der Sonnenfinsternisexpedition nach Feodosia auf der Krim, die dort 2 Tage nach Kriegsausbruch eingetroffen waren, mußten wegen eines russischen Ausweisungsbefehls unverrichteter Dinge wieder abreisen. Die Instrumente wurden von der russischen Regierung beschlagnahmt.

Dänemarks Verhältnis zu allen am Krieg beteiligten Ländern war ungestört. Neutralität gegenüber England und Deutschland schien besonders angezeigt, weil die landwirtschaftlichen Produkte Dänemarks zu 90 % nach England und Deutschland gingen. Die Importe wiederum kamen zu rund 50 % aus diesen beiden Ländern, während der Rest auf dem Seewege nach Dänemark gelangte, den England im Kriegsfall leicht würde abschneiden können. Die dänische Neutralitätspolitik war daher ein dringendes Gebot und ein Balanceakt zugleich [105].

Hertzsprung, ohne es zu wissen, war mit seiner Berufung zum außerordentlichen Professor nach Göttingen im Ergebnis eines reinen Verwaltungsaktes preußischer Staatsbürger geworden. Jetzt führte dieser Umstand dazu, daß auch Hertzsprung zu den Waffen gerufen wurde, um auf deutscher Seite zu kämpfen. Da Hertzsprung seinen persönlichen Beitrag zur dänischen Neutralitätspolitik darin erblickte, ausschließlich seine wissenschaftlichen Arbeiten in Potsdam ungestört fortzuführen, bat er Schwarzschild, ihm eine Unabkömmlichkeitserklärung zu verschaffen, was auch mit Erfolg geschah. Dann kam jedoch der Zeitpunkt, da auch die „Unabkömmlichen" eingezogen werden sollten [106]. Nun versuchte Hertzsprung, eine Aufhebung seiner preußischen Staatsangehörigkeit zu erwirken, um wieder Däne zu sein. Gegenüber Schwarzschild erklärte er, daß er lieber auf seine Stellung in Potsdam als auf die dänische Nationalität verzichten würde.

Schwarzschild, der Hertzsprungs Antrag gegenüber dem Ministerium vertrat, machte geltend, daß es unter den jüngeren deutschen Astronomen für Hertzsprung keinen Ersatz gäbe. Dennoch wurde einer Änderung der Staatsangehörigkeit nicht zugestimmt: In Kriegszeiten sei dies grundsätzlich nicht möglich, hieß es. Allerdings unterblieb auch die Einberufung.

Das Leben in Potsdam war freilich für Hertzsprung unter diesen Umständen keineswegs angenehm, zumal er aus seiner strikt neutralen Haltung kein Hehl machte. Schwarzschild vertrat z. B.

gegenüber seinen ausländischen Kollegen den üblichen deutschen Standpunkt. So schrieb er z. B. an Pickering: „Wer jung und frisch ist, geht bei uns freiwillig in den Krieg. Die Intelligenz kann nicht gewogen werden, wo es um die Existenz geht". Und weiter: „Es ist ja eine besonders traurige Tatsache für uns, daß das ganze Ausland diesen Krieg im Zerrbild sieht, und daß auch unsere wissenschaftlichen Freunde draußen schwerlich erkennen, wie gut unsere Sache ist. Es gibt nicht ein militärisches und davon getrennt ein kulturelles Deutschland ... Schlimm genug, daß Deutschland und Frankreich nun um ihre Existenz kämpfen müssen. Jeder gemeine Mann bedauert bei uns Frankreich, Rußland verachten wir, und England hassen wir, das dem Kampf diese Schärfe gegeben hat, um, wie immer, im Trüben zu fischen"[107]. Hertzsprung, der diesen Brief an Pickering übermittelte, konnte sich auch gegenüber seinem verehrten Freund und Chef Schwarzschild eines Kommentars nicht enthalten: „Ich habe auch Ihre kriegerischen Bemerkungen gelesen. Vielleicht irre ich, wenn ich glaube, dass Sie mit verschiedenen gut gemeinten Äusserungen die Sache, die Sie verteidigen wollen, in den Augen der Neutralen mehr schädigen denn nützen. Speziell Kapteyn als Holländer dürfte es nicht unbekannt sein, dass deutsche Fabrikanten im Burenkrieg England mit Kriegsgerät versahen. Ganz abgesehen von der Berechtigung oder Nichtberechtigung der jetzigen Entrüstung gegen die U.S.A., so ist es doch ‚mit Steinen werfen, wenn man in einem Glashaus wohnt‘ ... Ich habe vorstehendes nicht geschrieben, um zu polemisieren, sondern nur um zu zeigen, wie schwierig es für einen Kriegführenden, ‚selbst für Sie‘ ist, das zu sagen, was auf einen Neutralen den beabsichtigten Eindruck macht"[108].

In Potsdam, wo nur noch wenige Mitarbeiter im Institut waren, blieb diese Haltung Hertzsprungs natürlich nicht verborgen. Sie stieß auf den besonderen Widerspruch von Hans Ludendorff. Hertzsprung berichtet darüber im Mai 1915 an Schwarzschild: „Heute fragte ich Ludendorff, ob man, eventuell ich selbst, mit dem Himmelskartenrefraktor β Ursae majoris aufnehmen könnte. Dabei teilte er mir mit, daß er in etwa 8 Wochen einberufen werden würde und fügte hinzu, daß er sich nicht drücken sollte durch eine Unabkömmlichkeitserklärung. Diese Bemerkung war der Stoß zu einer ziemlich lebhaften Diskussion über meine Stellung hier. Im Gegensatz zu Ihnen und – soviel sehe ich – auch der Regierung, fand er es selbstverständlich, daß ich für Deutschland fechten müßte. Sie kennen meinen Standpunkt dazu. Ich betrachte es als meine einzigste Aufgabe hier, Astronomie zu treiben. Das gelingt mir bis jetzt gut. Ich bin darin nicht nur ungestört gelassen, sondern viel geholfen worden. Meine Dankbarkeit dafür bestrebe ich mich, in erhöhter wissenschaftlicher Tätigkeit zu zeigen. Die kriegerisch-nationalen Fragen sind mir ebenso fremd, wie etwa die Unfehlbarkeit des Papstes es mir bei einer Anstellung an der vatikanischen Sternwarte sein würde. Ich habe in diesen Beziehungen nur des freien Denkers Aversion gegen jede Unterdrückung, von welcher Seite auch"[109]. Der Konflikt war für Hertzsprung aufs höchste unerfreulich, denn Ludendorff warf ihm unverhohlen Deutschfeindlichkeit vor und sagte ihm ins Gesicht: „Sie gönnen uns die Keile, das wissen wir ganz genau"[110]. Außerdem hielt er Hertzsprung vor, noch nicht „anständig Deutsch" gelernt zu haben. „Vielleicht erinnern Sie sich", kommentierte Hertzsprung gegenüber Schwarzschild, „daß ich Sie früher (auf einem Waldspaziergang vor dem Kriege) ausdrücklich gefragt habe, ob ich Deutsch noch besser studieren müßte. Sie erklärten es damals für überflüssig und daran habe ich mich gehalten. Inzwischen habe ich dann praktisch Englisch und Holländisch gelernt, was mir sehr nützlich gewesen ist"[111]. Ungeachtet der Meinungsverschiedenheiten mit Ludendorff versuchte Hertzsprung, Verfeindung zu vermeiden.[112]

Hertzsprung war tolerant genug, vieles von den für ihn unangenehmen Äußerungen zu verstehen. Er erklärte sogar, solange er nicht wisse, wie er selbst unter ähnlichen Umständen handeln und denken würde, habe er kein Recht zu urteilen. Offenbar aus dieser Sicht zeigte er den privaten Brief sogar Ludendorff. Dieser aber reagierte noch verärgerter: „Damit ist natürlich die Feindschaft erklärt". Er drohte sogar, es würde noch mehr gegen Hertzsprung erfolgen. „Ludendorff warf mir alle möglichen, mir unglaublich kleinlich vorkommende veralteten Sachen vor ... Wie kann jemand so beschränkt sein?"[113].

Trotz dieser vehementen Ablehnung durch Ludendorff erklärt
Hertzsprung gegenüber Schwarzschild: „Ich kann die von Ludendorff angekündigte Feindschaft nicht beantworten. Bitte beruhigen
Sie ihn doch. Ich würde mich an seiner Stelle freuen, daß wenigstens jemand hier bleibt, um die Instrumente warm zu halten. Gut,
daß Sie und die Regierung verständiger als meine Kollegen sind. Ich
will hier nur in Ruhe arbeiten"[114]. Schwarzschilds Vorschlag, sich
bei Ludendorff einfach zu entschuldigen, lehnte Hertzsprung allerdings ab[115].

Was Hertzsprung in Potsdam als Däne zu spüren bekam, war
Teil eines größeren Konfliktes, der in dieser Zuspitzung wohl erstmals sichtbar wurde: die „Spannung zwischen der universalen Mis-
sion der Wissenschaft und vaterländischer Pflicht"[116]. Dieser Konflikt nahm während des Ersten Weltkrieges international schärfste
Formen an. Das Problem trat um so deutlicher hervor, als es zuvor
einen natürlichen internationalen Verkehr der Wissenschaftler gegeben hatte, der „den natürlichen Bahnen fachlichen Interesses und
individueller Begegnungen" folgte[117]. Nun aber wurden zahlreiche
prinzipielle Maßnahmen ergriffen, so z. B. die Streichung von Gelehrten aus den Mitgliederlisten von Akademien der jeweils feind-
lichen Länder. Das Wort führten dabei die Vertreter der radikalen
Flügel sowohl in Deutschland als auch bei den Alliierten. Pazifisten
und Internationalisten der Wissenschaft waren in der Minderzahl
und konnten sich kaum oder gar nicht artikulieren. Von den Radikalen wurde der Wert der wissenschaftlichen Zusammenarbeit überhaupt bestritten, der „Abbruch der Beziehungen sei für den wissenschaftlichen Fortschritt unerheblich"[118]. Wissenschaft, hieß es, sei
zwar international nach Ergebnis und Bestimmung, nicht aber nach
Entstehung und Herkunft.

Schon kurz nach Kriegsausbruch am 31. 8. 1914 hörte jegliche
offizielle wissenschaftliche Kommunikation fast vollständig auf.
Vor allem funktionierten die etablierten Systeme des Informationsaustausches nicht mehr, deren Zentralen sich in Deutschland befanden. In dieser Situation kam der schwedische Astronom Elis
Strömgren als Chef der Kopenhagener Sternwarte in einem neutralen Land auf die Idee, den Apparat der Zentralstelle für astrono-

mische Telegramme aus Kiel zu übernehmen und von Kopenhagen aus den gesamten Verkehr mit den alliierten Ländern abzuwickeln. Zwischen Kiel und Kopenhagen sollte im alten Chiffren-System der Austausch von Informationen weiterlaufen. Strömgren setzte sich mit den Astronomen in den neutralen und alliierten Ländern in Verbindung, um die Vermittlerrolle von Kopenhagen in Gang zu bringen. Die Fachkollegen nahmen die Idee in allen Ländern, auch in den alliierten Staaten, positiv auf. Jedoch war es schwierig, entsprechende behördliche Genehmigungen zu erhalten. Daraufhin begann Strömgren einfach mit der praktischen Arbeit, versendete Telegramme und handelte nach der Devise: „... größte Diskretion, möglichst viel handeln, möglichst wenig Worte."[119]. Dieser Grundsatz, zumal er erfolgreich war, wurde zur Taktik für die gesamten Kriegsjahre. Auch als 1919 die Einrichtung einer neuen Zentrale in Brüssel beschlossen wurde, lief praktisch alles so weiter, wie es sich inzwischen bewährt hatte. Kopenhagen stand nun neben Kiel auch mit Brüssel in ständiger Verbindung, und Strömgren konnte später resümieren, daß der internationale astronomische Telegrammverkehr während des ganzen Krieges und auch anschließend keinen einzigen Tag unterbrochen gewesen war. Von Kopenhagen waren zwischen 1914 und 1921 insgesamt 1708 Einzeltelegramme verschickt worden.

Ein anderes, wichtiges Problem war der Austausch wissenschaftlicher Publikationen; auch hier übernahm die Universitätssternwarte Kopenhagen eine wichtige Vermittlerrolle. So gelangten über die dänische Sternwarte die in Kiel damals von H. Kobold herausgegebenen *Astronomischen Nachrichten* in alle Welt, darunter auch in die alliierten Ländern, während andererseits weltweite Publikationen über Kopenhagen via Kiel in das kriegführende Deutschland kamen. Bis zu 7000 Postsendungen jährlich zählte Strömgren in jenen Jahren.

Auch bei der Herausgabe des seit 1899 bestehenden *Astronomischen Jahresberichtes*, des einzigen weltweiteren Referateorgans der Astronomie, leistete Kopenhagen durch Zusendung wichtiger Literatur nach Deutschland unschätzbare Hilfe. Nur dadurch konnte der Jahresbericht in den Kriegsjahren fortgeführt werden.[120]

Trotz aller unangenehmen Erfahrungen hatte Strömgren das sichere Bewußtsein gehabt, „für eine große Aufgabe zu kämpfen", von der er wußte, daß sie der Zukunft gehörte.[121]

Letztlich verbarg sich hinter dieser engagierten Tätigkeit die Auffassung, daß die Internationale der Wissenschaft unabhängig von den Zeitläuften eigenständigen Wert besitze und der Wissenschaftler die ethische Pflicht habe, durch sein Handeln auch unter komplizierten Umständen die wissenschaftliche Gesamtentwicklung zu fördern.

Viele haben sich jedoch dafür eingesetzt. Einer von ihnen war zweifellos Hertzsprung, der dies mit wohl einmaliger Konsequenz tat. Politisch informierte er sich aus der *Niewe Rotterdamsche Courant*, sie sei neutral und wahrscheinlich die beste Tageszeitung der Welt[122]. Die Situation war übrigens auch für Frau Hetty recht unangenehm. Sie teilte deshalb gegenüber den Ehefrauen von Müller und Eberhard mit, daß sie sich „zurückziehen" werde. „Meine Frau kann nicht ihre Neutralität, welcher hier kein Verständnis entgegengebracht wird, leugnen"[123]. Dieser „Rückzug" wurde dann bald ein Weggang aus Potsdam für längere Zeit, denn die Hertzsprungs erwarteten ein Baby, und Hetty wollte diesem Ereignis unter den herrschenden Umständen und der auch immer schwieriger werden Versorgungslage in Deutschland lieber bei ihren Eltern in Groningen entgegensehen.[124]

Im September 1915 traf Hertzsprung mit Bernhard Schmidt zusammen, der bereits mehr als 11 Jahre hindurch in Kontakt mit dem Potsdamer Observatorium stand. Schmidt hatte sich schon 1904 brieflich mit dem damaligen Direktor H. C. Vogel in Verbindung gesetzt, worauf es zu einer Zusammenarbeit kam, die zunächst zur Herstellung eines 40-cm-Spiegels geführt hat, der nach Vogels Angaben und zu seiner vollen Zufriedenheit geliefert wurde. Die Zusammenarbeit wurde auch unter dem Direktorat von Schwarzschild intensiv fortgesetzt und führte zur Bestellung weiterer Optiken und schließlich zu dem Auftrag, die beiden Objektive des Potsdamer Großen Refraktors zu korrigieren, die von Anbeginn unbefriedigend gewesen waren. Die Übertragung dieser Aufgabe an Schmidt war ein ausgesprochener Vertrauensbeweis[125]. Hertzsprung hielt die Begegnung mit dem genialen, einarmigen Optiker für interessant genug, um seiner Mutter davon zu berichten, zumal Schmidt auch privater Gast im Hause Hertzsprung gewesen war: „Er ist wirklich ein ‚Dorfgenie‘. Er ist der Sohn eines Fischers von einer Insel im Bottnischen Meerbusen und Schwarzschild sagt von ihm, er verstünde mehr über Optik als alle anderen zusammen"[126].

Am 7. Oktober 1915 starb Hertzsprungs Mutter in Kopenhagen. Fast scheint es, als hätte sich Hertzsprung unter dem Druck so vieler leidvoller und unangenehmer Erfahrungen nur umso intensiver in die Arbeit gestürzt. Allein in den Jahren 1914 und 1915 erschienen mehr als 20 wissenschaftliche Veröffentlichungen, verständlicherweise fast die einzige wissenschaftliche Produktion in jener Zeit aus dem Astrophysikalischen Observatorium in Potsdam. Mit großer Konsequenz arbeitete Hertzsprung an der Auswertung der auf dem Mt. Wilson gewonnenen Platten. Für diese Routinearbeit reservierte er jeden Tag mit strenger Regelmäßigkeit 90 Minuten – nach 5 Monaten war die Sisyphusarbeit bewältigt[127]. Die Resultate erschienen im *Astrophysical Journal* wohl aus der Überlegung Hertzsprungs heraus, daß eine Veröffentlichung in den *Astronomischen Nachrichten* angesichts der Kriegsereignisse weltweit nur eingeschränkt bekannt werden würde. Gleichzeitig übernahm das Mt. Wilson Observatory die Sonderdrucke der Arbeiten in die Nummern 100 und 101 seiner „Contributions"[128].

Das Hauptergebnis der Bestimmung der effektiven Wellenlängen absolut lichtschwacher Sterne bestand nach Hertzsprungs eigenen Worten in folgendem: „Wenn man die absolut hellen gelben Riesensterne außer acht läßt, so findet man, daß für Sterne bekannter Parallaxe die Farbe gelber wird, wenn die absolute Helligkeit abnimmt, und zwar in ähnlicher Weise wie bei einem Schwarzen Körper – solange die absolute Sterngröße zwischen -10^{m} und $+3^{\mathrm{m}}$ (auf eine Parallaxe von $1''$ berechnet) liegt. Für noch dunklere Sterne zwischen den absoluten Größen $+31^{\mathrm{m}}$ und $+8^{\mathrm{m}}$ bleibt die effektive Wellenlänge hingegen praktisch konstant, was auf einen Sprung in der physikalischen Beschaffenheit der Sterne bei etwa $+3^{\mathrm{m}}$ absoluter Größe deuten könnte."[129]. Die beobachtete Abnahme der absoluten Helligkeit mit zunehmend späterem Spektraltyp auch bei den absolut schwachen Sternen war zu erwarten gewesen. Die Sterne zeigen weitgehend das Verhalten eines Schwarzen Körpers. Daß dann aber die Farbe der Sterne ganz am Ende der Hauptreihe unbeschadet der weiteren Abnahme der absoluten Helligkeiten konstant blieb, war eine neue Erkenntnis: Es gibt zwar Sterne unterschiedlicher Größen bei den sehr späten Spektraltypen, aber nicht Sterne beliebig kleiner Temperatur. Hertzsprung hatte hier erstmals den unteren rechten „Schwanz" der Hauptreihe des HRD erkundet. Diesen Effekt sollte man erst viel später verstehen im Zusammenhang mit der zutreffenden Interpretation des Hertzsprung-Russell-Diagramms als Ausdruck der Entstehung und Entwicklung der Sterne.

Daneben entstand eine Fülle anderer Arbeiten zu unterschiedlichen Themen. Besonders aber rückten die Doppelsterne in den Blickpunkt von Hertzsprungs Interesse. Die von ihm entwickelte Methode der fotografischen Beobachtung von Doppelsternen unter Verwendung von Objektivgittern hielt er für extrem genau und daher zukunftsträchtig. Zu den Doppelsternen baute Hertzsprung eine geradezu emotionale Beziehung auf, bezeichnete sie als „meine lieben Doppelsterne"[130] und begründete seine künftigen Absichten ausführlich gegenüber Schwarzschild: „Ich weiß jetzt, daß es sich kaum lohnt, bei mittelmäßiger Luft zu fotografieren, daß man aber dafür bei guter möglichst lange aushalten muß ... Es hat vielleicht nicht viel Zweck, über Zukunftsdoppelsternpläne zu sprechen, aber ich tue es doch zur Unterhaltung. – Die Zahl der Doppelsterne, welche ich in der jetzigen Weise ohne Führung mit Expositionszeiten bis zu etwa 30 Sekunden mit dem 50 cm Objektiv ... erhalten kann, ist so beschränkt, daß ich schon jetzt gelegentlich in Verlegenheit bin. Mit dem 80 cm wird man ja stärker (mit einer visuellen Korrektionslinse ...) weiterkommen können. Falls nun, wie ich erwarte, im fotografischen Fokus des 80 cm Objektivs die Refraktionsdispersion die große erreichbare Genauigkeit problematisch macht, so denke ich daran, die schwachen Doppelsterne (selbst bis 12^m) in der Zenitzone auszuwählen. Wer heute Doppelsternmessungen von einer größeren Zahl Objekte 11^m bis 12^m selbst mit Distanzen größer als $2''$ mit einem mittleren Fehler von $\pm.01$ macht, der wird nach 100

Jahren gepriesen werden. – Ich meine nicht, daß man nur für die Zukunft arbeiten soll, aber etwas dazwischen kann man doch tun. Damit nur können wir die Schuld von Männern wie Groombridge u. a. tilgen. Das ist gerade etwas für eine Beobachtungssternwarte ... Vorläufig betrachte ich es als meine Aufgabe, für die Methode die Reklame zu machen, die sie verdient. Dazu messe ich weiter."[131]

Vorspiel zur Weltinseldebatte

Hertzsprung beschäftigte sich jedoch auch intensiv mit einer Reihe von aktuellen Forschungsproblemen, ohne daß dies sich in seinen Publikationen niedergeschlagen hätte. Offenbar hielt er seine Beiträge zu diesen Fragen nicht für publikationswürdig. Einerseits waren ihm seine eigenen Gedanken vermutlich zu spekulativ und zu wenig durch unstrittige Beobachtungen untermauert, zum anderen zählte er diese Probleme wohl auch nicht zum engeren Kreis seiner Kompetenz. Dennoch verfolgte er mit größter Aufmerksamkeit die Literatur und beteiligte sich in seinem Briefwechsel engagiert an der Meinungsbildung. Dies betrifft insbesondere einen Fragenkomplex, der zunehmend brisanter wurde und sich um die Natur der Spiralnebel rankte: Die Historie dieses Problems reicht weit zurück; schon Immanuel Kant hatte nämlich die nebligen Gebilde am Himmel für „Welteninseln" erklärt, ähnlich unserem eigenen Sternsystem, dessen Struktur er – Thomas Wright folgend – aus der scheinbaren Verteilung der Sterne am Himmel erschloß. Friedrich Wilhelm Herschel, der erste Empiriker der Strukturforschung, hatte mit seinen „Sterneichungen" – umfangreichen Zählungen von Sternen verschiedener Helligkeit und damit statistisch auch unterschiedlicher Entfernung – die Anordnung der uns umgebenden Sterne in einem abgeplatteten Gebilde gesehen, wenn auch in den Dimensionen aus historischen Gründen weit von der Wirklichkeit entfernt. Es fehlte an dem methodischen und technischen Instrumentarium, um den tatsächlichen räumlichen Aufbau unserer weiteren kosmischen Umgebung annähernd zutreffend

95

aufzudecken. Die Natur der nebligen Objekte blieb bis in die ersten Jahrzehnte des 20. Jahrhunderts völlig offen. Huggins in London richtete das Spektroskop zum ersten Mal im Jahre 1864 auf einen solchen Nebel und stellte fest, daß im Spektrum 3 räumlich voneinander isolierte Linien vorkamen. Huggins konnte daraus schließen, daß es sich nicht um einen Haufen von Sternen, sondern um einen wirklichen Nebel handelte. Daneben gab es aber auch neblig aussehende Objekte, die sich mit zunehmender Leistungsfähigkeit der Teleskope durchaus als Sternansammlungen erwiesen. Den Andromedanebel hielt Huggins für ein Planetensystem im Stadium der Evolution. Der Potsdamer Astrophysiker J. Scheiner konnte für verschiedene neblige Objekte den Nachweis erbringen, daß ihre Spektren denen von Fixsternen entsprachen, woraus aber noch nicht schlüssig hervorging, ob sich diese Sternhaufen außerhalb des Milchstraßensystems befinden. Um 1907 veröffentlichte Bohlin eine Parallaxe des Andromedanebels, die so erheblich ausfiel, daß dieses Objekt zur näheren Sonnenumgebung zu rechnen war[132].

Mehrere Male hatte man aber bis dahin schon Erscheinungen beobachtet, die einen Weg zur Lösung des Problems eröffneten: Erstmals 1885 fand Ernst Hartwig an der Sternwarte in Dorpat einen Stern nahe dem Zentrum des Andromedanebels, der zuvor dort nicht gestanden hatte. In den folgenden Wochen ging die Helligkeit des neuen Sterns soweit zurück, daß er im allgemeinen Licht des Nebels wieder untertauchte. War dieser „neue Stern" vielleicht ein Hinweis darauf, daß der Andromedanebel aus Sternen besteht, oder handelte es sich um den Ausbruch einer Supernova irgendwo zwischen den Sternen unserer Milchstraße in der Richtung zur Mitte des Andromeda-Nebels?

Hertzsprung verfolgte die Veröffentlichungen über diese Fragen intensiv und griff nun auch unmittelbar in die Debatten ein. Mit den wichtigsten Forschern, die auf diesem Gebiet tätig waren, stand er ohnehin in Korrespondenz: A. S. Eddington, H. Shapley und V. M. Slipher. Letzterer hatte 1912 zum ersten Mal die großen Radialgeschwindigkeiten einiger Nebel entdeckt. Für den Andromedanebel fand er 300 km/s und für andere Objekte sogar noch erheblich größere Werte aufgrund von Dopplerverschiebungen in den Spektren. Niemals zuvor hatte man irgendwo größere Geschwindigkeiten gemessen, und die Frage nach der Natur dieser extremen Schnelläufer im Universum drängte sich geradezu auf. Slipher selbst versuchte seinen Befund mit dem Erscheinen der Supernova von 1885 in Verbindung zu bringen, indem er die Hypothese aufstellte, damals habe ein Zusammenstoß des enorm schnellen Andromedanebels mit einem gewöhnlichen Stern stattgefunden, der dadurch zu seinem Helligkeitsausbruch veranlaßt worden sei. Hertzsprung jedoch schrieb am 14. März 1914 an Slipher in unmittelbarer Reaktion auf dessen Veröffentlichung: „Mir scheint, daß mit dieser Entdeckung die große Frage, ob die Spiralnebel zum Milchstraßensystem gehören oder nicht, mit großer Sicherheit so beantwortet ist, daß sie nicht dazu gehören"[133]. Slipher mochte sich diesem Standpunkt nicht anschließen, vor allem, weil das Spektrum von M 31 ihn eher an Reflexionsnebel erinnerte, jedenfalls ganz anders aussah, als z. B. die Spektren der sicher als Sternansammlungen zu betrachtenden Kugelsternhaufen. Slipher gestand aber zu, daß es noch an genügend aussagekräftigen Beobachtungsdaten mangele, um zu einer Entscheidung zu gelangen[134].

Im Jahre 1914 hatte auch Shapley damit begonnen, sich dem Problemkreis der rätselhaften „Nebel" intensiver zuzuwenden. Ihn interessierten vor allem die Kugelsternhaufen, deren scheinbare Verteilung am Firmament dringender Aufklärung bedurfte. Ein Drittel aller Kugelsternhaufen befindet sich in der Gegend des Sternbilds Schütze, die restlichen nicht weit davon entfernt. Shapley sah in der individuellen Bestimmung der Distanzen dieser Objekte ein geeignetes Mittel, ihre wahre Verteilung zu ermitteln. Solomon Baily von der Harvard University hatte dem jungen Shapley den Rat erteilt, in den Kugelhaufen nach Delta-Cephei-Sternen zu suchen und diese zu benutzen, um die wahre Verteilung der Objekte ausfindig zu machen. Shapleys Rüstzeug waren zwei Veröffentlichungen, die eine von Russell, seinem Förderer in Princeton, die andere von Hertzsprung, seinem neuen Briefpartner aus Potsdam[135]. Die Arbeiten Shapleys zur Verteilung der Kugelsternhaufen und damit zur Struktur unseres Sternsystems knüpfen also ebenso unmittelbar an Hertzsprungs Untersuchung der Distanz der Kleinen Magellanschen Wolke von 1912 an wie die späteren bahnbrechenden Forschungen von E. Hubble, mit denen der extragalaktische Charakter von M 31 bewiesen werden konnte.

Unterdessen faßt Hertzsprung seine Auffassungen über die „Nebel" und Kugelsternhaufen in einem Brief an Eddington zusammen. Seine Hypothesen lauteten:

1. Die Spiralnebel sind Galaxien, in ihrer Dimension vergleichbar mit dem Milchstraßensystem.
2. Die Kugelsternhaufen sind intergalaktische Objekte, jedoch viel kleiner als das Milchstraßensystem.
3. Die Sterne in Kugelsternhaufen und Spiralnebeln haben etwa dieselbe Helligkeit.
4. Kugelsternhaufen befinden sich im mechanischen Gleichgewicht, Spiralnebel jedoch nicht.
5. Ein Spiralnebel entsteht durch den Zusammenstoß von 2 Kugelsternhaufen.

Die Tatsache, daß man hunderttausende Spiralnebel beobachten kann, jedoch nur rund hundert Kugelsternhaufen, muß nicht unbedingt auf eine größere Häufigkeit der Spiralnebel pro Volumeneinheit des Weltalls hindeuten. Vielmehr könne man Spiralnebel bis in wesentlich größere Distanzen des Weltalls beobachten als Kugelsternhaufen, woraus sich die unterschiedlichen Zahlen erklären ließen[136]. Daß diese Hypothesen durchaus noch sehr fragwürdig waren, sah Hertzsprung deutlich, denn gegenüber Eddington sprach er unumwunden aus, er wolle erst die Meinung eines Mannes hören, der mehr von Himmelsmechanik verstünde als er. Und Schwarzschild erhielt eine Kopie des Briefes an Eddington mit dem interessanten Kommentar: „Wenn ich auch leider selbst nichts vom Dreikörperproblem verstehe, so kann meine wilde Hypothese doch vielleicht einen Stoß in eine neue Richtung geben, die nicht ganz unfruchtbar sein wird"[137].

Noch ehe Eddington antwortete, kam die Replik von Schwarzschild: „Was aus 2 karambolierenden Sternhaufen wird, ist ein Problem, das man beantworten können muß, wenn man sich die richtige Mühe gibt. Was Spiralenähnliches kommt wohl heraus. Ob es aber hinreichend schöne Spiralen gibt?"[138].

Eddingtons Antwort bezüglich der 5. Hypothese von Hertzsprung sah anders aus als die von Schwarzschild. Die dynamische Hauptfrage sei, ob 2 kollidierende Kugelsternhaufen sich mischen oder sich lediglich durcheinander hindurch bewegen. Ein einfacher Stern würde einfach hindurchlaufen. Selbst wenn die Dichte in einem Kugelsternhaufen hundert- oder tausendmal größer sein sollte als die mittlere Sterndichte, würde mit großer Wahrscheinlichkeit immer noch kein Einfangen stattfinden. Erst wenn die Sterne in Kugelsternhaufen noch dichter gepackt sein sollten, könnten einige Objekte, ähnlich den Kometen, durch den Planeten Jupiter in unserem Sonnensystem eingefangen werden[139]. Auf die anderen 4 Hypothesen ging Eddington überhaupt nicht ein, insbesondere nicht auf die ebenso lapidare wie schwergewichtige Nummer 1: Spiralnebel sind Galaxien. Wir wissen, daß er diese Hypothese nicht weiter kommentierte, weil er ohnehin derselben Meinung war.

Hertzsprung aber kam noch einmal auf seine Hypothese 5 zurück und sprach die Überzeugung aus, daß die Sterndichte in den Kugelsternhaufen etwa 10^6 bis 10^7 mal so groß sei wie jene der Sonnenumgebung – eine um 2–3 Größenordnungen zu hoch ausgefallene Vermutung[140]. Eddington hatte sich inzwischen offenbar intensiver mit der Frage beschäftigt und bekräftigte in einem weiteren Brief an Hertzsprung: Kollidierende Kugelsternhaufen trennen sich auf jeden Fall nach ihrer Passage![141].

Am 12. Mai 1916 hatte der renommierte englische Mathematiker James Jeans sich auf der Tagung der Royal Astronomical Society zu den Fragen der Kugelsternhaufen und Galaxien geäußert. Auch er war zu dem Ergebnis gekommen, daß sich die Kugelhaufen nach einer angenommenen Durchdringung wieder trennen würden. Hertzsprung, der schon bei seiner Entdeckung der Riesen- und Zwergsterne nur mit Mühe nachträglich seine Priorität geltend machen konnte, wollte nun offenbar seinen Anteil an den aktuellen Diskussionen um die Natur der Spiralnebel und deren Herkunft sichern. Besonders die ähnlich gelagerten Ideen von Jeans veranlaßten ihn gegenüber Eddington zu der Frage, ob man nicht die „Hauptlinien" seiner – Hertzsprungs – Hypothesen an den Herausgeber der Zeitschrift *Observatory* schicken sollte, „mit Datum für Vergleichszwecke". Es sei interessant zu zeigen, daß die gleiche Idee unabhängig von zwei Leuten in so kurzer Zeit entwickelt wurde[142]. So kam es zu einer kleinen, von Eddington mit A.S.E. gezeichneten Veröffentlichung über „The Nature of Globular Clusters"[143], in der Eddington den Stand der Diskussion anhand der Äußerungen von Hertzsprung, Jeans und Shapley mit eigenen Kommentaren versah. Diese Art der „Einmischung" in eine fundamentale wissenschaftliche Diskussion ist für Hertzsprung durchaus typisch, bezeugen doch viele seiner Kollegen und Schüler, daß er in Gesprächen oft weitreichende Anregungen ausstreute. Diese fanden jedoch selten irgendwo schriftlichen Niederschlag. Insofern ist die Eddington-Note, die ja auf ausdrückliche Anregung Hertzsprungs zustande kam, eine seltene Ausnahme.

Wenn auch der Zusammenhang, den Hertzsprung zwischen den Galaxien und Kugelsternhaufen behauptete, in Wirklichkeit nicht besteht, so gaben seine Überlegungen doch wertvolle Impulse sowohl für Shapley als auch für Hubble, der Anfang der 20er Jahre definitiv zeigen konnte, daß Hertzsprung vollkommen im Recht war, als er den extragalaktischen Charakter der Spiralnebel behauptete.

Nachdenken über Isotope
und andere Spekulationen

Um die Zeit der Weltinseldebatte beschäftigte sich Hertzsprung auch intensiv mit aktuellen Problemen der Chemie und formulierte dabei eine Reihe von Fragestellungen, die seinen außerordentlichen wissenschaftlichen Spürsinn erkennen lassen. Auch diese Ideen waren auf den mündlichen und schriftlichen Gedankenaustausch mit wenigen Kollegen beschränkt und wären unbekannt geblieben, wenn der Briefwechsel sie nicht dokumentiert hätte.

„Da ich noch Chemiker war, quälte mich die Frage, wie die Atomgewichte so nahe ganze Zahlen sein könnten, daß Zufall ausgeschlossen erschien, und doch deutliche Abweichungen von diesen ganzen Zahlen zeigten", lautet der erste Satz eines Briefes an Karl Schwarzschild vom 4. November 1915[144]. Dieselbe Frage hatten sich die Chemiker auch gestellt, als sie gegen Ende des 19. Jahrhunderts die Arbeiten über die Bestimmung von Atomgewichten kritisch beurteilten. Damals ging man noch von der Annahme aus, die Atomgewichte der schweren Atome seien ganzzahlige Vielfache der „Einheit" des Wasserstoffatoms. Als aber der von Hertzsprung als „quälend" bezeichnete Befund vorlag, die Zahlen sind zwar *nahezu*, aber doch *nicht präzise* ganzzahlige Vielfache des Wasserstoffatomgewichts, kam die Aufklärung erst durch die Entdeckung der Isotopie in den Anfangsjahren der Erforschung der Radioaktivität. Die meisten Elemente kommen nämlich als Mischisotope vor oder – wie Hertzsprung schrieb: „Soviel ich verstehe, geht jetzt die Lösung in die Richtung, daß dasselbe chemische Element verschiedene Atomgewichte haben kann ... Man könnte sich deshalb denken, daß ein Element wie z. B. Chlor, das ein Atomgewicht von $35\,^1/_2$ zeigt, aus zwei chemisch gleichen Elementen von Atomgewichten 35 und 36 (sagen wir) besteht, ... daß ... diese beiden hypothetischen Chlorelemente (35 und 36) durch und durch bei der Bildung der Erde gemischt worden sind und jetzt beide in allen Mineralen in gleichem Verhältnis vorhanden sind"[145]. Wieweit sich Hertzsprung hier an die Front der Forschung vorgewagt hatte, geht allein schon daraus hervor, daß der Begriff der Isotope erst im Dezember 1913 eingeführt worden war. Mit seiner Chlorhypothese war Hertzsprung zielsicher auf dem richtigen Weg. Lediglich die quantitativen Angaben über die relativen Atommassen und Mischungsverhältnisse stimmten nicht, was auch nicht zu erwarten war, da Hertzsprungs Idee ja keinerlei Untersuchungen zugrunde lagen. Das Chlor besteht aber in der Tat aus 2 Isotopen mit den Massenzahlen 35 und 37 (genauer: 34,9788 und 36,9777, bezogen auf die Masse des Sauerstoffisotops $O_{16} = 16,0000$), die in einem Mischungsverhältnis von 3,07 zu 1 vorkommen[146]. Interessant ist nun der Vorschlag, den Hertzsprung in Richtung auf eine Art

„Massenspektroskopie" entwickelt: „Wäre es jedenfalls nicht der Mühe wert, zu versuchen, die Chloratome mechanisch in leichtere und schwerere zu trennen?". Die Mutmaßung Hertzsprungs, daß die Zerfallsgeschwindigkeiten der von ihm angenommenen Chlorisotope „vielleicht beide so klein sind, daß sie sich noch nicht in Millionen von Jahren geltend machen" hat sich insofern bestätigt, daß es sich bei den natürlich vorkommenden Chlorisotopen um stabile Elemente handelt.

Anläßlich einer Reise nach Groningen kam Hertzsprung mit dem berühmten Physiker Paul Ehrenfest über das Atomgewicht des Chlors ins Gespräch, „der sich lebhaft dafür interessierte" und gleich an seinen englischen Kollegen Heaviside schreiben wollte. Bisher hätten sich die Physiker nur mit den radioaktiven Isotopen beschäftigt, „ohne das dort gefundene auf Elemente mit kleinerem Atomgewicht applizieren zu wollen", meine Ehrenfest[147]. Als Methode zur Isotopentrennung denkt Hertzsprung an die Nutzung des Meeres, wo eine natürliche Schichtung dergestalt zu erwarten wäre, daß die in größeren Meerestiefen gefundenen Chlorionen ein anderes Atomgewicht zeigen als jene an der Meeresoberfläche.[148] Auch Heaviside zeigte sich von dieser Idee Hertzsprungs „entzückt", wie Ehrenfest ihm mitteilte.

Wenige Jahre später schuf der englische Chemiker Francis William Aston mit dem Massenspektrographen ein wirksames Hilfsmittel zum Studium der Isotope, das bis heute zum unentbehrlichen Instrumentarium der Physiker und Chemiker zählt.

Im übrigen hörte Hertzsprung in Groningen einen Vortrag von Ehrenfest über Atommodelle, den er „sehr unterhaltend" fand, und der ihn zu der Bemerkung veranlaßte, daß Wilhelm Ostwald Ehrenfest wohl zu den Romantikern unter den Gelehrten zählen würde[148]. Diese Bemerkung ist einer der wenigen Hinweise auf die Spannweite von Hertzsprungs Kenntnissen und Interessen; auch diese schlägt sich in den Themen seiner Veröffentlichungen nicht im geringsten nieder!

Nicht nur Probleme der Chemie faszinierten Hertzsprung in jenen Monaten. Er versuchte auch in die Geheimnisse des Planckschen Strahlungsgesetzes einzudringen und mit Schwarzschild über

Einsteins Relativitätstheorie zu debattieren. Bei der Relativitätstheorie kreist die Diskussion um die Frage, ob der Planet Jupiter wegen seiner großen Masse vielleicht geeignet wäre, die von Einstein
vorhergesagte Lichtablenkung im Schwerefeld festzustellen, wozu
das von einem der Jupitermonde ausgehende Licht dienen sollte.
Doch Hertzsprung meinte, solche Präzisionsmessungen seien kaum
möglich. Mit Struve in Babelsberg kam er aber überein, daß die
nächste Sonnenfinsternis ein willkommenes Ereignis sei, um die
Konsequenzen der Theorie „leichter und sicherer" zu prüfen[149].

Ein anderes Problem, das Hertzsprung im Zusammenhang mit
seinen intensiven Doppelsternforschungen interessiert, ist der
Nachweis dunkler Begleiter, von denen damals außer Sirius B (entdeckt 1861 durch Clark) nur ein weiteres Objekt bekannt war: „Die
Frage, ob meine Doppelsternmessungen berufen wären, noch mehr
dunkle Begleiter ... aufzudecken, stellt sich natürlich, wenn man
zwischen 2 Platten desselben Sternes mit einem Jahr Zwischenraum
größere Differenzen in $\Delta \alpha \cos \delta$ oder $\Delta \delta$ findet, als man gern auf
den mittleren Fehler schieben möchte"[150]. Zwar fand Hertzsprung
anhand seines Materials zunächst nichts dergleichen, aber andere
beschritten diesen Weg, und heute sind zahlreiche unsichtbare Fix-
sternbegleiter bekannt. Hertzsprungs Platten des visuellen Doppel-
sterns XiUMaAB trugen übrigens im Jahre 1919 wesentlich dazu
bei, auf dem von ihm selbst beschriebenen Weg die Entdeckung eines Begleiters von 0,3 Sonnenmassen zweifelsfrei zu bestätigen.[151]

Schwarzschilds Tod

Am 13. März 1916 teilt Hertzsprung seiner Schwester in Kopenhagen mit, daß Schwarzschild aus dem Felde zurückgekehrt sei. Hertzsprung war glücklich, den Freund endlich wieder
in seiner Nähe zu haben[152]. Doch Schwarzschild war krank aus
dem Krieg nach Potsdam gekommen. Hertzsprung war viel mit
ihm zusammen und bewunderte das stets leidenschaftliche Interesse Schwarzschilds an seiner Wissenschaft. Auch unter den wid-

rigen Umständen fern der Heimat hatte Schwarzschild nicht nur
brieflich lebhaften Anteil am Geschehen ins Potsdam genommen,
sondern sich auch intensiv mit einer Reihe aktueller wissenschaftlicher Probleme befaßt, die kurz danach zu mehreren wissenschaftlichen Publikationen von großer Bedeutung führten, darunter auch
jene Arbeit, die den heute vielzitierten „Schwarzschild-Radius" in
die Wissenschaft einführte[153] und die theoretische Erklärung des
Stark-Effektes, der Aufspaltung der Spektrallinien im elektrischen
Feld[154].

Die Begegnungen mit Hertzsprung auch während jener Monate,
die schon deutlich durch seine Krankheit geprägt waren, bedeuteten offenbar auch für Schwarzschild viel. Nach einem der Besuche
des Freundes versicherte Schwarzschild seiner Frau: „Hertzsprung
strengt mich gar nicht an"[155].

Aus Groningen sprach Frau Hetty Else Schwarzschild Trost zu:
„Wenn dieser Brief Sie erreicht, hoffe ich, daß es Ihrem Mann wieder viel besser geht. Es ist eine sorgenvolle Zeit für Sie, aber der
Sommer wird wohl viel mitwirken zur Besserung"[156]. Doch als
diese Zeilen in Potsdam eintrafen, war Schwarzschild schon tot.
Seine zunächst harmlos scheinenden Beschwerden hatten sich binnen kurzer Zeit zur bösartigen Form des Pemphigus ausgeweitet
und am 11. Mai 1916 den Tod herbeigeführt. Hertzsprung war
erschüttert. Jetzt wurde ihm vollends bewußt, daß ihn vor allem die
Bindung an Schwarzschild in Potsdam gehalten hatte. Er begann,
über seine künftige wissenschaftliche Existenz anderswo nachzudenken. Vor allem das Unbehagen, als Däne in seiner neutralen
Denkweise unverstanden, ja angefeindet zu sein, dürfte die innere
Lösung von Potsdam nach dem Tode Schwarzschilds beschleunigt
haben.

Schon zu Beginn des Jahres 1916 war der Besitzer des Ole
Rømer-Observatoriums in Aarhus gestorben, und Hertzsprung informierte sich über die dortigen Instrumente und Gebäude. Er
wandte sich an Strömgren in Kopenhagen – ohne Erfolg – und
dann an Victor Nielsen von der Kopenhagener Urania-Sternwarte.
Dieser kannte das kleine Observatorium in Aarhus und führte
Hertzsprung brieflich beim Bürgermeister der Stadt ein. Hertz-

sprung erwog das Für und Wider einer eventuellen Übernahme der Aarhus-Sternwarte. Doch er hatte den einflußreichen Strömgren nicht auf seiner Seite, denn dieser schlug im Sommer den jungen dänischen Astronomen Ruben Andersen für die Position in Aarhus vor.

Inzwischen war Hertzsprung Vater geworden. Am 18. Juni hatte seine Frau im Hause ihrer Schwester, deren Mann Arzt war, in Rotterdam eine Tochter zur Welt gebracht, die auf den Namen Rigel getauft wurde – zünftig astronomisch auf den Namen des hellen Fixsterns β Orionis. Hertzsprung fuhr nach Holland. Dort hatte sich inzwischen auch sein Schwiegervater Kapteyn bei Strömgren für die Besetzung der Aarhus-Position mit Hertzsprung eingesetzt – vergebens; der Bürgermeister von Aarhus ließ Hertzsprung wissen, daß die Abgeordneten wohl dem Vorschlag Strömgrens folgen würden und Andersen für die Position bestätigen. Hertzsprung gab noch nicht auf; er reiste vielmehr nach Aarhus, um an Ort und Stelle die Sternwarte zu sehen und mit dem Bürgermeister zu sprechen.

Anfang August kehrte er wieder nach Potsdam zurück – mit der Gewißheit, daß Aarhus ihm keine Dauerstellung bieten konnte. An seine Schwester schreibt er, das wirkliche Problem der dänischen Astronomie sei die Notwendigkeit einer neuen Sternwarte. Das Privatobservatorium von Aarhus könnte dafür nur ein zeitweiliger Ersatz sein. Noch einmal kommt Bewegung in diese Frage, als im September 1916 eine dänische Tageszeitung vom Projekt einer neuen Universitätssternwarte berichtet. Doch vergebens wartet Hertzsprung auf konkrete Einzelheiten. Erst 30 Jahre später werden diese Pläne Wirklichkeit, als die Kopenhagener Sternwarte sich in Brorfelde etabliert.[157]

Hertzsprung fühlt sich in Potsdam einsam ohne Schwarzschild. Ohnehin ein „unsozialer Mensch", der nicht leicht Kontakte pflegt und Freundschaft schließt, vermißt er den Freund ebenso wie den wissenschaftlichen Gesprächspartner und Anreger[158].

Einen Lichtblick in jenen Tagen bringt die Begegnung mit Albert Einstein in Berlin. Zwei Stunden erörtert er mit ihm die Möglichkeiten des spektroskopischen Tests der Allgemeinen Relativitätstheorie: „Es war wohltuend, einem intelligenten Mann zu begeg-

nen, mit dem ich über meine Wissenschaft diskutieren kann. Ich
vermißte dies seit Schwarzschilds Tod. Ich glaube auch, daß Einstein ziemlich zufrieden mit mir gewesen ist und hoffe, daß unser
Gespräch noch mancherlei Auswirkungen hat"[159].

Mit Einstein verband Hertzsprung auch die freundschaftliche
Bindung und fachliche Hochachtung gegenüber Schwarzschild.
Beide – Einstein und Hertzsprung – veröffentlichten denn auch
Nekrologe zu Schwarzschilds Tod.[160] Bei Hertzsprung ist diese
öffentliche Würdigung umso höher zu bewerten, als sich unter der
riesigen Zahl seiner Veröffentlichungen sonst keine finden läßt, die
nicht unmittelbar mit den Resultaten der eigenen Forschung zu tun
hat. Hertzsprung betonte in seinem Nachruf[161], daß Schwarzschild
es neben der Fülle seiner wissenschaftlichen Leistungen und den
Belastungen mit „non-scientific matter" als Direktor in Potsdam
verstanden habe, seinen wissenschaftlichen Geist und seine Interessen auf seine Mitarbeiter zu übertragen. „Wir haben den Gipfel
des Lebens erreicht, lange bevor wir abwärts gehen", hatte Schwarzschild kurz vor seinem Tode zu Hertzsprung gesagt. Und Hertzsprung meinte: „Er starb stehend. Wenn er im voraus gewußt hätte,
daß sein Leben so kurz sein würde, er hätte es zu keinem besseren
Zweck verwenden können"[162]. Noch ein Jahr nach Schwarzschilds
Tod schrieb Hertzsprung an G. E. Hale: „Mit niemand anderem hier
hatte ich intimeren wissenschaftlichen Kontakt als mit ihm. Fast
täglich diskutierten wir hier am Observatorium oder während unserer Spaziergänge im Forst astronomische Probleme. Der Nutzen,
den mir sein reicher Geist gewährte, ist unschätzbar für mich"[163].

Entdeckung der Masse-Leuchtkraft-Beziehung

Zum Nachfolger Schwarzschilds wurde Gustav Müller berufen
– nicht im mindesten ein Forscher von ebenbürtigem Rang,
doch ein langgedienter Mitarbeiter des Potsdamer Observatoriums,
der sich schon nach dem Tode Vogels 1907 Hoffnungen auf dessen
Nachfolge gemacht hatte.

Hertzsprungs äußere Bedingungen in Potsdam blieben unverändert und sein Forschungseifer ebenfalls. Da Hetty noch immer in Groningen weilte, bezog Hertzsprung das Speisezimmer, das ihm gleichzeitig als Arbeits- und Schlafraum diente. Unter den Forschungsthemen ragte jetzt besonders die Untersuchung des Zusammenhanges zwischen den Leuchtkräften und den Massen der Sterne hervor, wozu die Doppelsternmessungen eine gute Basis boten. Astronomiegeschichtlich ist das Problem nicht neu, und auch in Hertzsprungs eigenen Arbeiten kommen Andeutungen bereits im Jahre 1907 vor. Im zweiten Teil von „Zur Strahlung der Sterne" gibt Hertzsprung nämlich einen formelmäßig erfaßbaren Zusammenhang zwischen dem Verhältnis von jährlichen Eigenbewegungen μ an und hypothetischer Parallaxe π_h sowie die auf die Einheit von Masse und Parallaxe bezogene reduzierte Sterngröße m_r dergestalt, daß $\log(\mu/\pi_\mathrm{h})$ mit abnehmendem m_r ansteigt. Er kommentiert diesen Befund mit den Worten: „Dieses Resultat lädt zu mancherlei Spekulationen ein. Die nächstliegende Erklärung wäre, daß die Doppelsterne mit dunkleren m_r-Werten relativ kleine Massen hätten"[164].

Rechnet man die absoluten Helligkeiten und die Massen aus jenen Daten nach, die Hertzsprung zur Verfügung standen, so ist allerdings ein ausgeprägter Zusammenhang im Sinne von Hertzsprungs „nächstliegender Erklärung" nicht zu erkennen. Hertzsprung in seiner vorsichtigen Art betonte völlig zu Recht: „Die nach den wenigen wirklich gemessenen Parallaxen berechneten absoluten Massen zeigen eine schwache Andeutung von solchem Verhalten, aber nicht hinlänglich; um den oben angegebenen Wert von

$$\log\frac{\mu}{\pi_\mathrm{h}}/m$$

zu erklären."[165]

Ideengeschichtliche Spuren der Masse-Leuchtkraft-Beziehung finden wir jedoch bereits fast ein Vierteljahrhundert früher in den Überlegungen, die A. Ritter zur Theorie des inneren Aufbaus der Sterne anstellte und die mit Vorstellungen zur Sternevolution und über Mechanismen der Energiefreisetzung verbunden waren[166].

Ritter formulierte aufgrund seiner Überlegungen explizit: „Bei gleichen Dichtigkeiten verhalten sich ... die totalen Wärmeausstrahlungen annähernd wie die 8/3-ten Potenzen der Massen"[167].

Ganz davon abgesehen, daß die beobachtende Astronomie um jene Zeit ohnehin außerstande war, die Rittersche Hypothese zu überprüfen, wurde sie offenbar von niemandem beachtet. Auf ganz ähnlichem Wege wie Hertzsprung gelang es jedoch H. N. Russell im Jahre 1911, eine Korrelation von Sternmassen mit deren Spektraltypus nachzuweisen. Russell fand für 6 visuelle Doppelsterne der Spektraltypen A bis G eine mittlere Masse von 2,4 Sonnenmassen, während er für 3 Systeme der Typen K bis M nur 0,3 Sonnenmassen als Mittelwert ausmachen konnte[168]. Hertzsprung, der von diesen Ergebnissen anläßlich der Bonner Tagung der „Solar Union" 1912 erfuhr, war wenig beeindruckt, ganz im Gegenteil zu Russell selbst. „Ich erinnere mich noch", schrieb Hertzsprung später, „daß Russell ... sich wunderte, daß ich noch an der Abhängigkeit zweifelte. Nur bei den Heliumsternen unter den spektroskopisch doppelten wußte man ja, daß die größten bekannten Massen zu finden waren, aber daß die absolut dunklen Sterne, wie 61 Cygni, Groom 34, Krüger 60 kleinere Massen als unsere Sonne deutlich haben sollten, konnte ich nicht sehen"[169]. Tatsächlich war das Material noch so dürftig, daß daraus auf eine Masse-Leuchtkraft-Beziehung keineswegs zu schließen war, während Russell daran offensichtlich glaubte.

Um dieselbe Zeit versuchten sich auch J. Halm und H. Ludendorff an dem Problem. Halm kam zu dem Ergebnis, daß eine direkte Beziehung zwischen Masse und Leuchtkraft (intrinsic brightness) der Sterne bestünde[170]. Die Basis dieser Aussage war jedoch unverändert dürftig. Auch Ludendorff, der sich bei der Auswahl der spektroskopischen Doppelsterne direkt auf Hertzsprungs Vorarbeiten stützte, kam zu dem Ergebnis, daß die Vertreter der frühen Spektraltypen „höchst wahrscheinlich im Durchschnitt bedeutend grössere ... Gesamtmassen" haben als Sterne späterer Spektralklassen, wobei er immerhin schon auf die Untersuchung von 51 Objekten verweisen konnte 180.

Die definitive Entdeckung der Masse-Leuchtkraft-Beziehung ist von Hertzsprung 1919 publiziert worden. Doch über den zweifelsfrei vorhandenen Zusammenhang war er sich schon 1915 klar. Davon hatte er seinerzeit Schwarzschild brieflich berichtet. Von dem Ergebnis zeigte er sich ungewöhnlich stark berührt: „Ich bin ziemlich aufgeregt über diese Abhängigkeit zwischen m_{abs} und M. Erst jetzt fange ich an zu glauben, daß es was Reelles ist ...“[172]. Der sonst so vorsichtige Hertzsprung kann diesmal der Versuchung nicht widerstehen, nach einer Erklärung zu suchen, wenigstens gegenüber seinem Freund Schwarzschild: „Was soll man sich denken, wenn wirklich eine starke Abhängigkeit zwischen Masse und Strahlungszustand besteht? Vielleicht, daß die Sterne im Laufe ihres Lebens ihre Masse ändern. Dabei muß man ja behalten, daß – wie Sie, soviel ich mich erinnere, auch selbst gesagt haben – wir nicht wissen, welchen Weg die Entwicklung geht. Wenn wir uns denken, daß die Sterne klein und dunkel anfangen und wie Kristalle in der Mutterlauge wachsen, so werden die Heliumsterne die am meisten entwickelten schwersten Sterne, worüber hinaus es nichts mehr zu finden gibt, eben weil wir in unserem Milchstraßensystem noch nicht weiter gekommen sind. Daß wir, wie nach der alten Auffassung, alle auf das Heliumstadium folgenden Zustände (die Sonnenserie) unter den Sternen repräsentiert finden, nicht aber die vorhergehenden, ist doch schwer begreiflich. M. a. W.: haben nicht die Heliumsterne das Maximal – statt das Minimalalter. Man kann vielleicht so phantasieren: Wenn ein Stern klein anfängt und irgendwie – durch Meteorregen – an Masse zunimmt, dann kommt, etwa bei $M = \frac{1}{2}$ Sonne, ein Augenblick, wo die Beseitigung der Radiumwärme die Oberfläche glühend macht. Diese innere Wärme wird die Dichte des Sternes abnehmen lassen. Auch wird mit zunehmender Masse und abnehmender Dichte der Meteorregen stärker. Statt zu glauben, daß die Heliumsterne von den sie umgebenden Nebeln stammen, bin ich eher geneigt anzunehmen, daß der Nebel von den Sternen kommt. ... Sie werden wohl jetzt schon genug haben. Erst in den allerletzten Tagen habe ich daran gedacht, alles so auf den Kopf zu stellen und ich bin noch ziemlich konfus. – Als alter Chemiker gefällt mir der Gedanke, die Sterne mit Kristallen in der Mutterlauge zu vergleichen“[173].

Aus der Retrospektive wird deutlich, wie dürftig die Kenntnisse über die Physik der Sterne damals noch gewesen sind und wie brüchig mithin die Basis für das physikalische Verständnis der gefundenen Zusammenhänge. Das wußte natürlich auch Hertzsprung, und deshalb findet sich von seinen vertraulichen Phantasien gegenüber Schwarzschild in der Publikation über die Masse-Leuchtkraft-Beziehung auch kein Wort[174].

Im Gegenteil: Die Entdeckung erscheint in der Veröffentlichung fast versteckt. Das Hauptanliegen der „Bemerkungen zur Statistik von Sternparallaxen" ist vielmehr die Verbesserung der Genauigkeit von Parallaxenbestimmungen durch Aufdeckung systematischer Fehler. Unter anderem geht es Hertzsprung darum, in den von Kapteyn entwickelten Beziehungen über die Herleitung von statistischen Parallaxen aus Radialgeschwindigkeiten und Eigenbewegungen die Konstanten zu verbessern. Erst im letzten und kürzesten Teil der Abhandlung kommt er dann unter der Überschrift „Zusammenhang zwischen Parallaxe, Helligkeit und Bahnbewegung von Doppelsternen" ganz nebenbei auf den „bekannten Umstand" zu sprechen, „daß die Masse eines Sterns durchgängig mit abnehmender absoluter Helligkeit kleiner wird"[175]. Daß Hertzsprung hier von einem „bekannten Umstand" spricht, berücksichtigt offenbar in bemerkenswert bescheidener Zurückhaltung die Tatsache, daß die vorhandene Abhängigkeit schon jahrelang von verschiedenen Autoren ausgesprochen war, wenn auch nicht hinreichend sicher und nie als funktionaler Zusammenhang. Hertzsprung formuliert nun aufgrund sorgfältig ausgewählter Doppelsterne mit den besten bekannten Bahnbewegungen, Parallaxen und Massenverhältnissen die Beziehung

$$\log M = -0{,}06(m + 5\log p)\,,$$

worin M die Masse, m die scheinbare Helligkeit und p die Parallaxe als Ausdruck der Entfernung und somit in Verbindung mit m auch der absoluten Helligkeit bedeuten.

Während sich unter den beobachtenden Astronomen die Überzeugung vom Bestehen einer Masse-Leuchtkraft-Beziehung festigte, hatte A. S. Eddington damit begonnen, die Theorie des inneren

Aufbaus der Sterne zu entwickeln. In seiner ersten Veröffentlichung zu diesem Problemkreis forderte er für den gesamten Stern das Bestehen des Strahlungsgleichgewichts und führte erstmals den Strahlungsdruck zur Aufrechterhaltung des mechanischen Gleichgewichtes ein. Obschon Eddington zur Beschreibung des Sterns eine Reihe willkürlicher Voraussetzungen benutzen muß, findet er doch bereits eine Beziehung zwischen Masse und Leuchtkraft[176]. Zunächst beschränkten sich Eddingtons Aussagen auf die Riesensterne, doch schon ein Jahr später schließt er auch die Hauptreihensterne in seine Überlegungen mit ein. Danach sollen die effektiven Temperaturen der Hauptreihensterne sowohl von ihrer Dichte wie auch von ihrer Masse abhängen. Die Dichte nimmt nach Eddingtons Vorstellungen im Laufe des Sternenlebens ständig zu, während die Masse nahezu konstant bleibt. Auf der Hauptreihe muß demnach eine Mischung verschiedener Sternsorten vorhanden sein; soeben aus dem Riesenast auf die Hauptreihe gelangte Sterne geringen Alters sowie ältere Sterne, die inzwischen auf der Hauptreihe entlanggewandert sind und eine spektrale Entwicklung durchgemacht haben. Eine Möglichkeit zur Überprüfung seiner Ideen sieht Eddington in der Feststellung der Häufigkeit verschieden leuchtkräftiger Sterne für eine bestimmte Spektralklasse. Damit ist jene kleine Schar beobachtender Astronomen angesprochen, die sich damals mit solchen Fragen beschäftigte, darunter insbesondere auch Hertzsprung, dem Eddington unumwunden schrieb, daß er hoffe, seine Voraussage „to see verified some day"[177].

In der Tat beteiligte sich Hertzsprung intensiv an der Lösung des Problems, was letztlich dazu führte, daß Eddingtons Vorstellungen in mancherlei Hinsicht korrigiert werden mußten. Die entsprechenden Untersuchungen sowohl durch Eddington selbst, aber auch jene von Hertzsprung, Russell und anderen, zogen sich noch jahrelang hin, ehe wirklich gültige Ergebnisse vorlagen. Hertzsprung trug aufgrund seiner eigenen Erkenntnisse vor allem folgenden Einwand gegenüber Eddington vor: Wenn tatsächlich ein prinzipieller Unterschied zwischen den Riesensternen und den Hauptreihensternen existieren sollte, der bei der theoretischen Behandlung der Masse-Leuchtkraft-Beziehung berücksichtigt werden muß, dann sollten auch feststellbare Differenzen der aus beiden Sternsorten gebildeten empirischen Masse-Leuchtkraft-Beziehung auftreten. Da er dergleichen jedoch nicht fand, hielt er die theoretische Basis von Eddingtons Überlegungen für fragwürdig. Seine Bedenken machten jedoch damals auf Eddington wenig Eindruck[178].

Bei der theoretischen Beschreibung des Aufbaus der Sterne und somit auch des Zusammenhanges zwischen Masse und Leuchtkraft wurde Hertzsprungs Mitwirkung übrigens nochmals wesentlich, als es darum ging, die gefundene Beziehung an einem Stern mit gut bekannten Zustandgrößen zu eichen. Hierzu verwandte Eddington 1924 u. a. das sorgfältige Beobachtungsmaterial von Hertzsprung.

Als sich im Bereich hoher Leuchtkräfte immer noch Diskrepanzen zwischen Theorie und Beobachtung ergaben, wurde nochmals Hertzsprung zu Rate gezogen. Es ging um die Umrechnung von absoluten visuellen Helligkeiten auf bolometrische, wofür Hertzsprung 1906 eine Formel angegeben hatte. In der Tat waren die Schwierigkeiten bei sehr hohen Temperaturen für die praktische Astronomie weniger wichtig, weil der dadurch bedingte hohe UV-Anteil der atmosphärischen Absorption unterlag. Eddington konnte von Hertzsprung trotz dieser Unsicherheiten der Beobachtungsdaten davon überzeugt werden, daß der Fehler wohl eher in seiner Theorie stecken mußte[179]. In der Tat hatte er das mittlere Molekulargewicht in Unkenntnis der chemischen Zusammensetzung der Sterne mit 2,11 viel zu hoch angenommen.

Die theoretische Entdeckung der Masse-Leuchtkraft-Beziehung und die ständige Anpassung der Theorie an die Beobachtungsdaten als ein Grundprinzip der modernen astronomischen Forschung erscheint im Verhältnis von Eddington und Hertzsprung in geradezu klassischer Weise personifiziert.

Inzwischen war immer wieder von einer neuen Kopenhagener Sternwarte die Rede gewesen. Schon im August 1917 war Strömgren deswegen in die USA gereist[180]. Der dänische Professor Martin Knudsen berichtete, die Verwirklichung des Projektes werde immer wahrscheinlicher, und Hertzsprung sollte diese Möglichkeit nutzen, um nach Dänemark zurückzukehren.

Als die Hertzsprungs im April 1918 nach Groningen kommen, hat Schwiegervater Kapteyn ein anderes Angebot in Vorbereitung: In Leiden ist durch den Tod des Ernst Bakhuyzen die Stelle des Direktors vakant geworden und als Nachfolger Willem de Sitter vorgesehen. Schon 1897 hatte man versucht, Kapteyn als Direktor zu gewinnen, doch dieser hatte abgelehnt. Als „großer alter Mann der holländischen Astronomie" war es jedoch selbstverständlich, daß er von de Sitter als Berater herangezogen wurde, um die längst erforderliche, gründliche Neuorganisation der Arbeit in Leiden voranzutreiben. Kapteyn und de Sitter sahen eine ideale Möglichkeit, die Arbeit zu reorganisieren und zugleich das umfangreiche, liegengebliebene Material aufzuarbeiten, indem sie 3 Arbeitsbereiche vorsahen, von denen der Direktor den einen unmittelbar übernahm, während für die beiden anderen zwei Hilfsdirektoren eingestellt werden sollten. „Theoretische Astronomie" sollte das Arbeitsgebiet de Sitters sein, für die Abteilung „Ortsbestimmung" wollte man Antoine Pannekoek vorschlagen, während Hertzsprung das Oberhaupt einer neu zu gründenden „Astrophysikalischen Abteilung" werden sollte[181].

Kapteyn hält die Kombination von de Sitter, Pannekoek und Hertzsprung für vorzüglich. Und Hertzsprung erfährt von Ehrenfest, daß die allgemeinen Bedingungen an der naturwissenschaftlichen Fakultät der Leidener Universität ausgezeichnet seien[182].

Doch noch müssen mehrere bürokratische Hürden überwunden werden, die zwar Hertzsprungs Optimismus nicht dämpfen, jedoch viel Zeit in Anspruch nehmen: Ende Mai trifft die Versammlung der Universitätskuratoren ihre positive Entscheidung. Danach soll Hertzsprung Adjunktdirektor, außerordentlicher Professor und Mitglied der Fakultät werden. Doch es fehlt noch die Entscheidung des Ministeriums – Monate gehen ins Land.

Hertzsprung und seine Frau leben wieder in Potsdam – die kriegsbedingte Not steigt. Schon zu Beginn des Krieges hatten sie alles Küchengeschirr aus „kriegswichtigem Metall" abliefern müssen[183], jetzt war die Ernährung wesentlich auf die Erträge eines kleinen Gemüsegärtchens angewiesen, und ein wichtiger Teil des täglichen Menüs bestand aus Pilzen, die Hetty und Ejnar im Wald sammelten.

Hertzsprung schmiedet unterdessen bereits Pläne und entwickelt das Projekt einer Südsternwarte, eventuell in Java[184].

Im August endlich erfährt er, daß seine Anstellung gesichert ist. Eine persönliche Mitteilung an ihn liegt zwar nicht vor, aber in einer gedruckten holländischen Veröffentlichung steht es bereits geschrieben[185]. Pannekoek jedoch ist abgelehnt – aus politischen Gründen, wie es heißt. Die Stelle blieb unbesetzt, da sich kein geeigneter anderer Anwärter finden ließ. Hetty schlug daraufhin ihrem Vater vor, daß er wenigstens zeitweilig die Stelle übernehmen solle. Kapteyn, der zunächst über diesen eigenartigen Vorschlag lachte, sagte schließlich: „Das ist wirklich gar nicht so verrückt", weil er es für dringend notwendig hielt, Ordnung in das Chaos des Leidener Beobachtungsmaterials zu bringen. Da er mit der Leidener Sternwarte gut vertraut war und sich allgemeiner Hochachtung erfreute, schrieb er schließlich an Hertzsprung: „Ich will eine Stelle als ‚Berater' annehmen, um dort einen Tag in der Woche zu arbeiten ..."[186]. Auch der designierte Direktor de Sitter war von dem Vorschlag sehr eingenommen, und man einigte sich schließlich, daß Kapteyn jeweils alle 2 Monate für eine Woche nach Leiden kam. Hertzsprung und Hetty witzelten: „Jetzt wirst Du Assistent bei deinem früheren Assistenten". Zugleich waren sie stolz auf seine geistige Größe, die ihn nicht daran hinderte, im Interesse der Wissenschaft eine seiner Bedeutung äußerlich so wenig angemessene Position anzunehmen. So kehrte Kapteyn an die Stätte seines frühen Wirkens zurück, wo nun auch sein Schwiegersohn eine langdauernde Epoche fruchtbaren wissenschaftlichen Forschens begann.

Noch einmal sprach Strömgren bei Hertzsprung vor, um ihn für das neue Observatorium in Kopenhagen zu gewinnen. Doch Hertzsprung stellte jetzt angesichts der Leidener Position Bedingungen, die Strömgren kurzfristig nicht erfüllen konnte: Er forderte ein astrophysikalisches Institut in Kopenhagen und ein Observatorium auf der Südhalbkugel![187]

Im September 1919 hatten die Hertzsprungs Deutschland bereits verlassen und in einem kleinen Haus am Rande von Leiden ihr neues Domizil aufgeschlagen. Die Potsdamer Jahre Ejnar Hertzsprungs waren zu Ende.

Teil IV

Als Forscher in Holland (1919 – 1944)

Zu den wichtigsten Potsdamer „Erbstücken" zählte das Mikrofotometer von Töpfer: Da Hertzsprung ohne dieses Hilfsmittel seine Messungen nicht hätte fortführen können und mit Rücksicht darauf, „daß die Beschaffung eines neuen Apparates unter den jetzigen Verhältnissen sehr schwierig würde", hatte Müller sich damit einverstanden erklärt, das Instrument leihweise „bis auf Abruf" an Hertzsprung zu übergeben[1]. Zwar fuhr de Sitter gleich Anfang Oktober 1919 zu einem fünfmonatigen Kuraufenthalt in die Schweiz, so daß Hertzsprung die Leitungsgeschäfte übernehmen mußte. Dennoch sagten ihm die äußeren Umstände in Leiden außerordentlich zu[2], und er empfand das Leben in der niederländischen Kleinstadt gegenüber Potsdam ganz andersartig positiv[3].

Leiden ist eine kleine Stadt mit unverwechselbarem Flair, das wesentlich dem traditionsreichen geistigen Leben zuzuschreiben ist. Die Universität war bereits 1575 gegründet worden und stellt damit die älteste Hochschule der Niederlande dar. In den Mauern der Alma mater, die von Anbeginn auch Astronomie zu ihrem Lehrprogramm zählte, hatten zahlreiche berühmte Forscher gewirkt, besonders auf naturwissenschaftlichem Gebiet. Zu Beginn des 20. Jahrhunderts waren binnen weniger Jahre 3 Nobelpreise an Leidener Naturwissenschaftler gegangen. Eines der Geheimnisse der Forschungserfolge in Leiden war wohl das freie geistige Klima von Stadt und Universität. Einstein, der von 1920 an im Auftrag einer Stiftung als Hochschullehrer in Leiden wirkte, faßte seine Eindrücke in der knappe Formel zusammen: „Hier ist ein beneidenswertes Leben. Wissenschaft, Gemütlichkeit und Herzlichkeit"[4].

Einstein und Hertzsprung treffen sich anläßlich eines Kolloquiums bereits am 22. Oktober 1919 in Leiden wieder. Hier betätigt sich Hertzsprung als „Götterbote": Im Juli war Eddington von seiner Sonnenfinsternisexpedition nach Principe in Portugiesisch-Afrika zurückgekehrt. Das Ziel dieser von der „Royal Society of London" ausgesendeten Expedition – eine zweite führte nach Sobral in Brasilien – bestand in der Überprüfung einer bedeutsamen

Konsequenz aus Einsteins Allgemeiner Relativitätstheorie: Entsprechend der durch die Massen im Weltall bestimmten Geometrie des Raumes sollte sich ein Lichtstrahl, der die Nähe des Sonnenrandes passiert, krummlinig bewegen. Eine Möglichkeit zur Feststellung der Richtigkeit dieser Prognose ergab sich bei totalen Sonnenfinsternissen, da die Sterne dann am Taghimmel sichtbar werden. Gegenüber der Position dieser Sterne 6 Monate früher oder später (ohne Sonne am Nachthimmel) sollte sich demnach ein Positionsunterschied bemerkbar machen. Die totale Finsternis vom 29. März 1919 wurde daher mit einiger Spannung erwartet. Eddington wollte gern persönlich zu dem Leidener Kolloquium kommen und das Ergebnis einer sehr guten Übereinstimmung zwischen den Beobachtungen und Einsteins Theorie mitteilen. Doch er war verhindert und auch nicht sicher, ob er Einstein brieflich noch erreichen würde. So schrieb er direkt nach Leiden an Hertzsprung, er möge als Bote gegenüber Einstein in Aktion treten: „Bitte teilen Sie ihm mit, daß die beobachtete Abweichung bei der Finsternis mit seiner Vorhersage übereinstimmt ... Beide Expeditionen erhielten die gleichen Resultate"[5].

Einstein war beglückt. Noch am selben Abend bemerkte er gegenüber Planck auf einer Postkarte, daß Hertzsprung ihm Eddingtons Brief gezeigt habe, und fügte hinzu: „Es ist doch eine Gnade des Schicksals, daß ich dies habe erleben dürfen"[6]. Man kann sich die gelöste und freudige Stimmung unschwer ausmalen, mit der Einstein am Abend die Geige in die Hand nahm und bei Professor Julius in Utrecht musizierte. Hertzsprung fühlte sich an die Hausmusiken erinnert, die einst sein Vater in Kopenhagen veranstaltet hatte. Ehrenfest begleitete Einstein, und die Töchter von Professor Julius sangen und spielten Klaviermusik von Johann Sebastian Bach.[7]

Der erfolgreiche Ausgang der Sonnenfinsternisexpedition im Sinne der Relativitätstheorie führte zu dem Vorschlag, Einstein mit der Goldmedaille der „Royal Astronomical Society" auszuzeichnen. Eddington war dem Präsidenten bei der Vorbereitung der Laudatio behilflich und bat nun seinerseits Hertzsprung – unter dem Sigel der Verschwiegenheit –, einige biographische Fakten und andere

Informationen beizusteuern.[8] „Doch das Unerwartete geschah im Januar: Die Versammlung lehnte Einstein ab, nachdem sie ihn bereits im Dezember mit großer Mehrheit vorgeschlagen hatte. Die unversöhnlichen Mitglieder haben scheinbar Alarm geschlagen"[9]. Die Goldmedaille wurde damit zum ersten Mal seit 30 Jahren nicht vergeben. Die Haltung der Briten ist umso bezeichnender für die Stimmung nach dem Ende des Krieges, als Einstein zu den wenigen deutschen Wissenschaftlern von Rang gehörte, die sich öffentlich gegen den Weltkrieg ausgesprochen hatten. Doch sein weltanschaulich fundierter Pazifismus führte keineswegs zu einer Verschonung vor den Anwürfen der Ausländer – nicht nur in diesem einen Fall[10]. Einstein wurde schließlich doch mit der Medaille ausgezeichnet, allerdings erst im Jahre 1926, als sich die internationale Situation nach dem Weltkrieg wieder beruhigt hatte und Deutschland allmählich wieder in die Weltgemeinschaft der Forschung zurückkehrte.

Erste Arbeiten

Mit der Übernahme des Direktorates der Leidener Sternwarte durch de Sitter begann zugleich eine Neuorganisation der Arbeit, die sich keineswegs auf die Einrichtung der 3 Abteilungen beschränkte, sondern auch hinsichtlich der Gebäude und Instrumente manche Veränderung vorsah, wenn auch nur Schritt für Schritt. Im Hauptgebäude sollte durch entsprechende Umbauten mehr Platz für die Bibliothek geschaffen werden, aber auch eine neue Werkstatt und ein Archiv für alte Aufnahmen. Speziell für die astrophysikalische Abteilung war eine neue, kleine Kuppel vorgesehen, die einen 1896 erbauten fotografischen Refraktor (330/5160) aufnehmen sollte, der ursprünglich für die Bestimmung von Sternparallaxen gedacht war. Nun wurde er für die fotografische Fotometrie genutzt. Unmittelbar mit der Kuppel beabsichtigte man auch den Bau von Räumlichkeiten zur Entwicklung und Ausmessung der Platten.

121

Da diese neuen Gebäude noch nicht vorhanden waren und sich das Hauptgebäude teilweise in Rekonstruktion befand, wurden die Arbeiten unter erschwerten Bedingungen begonnen.[11]

Dennoch konnten bald die ersten Resultate vorgelegt werden. Als Beobachter fungierten neben Hertzsprung W. H. van den Bos und Dr. W. J. Luyten. Die Messungen der Platten – sowohl zur Bestimmung fotografischer Helligkeiten als auch die von mehr als 2000 vorhandenen Aufnahmen von etwa 100 verschiedenen Doppelsternen – behielt sich Hertzsprung selbst vor. Auch die Bestimmung der Farbenäquivalente heller Sterne wollte er nicht seinen Mitarbeitern überlassen. Die anfänglichen Behinderungen in Leiden wirkten sich auf Hertzsprungs Tätigkeit schon deshalb kaum aus, weil noch genügend unverarbeitetes Material aus Potsdam vorlag, das zu Publikationen verdichtet werden mußte. Hier ist vor allem die in der Nr. 75 der Potsdamer Publikationen erschienene Abhandlung „Photographische Messungen von Doppelsternen von 1914.0 bis 1919.4" zu erwähnen[12]. In der Einleitung wird ausdrücklich betont, daß es die Absicht der Arbeit sei, „die photographische Methode zur Bestimmung von Doppelsternpositionen so zu gestalten, daß sie in ... für die Verwendung der Photographie günstigen Spezialfällen den visuellen Messungen wesentlich überlegen wird."[13] Daß dies für die Trennung enger Doppelsterne nicht zutrifft, ist Hertzsprung klar. Bei größeren Distanzen jedoch biete die Methode so viele Vorteile, „daß sie berufen scheint, in diesem Bereich die Führung zu übernehmen". Um dieses Ziel zu erreichen, versucht Hertzsprung, die systematischen Fehler zu minimieren. Dazu benutzt er wieder seine bereits für die Bestimmung von Farbenäquivalenten bewährten Gitter. Diesmal werden die beidseitig des Sternbildes entstehenden Spektren durch entsprechende Wahl des Gitters sternartig und der geometrische Mittelpunkt ihrer Positionen als Ort des Zentralbildes genommen. Dadurch bietet sich die Möglichkeit, die durch die Helligkeitsunterschiede der Komponenten bedingten Fehler der relativen Positionen der Komponenten weitgehend einzuschränken. Welche Einflüsse zu den Fehlern führen, wird von Hertzsprung in mustergültiger Weise diskutiert. Aber auch andere systematische Fehler, wie Änderung der Refraktion mit der Sternfarbe und die rein fotografischen Bildfehler, werden einer scharfen Analyse unterzogen. Als normalen mittleren Fehler für jede Koordinate des Einzelbildes gibt Hertzsprung $0{,}''082$ an. Insgesamt enthält die Arbeit Angaben über 126 Doppelsterne auf 408 Platten mit 16 680 Bildern. Den „nächstliegenden Zweck" der Messungen sah Hertzsprung in der Auffindung von Doppelsternen, „die Abweichungen von der einfachen Keplerschen Bewegung zeigen", ein Ziel, das er jedoch nicht erreichte. „Daß ich neue Paare solcher Art bisher nicht mit Sicherheit gefunden habe, ist bei der Kürze der Zeit, welche die Beobachtungen umfassen, nicht entmutigend ... Erst wenn die Beobachtungen durch Dezemien fortgesetzt sind, wird man Aussicht haben, bisher unbekannte sekundäre Störungen nachweisen zu können"[14]. Hier klingt wieder deutlich die lebenslang fortwirkende Motivation an, die Hertzsprung bei seinen mit unglaublicher Beharrlichkeit durchgeführten Routinearbeiten leitete.

Das Jütlandproblem

Zu den wenigen Fragen jenseits der Astronomie, die Hertzsprungs leidenschaftliches Interesse immer wieder zu fesseln vermochten, zählten alle Probleme im Zusammenhang mit dem Schicksal Dänemark. Das starke Nationalgefühl der Dänen, das auch Hertzsprung auszeichnete, ist eine unmittelbare Folge der Geschichte des Landes während der letzten Jahrhunderte, in denen Dänemark immer wieder zwischen die Mühlsteine der Interessen europäischer Großmächte geriet. Seit dem 30jährigen Krieg hatte Dänemark zunehmend an Territorium verloren. Vor allem die Südgrenze Jütlands stellte seit längerem ein gefährliches Pulverfaß dar.

Auch nach dem Ende des Ersten Weltkrieges flammte das Südjütlandproblem erneut auf. Die gewaltsame Aneignung von Schleswig im Jahre 1864 wurde von vielen auch nach über 50 Jahren noch als eine Demütigung empfunden. Hertzsprung stand in diesem Konflikt auf seiten der dänisch Gesinnten. Diese drängten auf die Einhaltung einer Zusage der Preußen aus dem Jahre 1864, die Entscheidung des Problems einer Volksabstimmung in Schleswig zu überlassen. Endlich im Jahre 1920 kam sie zustande. Das Ergebnis war eindeutig: In den nördlichen Gebieten Schleswigs bis zur heutigen Südgrenze Dänemarks sprachen sich 75 % der Bevölkerung für ihre Zugehörigkeit zu Dänemark aus [15].

Hertzsprung hätte zweifellos zu jener Mehrheit gehört, wenn man ihn gefragt hätte, obwohl er nie in Schleswig gelebt hat. Schon im November 1918, nach intensiven Gesprächen mit 3 Politikern aus Nordschleswig in Berlin, hatte er erklärt, er hoffe, in Dänemark zu sein, wenn der Tag der Wiedervereinigung mit Schleswig komme. Wie stark ihn das Problem gefühlsmäßig anrührte, zeigt auch ein Brief, den er im März 1919 an die *Deutsche Allgemeine Zeitung* schrieb und in dem er sich auf eine Meldung über die bevorstehende Volksabstimmung bezog: „Es wird als ‚selbstverständlich‘ hingestellt, daß alle Schleswiger das gleiche Wahlrecht haben müssen. Einige Zeilen früher wird aber im Gegensatz hierzu für die eine Partei eine Vorzugsstellung beansprucht, indem erst eine 2/3 Mehrheit der Dänen entscheiden soll, m.a.W. daß eine deutsche Stimme doppeltes Gewicht vor einer dänischen haben soll ... Die erwünschte Völkerversöhnung muß aber auf Gleichberechtigung der Nationen beruhen" [16].

Doch einstweilen war Hertzsprung im juristischen Sinne selbst kein Däne. Obwohl aus dem preußischen Staatsdienst ausgeschieden, hatte er die dänische Staatsbürgerschaft damit noch keineswegs wiedererlangt. Dieser sehnliche Wunsch Hertzsprungs ging erst im Jahre 1928 (!) in Erfüllung.

Hingegen machte die äußere Karriere in Leiden rasche Fortschritte: Im Juni 1920 wurde Hertzsprung zum außerordentlichen Professor an der Universität Leiden ernannt, und im Mai des kommenden Jahres stellte er sich der akademischen Öffentlichkeit mit seiner Antrittsvorlesung „Over de Kleur der Sterren" (Über die Farben der Sterne) vor [17]. Mit diesem Vortrag über den Kreis wissenschaftlicher Fragen, der Hertzsprungs Ruhm in der Welt der Forschung begründet hatte, wurden die Hertzsprungs in den Kreis der Fakultätsmitglieder und ihrer Familien aufgenommen. Hertzsprung

trug ein zweites Mal zum festlichen Anlaß die Professorentoga aus
Göttingen. Nach der offiziellen Zeremonie wurde abends im Familienkreis gefeiert[18].

Im selben Jahr 1921 wurde Hertzsprung auch zum Mitglied der
„Royal Astronomical Society" zu London und zum Mitglied der
Holländischen Akademie der Wissenschaften gewählt.

Tagung der Astronomischen Gesellschaft in Potsdam

Das Jahr 1921 führte Hertzsprung für einige Tage an die Stätte
seines langjährigen erfolgreichen Wirkens zurück: Vom 24.–
27. August tagte dort die „Astronomische Gesellschaft". Zum ersten Mal nach dem Weltkrieg kamen die Astronomen im Rahmen
ihrer 1863 in Heidelberg gegründeten Vereinigung wieder zusammen. Der gewöhnliche Turnus von 2 Jahren war durch den Weltkrieg unterbrochen worden und inzwischen auf 8 Jahre angewachsen. Die in Hamburg 1913 beschlossene 25. Versammlung sollte eigentlich im August 1914 in St. Petersburg stattfinden[19]. Angesichts
der Kriegswirren mußte dieses wie auch andere Treffen jedoch unterbleiben. So wurde die Potsdamer Tagung zu einem ersten Versuch, die geistigen Schäden, die der Krieg für die internationale
Zusammenarbeit der Astronomen zwangsläufig mit sich gebracht
hatte, weitgehend auszuräumen. Der vom Preußischen Ministerium
für Wissenschaft, Kunst und Volksbildung gesandte Vertreter betonte denn auch in seiner blumig-pathetischen Begrüßungsansprache: „Die Welt gleicht auf weite Strecken noch einer vormals blühenden Landschaft, über die Gewitter und Hagelsturm vernichtend
einhergebraust sind und vieles zerschlagen und zerbrochen haben,
was früher Stolz und Hoffnung der Menschheit war ... Erlauben Sie mir, Ihre Tagung einem der ersten wieder knospenden
Zweige an dem alle Grenzen und Völker überschattenden Baum
der Wissenschaft zu vergleichen"[20]. Es käme jetzt darauf an, heißt
es in der Rede weiter, „die Wissenschaft über alle Klüfte und

Risse hinweg zu einer Gemeinschaft aller Gleichstrebenden zurück-
zuführen"[21].

Anschließend sprach der schwedische Vorsitzende der Gesellschaft, der Direktor der Kopenhagener Sternwarte, Professor
Strömgren. Auch er rückte die Jahre des Weltkrieges und der dadurch ausgelösten Einbrüche des Informationsaustausches der internationalen Astronomie in den Mittelpunkt seiner Rede – mit gutem Recht. Hatte doch Strömgren im Verein mit einigen führenden
deutschen Astronomen das meiste getan, um die schädlichen Folgen des Krieges für die wissenschaftliche Kommunikation so gering
wie möglich zu halten[22]. Jetzt ging es ihm darum, die noch schwe-
lenden Feindseligkeiten nicht auf die Wissenschaft durchschlagen
zu lassen. Strömgren zitierte E. C. Pickering, der ihm noch kurz
vor seinem Tode geschrieben hatte: „Ich billige nicht die Pläne auf
Gründung internationaler Gesellschaften, an denen Gelehrte der
Zentralmächte und der neutralen Länder nicht beteiligt sind, wenigstens in solchen Fällen, die zu dem Kriege in keiner Beziehung
stehen." Und Strömgren fügte hinzu: „Wer während dieser schweren Jahre nach beiden Richtungen Ausschau hat halten können, der
zweifelt nicht daran, daß dies der Weg sein wird, den die Entwicklung in der nächsten Zukunft nehmen wird"[23]. Daß viele Forscher
ähnlich gedacht haben, ersieht man schon an der überaus starken
Teilnehmerzahl der AG-Tagung: 140 Mitglieder, darunter immerhin
10 % Ausländer.

Von den wissenschaftlichen Vorträgen dürfte sich Hertzsprung
besonders für die Ausführungen von F. Bottlinger über „Farben-
indexbestimmungen mit der lichtelektrischen Zelle" interessiert haben, wie auch die Bemerkung über eine längere Diskussion erkennen läßt, an der sich Hertzsprung beteiligte[24]. Bottlinger zählte
schon seit längerem zu Hertzsprungs Briefpartnern[25].

Zwischen Hertzsprung und seinen Potsdamer Kollegen scheint
übrigens kein Groll zurückgeblieben zu sein, der die fachliche Arbeit hätte trüben können. Bereits im Dezember schickte er seinen
Assistenten van den Bos zu einem Gastaufenthalt nach Potsdam.

Zu den wichtigsten Publikationen, die in dieser Zeit entstanden,
zählt die nur 101 Druckzeilen lange Veröffentlichung „Remarks on

the relation between colour, proper motion and apparent magnitudes of the stars"[26]. Es handelt sich, wie Hertzsprungs Terminologie ohne weiteres erkennen läßt, um eine neuerliche Untersuchung des Zusammenhanges zwischen den Farben und absoluten Helligkeiten der Sterne. Diese Arbeit macht deutlich, daß Hertzsprung immer wieder an seine Jugendarbeiten von 1905/1907 anknüpft und das Problem auch als Beobachtungsaufgabe keineswegs für erledigt ansieht. Diese Beharrlichkeit zahlt sich aus: Anstelle der absoluten Helligkeiten benutzt Hertzsprung für 994 Sterne mit bekanntem Farbenindex eine Beziehung zwischen den scheinbaren Helligkeiten und den Eigenbewegungen und findet, daß bei einer absoluten Helligkeit von etwa −5 die Riesensterne der Spektraltypen F und G fehlen. Er hat damit die heute sogenannte Hertzsprung-Lücke im Hertzsprung-Russell-Diagramm entdeckt! Die inzwischen vorhandenen, umfangreicheren Beobachtungsdaten lehren uns, daß sich zwischen dem Riesenast und der Hauptreihe des Diagramms zwar keine wirkliche Lücke befindet, in der keinerlei Objekte vorkommen; deutlich ist allerdings die sehr geringe Besetzungsdichte in diesem Gebiet des Diagramms. Hertzsprung interpretierte diesen Befund bereits richtig als eine Folge der Tatsache, daß die verschiedenen Stadien der Sternentwicklung unterschiedlich rasch durchlaufen werden und die Zeitskala der Evolution beim Übergang der Objekte zwischen Riesenast und Hauptreihe offensichtlich sehr zusammengedrängt ist.

Forschungen unter südlichem Himmel

Die großen Kulturstaaten der Neuzeit, in denen sich die wissenschaftliche Forschung zu hoher Blüte entwickelte, befinden sich überwiegend auf der Nordhalbkugel der Erde. Daraus ergibt sich naturgemäß die Einschränkung, daß nur Teile des südlichen Sternhimmels beobachtet werden können. Schon E. Halley und Lacaille unternahmen deshalb weite Reisen in südliche Länder, um auch die Objekte des Südhimmels zu studieren. Als Außenstation der Sternwarte Greenwich gründeten die Engländer bereits 1820 das Royal Observatory at the Cape, wo u. a. John Herschel gearbeitet und T. Henderson die Parallaxe von α Centauri bestimmt hatte.

Die Geschichte der Astronomie auf der Südhalbkugel der Erde ist allerdings stark durch politische Faktoren geprägt worden. Die für astronomische Beobachtungen interessanten Gebiete im Süden waren nämlich häufig ausnahmslos koloniale Territorien entwickelter Staaten des Nordens. Zu einer eigenen Entwicklung von Wissenschaft und Kultur führte dies nicht – im Gegenteil: Die „Mutterländer" errichteten die Institute, und die einheimischen Mitarbeiter hatten meist nur untergeordnete Arbeiten auszuführen, während die hochqualifizierten Forscher aus dem Norden kamen, die Programme vorgaben und auswerteten[27]. Dies traf auch auf das Kapland im Süden Afrikas zu. Es war 1806 durch die Engländer besetzt worden. Die 1856 gegründete Südafrikanische Republik (Transvaal) wurde nach dem Burenkrieg 1899/1902 britische Kolonie. Die weitgehende Interessengleichheit von Briten und Buren führte 1910 zur Gründung der Union von Südafrika.

In der Nähe von Johannesburg bestand bereits seit 1903 ein meteorologisches Observatorium, das der Brite R. T. A. Innes leitete. Gill, Kapteyn und Backlund konnten jedoch die staatlichen Stellen von Transvaal dazu bewegen, dieses Institut in eine Sternwarte umzuwandeln, die als „Union Observatory" in die Geschichte einging. Da Innes sich als Doppelsternforscher bald einen Namen machte, bot sich hier eine engere Zusammenarbeit mit dem Observatorium in Leiden an, zumal W. de Sitter bei seinem Aufenthalt am Kap die Voraussetzungen für eine Kooperation zwischen beiden Observatorien bereits geschaffen hatte, da ihn mit Innes eine alte Freundschaft verband[28]. Für die Doppelsternmessungen war bei Grubb in England ein Refraktor von 660 mm Öffnung bestellt worden. Da auch Hertzsprung im Rahmen der Zusammenarbeit zwischen Leiden und Johannesburg einen längeren Beobachtungsaufenthalt am Kap plante, traf er sich im Februar 1923 mit Innes in England, um das neue Teleskop für Johannesburg bei Grubb in Augenschein zu nehmen.

Begeistert schmiedete er anschließend gemeinsam mit de Sitter Pläne für Forschungen unter dem südlichen Sternhimmel. Besonders lagen ihm dabei die Veränderlichen am Herzen. Beinahe, als störe ihn bei all diesen Projekten das familiäre Umfeld, empfindet man die überraschende Mitteilung in einem Brief an seine Schwester vom 23. Mai 1923, wenige Monate vor seinem 50. Geburtstag, er und Hetty seien übereingekommen, sich zu trennen und die seit 10 Jahren bestehende Ehe aufzulösen[29]. Tochter Rigel war damals 7 Jahre alt. Daß diese Ehe keinen Bestand hatte, hängt sicher nicht zuletzt mit jener unbedingten Absolutheit zusammen, die Hertzsprung seiner wissenschaftlichen Arbeit entgegenbrachte. A. Blaauw, einer von Hertzsprungs Studenten und späteren Mitarbeitern, der sowohl de Sitter, als auch Oort, Otto Struve und van Rhijn gut kannte – durchweg überaus erfolgreiche Forscher –, bezeichnete Hertzsprung als den mit Abstand „absolutesten" Wissenschaftler, dessen Leben ausschließlich von der Forschung diktiert wurde. Familiäre Probleme waren für ihn drittrangig. Mitglieder der Familie Kapteyn sollen ihn wegen seiner mangelnden sozialen Kontakte als das „Schwarze Schaf" der Familie bezeichnet haben[30]. Bei den Scheidungsformalitäten ließ Hertzsprung sich von seinem dänischen Freund S. Th. Holst-Weber helfen, der ebenfalls in Leiden lebte und mit dem Hertzsprung seit 1918 befreundet war. Ursprünglich Physiker und Assistent von Prof. Martin Knudsen an der Polyteknisk Laereanstalt in Kopenhagen, hatte Holst-Weber später in Leiden eine Teppichfabrik eröffnet. Seit Hertzsprung Holst-Weber, dessen indonesische Frau und deren zwei Töchter zufällig kennengelernt hatte, blieben sie in lebenslanger Freundschaft miteinander verbunden. Als später auch die Ehe von Holst-Weber scheiterte, zog der um 13 Jahre jüngere Freund für 11 Jahre (!) zu Hertzsprung in die Sternwarte. Erst als er 1938 wieder heiratete, bezog er mit seiner dänischen Frau ein eigenes Domizil; doch die Freundschaft blieb erhalten und wurde durch viele gegenseitige Besuche bekräftigt[31]. Holst-Weber war einer der wenigen engen Freunde Hertzsprungs, die selbst völlig außerhalb der Astronomie standen, so daß einzig die menschliche Sympathie die Beziehung bestimmte. Für Hertzsprung war allerdings der Umstand nicht ohne Vorteil, daß Holst-Weber seit 1933 dänischer Konsul in Leiden war und auch später als Diplomat verschiedene Ränge bekleidete, u. a. den des Generalkonsuls von Dänemark in den Niederlanden. So konnte ihm Holst-Weber vielfach behilflich sein, besonders bei der ersehnten Wiedererlangung der dänischen Staatsbürgerschaft.

Am 8. Oktober beging Hertzsprung seinen 50. Geburtstag. Hetty weilte mit Tochter Rigel bereits in Hilversum bei ihrer Familie. Der Tag verlief sehr ruhig. Den Abend verbrachte Hertzsprung gemeinsam mit Rosseland bei den Holst-Webers.

Doch er hat an diesem Tag auch Rückschau gehalten und einige seiner Gedanken in einem Brief an seine Schwester niedergelegt. Daraus erfahren wir von der großen Genugtuung, die er darüber empfindet, daß namhafte Kollegen jetzt frühere Ideen und Anregungen aufgreifen, die er ihnen einst gegeben hatte. Ein Glückwunsch vom Mt. Wilson mit Grüßen von neun Astronomen enthält die Ankündigung, daß man dort mit dem 60-inch-Spiegel ein Beobachtungsprogramm beginnen will, das Hertzsprung einst vorgeschlagen hatte: „Es ist eine große Freude für mich, Ideen auszustreuen, die dann von anderen verwirklicht werden", bekennt er der Schwester. Nicht ohne Stolz zitiert er aus einem Brief des Harvard-Astronomen S. J. Baily, in dem dieser schreibt, er bezweifle, ob es irgendeine wichtige Forschungsarbeit zur Sternphysik in der astronomischen Welt gäbe, die nicht auf originalen Hinweisen Hertzsprungs fuße.[32]

Doch Hertzsprungs Gedanken schlagen auch die Brücke von seinen früheren Reisen nach St. Petersburg und in die USA zu der großen bevorstehenden Tour nach Südafrika, deren Vorbereitung ihn jetzt ganz ausfüllt. Aus dem halben Jahr, das er in Südafrika verbringen wollte, wurden 19 Monate!

Anfang November trat er die Schiffsreise von London aus an, unangenehm überrascht von einem „Hexenschuß", den er jedoch an Bord auskurieren konnte. Nach einigen Tagen Aufenthalt in Kapstadt ging es nach Johannesburg, und bald begann eine intensive Beobachtungstätigkeit[33].

Bereits im Januar erbittet Hertzsprung von de Sitter eine Verlängerung des Aufenthaltes, und als die Routine vollends eingezogen ist, entwickelt er ein umfangreicheres Beobachtungsprogramm, das freilich eine wesentlich längere Abwesenheit von Leiden bedingt. De Sitter, der die Kooperation im Interesse besserer Beobachtungsdaten über die Objekte des Südhimmels selbst angeregt hatte, sieht keinen Grund, Hertzsprungs Begeisterung zu dämpfen, und stimmt dem Vorhaben zu. Offensichtlich gibt es auch keine Einwände von Seiten der Universität, so daß dem erweiterten Forschungsprogramm nichts im Wege steht. Hertzsprung versenkt sich ganz in seine Forschungen und findet außerdem genügend Muße, angefangene Arbeiten zu beenden und als publikationsreife Manuskripte in die Heimat zu senden. Darunter befinden sich bald auch die ersten Untersuchungen über Objekte des Südhimmels, wie z. B. die Magellanschen Wolken. Er beginnt jedoch auch mit der Auswertung bereits vorliegender Beobachtungen veränderlicher Sterne von Innes. Unter den Platten, die Hertzsprung zur Entdeckung neuer veränderlicher Sterne heranzog, befand sich eine umfangreiche Serie von Aufnahmen der Gegend um Eta Carinae. Gleich zweimal bewahrheitete sich bei seiner fleißigen Sucharbeit wiederum sein Lebensmotto, daß man manchmal „etwas Gutes" finde, wenn man unermüdlich arbeite: In der Nacht des 19. Januar 1924 belichtete er hintereinander 5 Platten mit 30 Minuten Expositionsdauer und anschließend noch 4 Platten von je 9,5 Minuten. Auf der dritten Platte fand er einen der abgebildeten Sterne um 1,8 Größenklassen heller, während er auf der vierten nur noch 1,1 Größenklassen heller war als auf den beiden ersten. Alsbald war die ursprüngliche „normale" Helligkeit wieder erreicht, die auch auf allen anderen von diesem Stern überhaupt zugänglichen Platten zu beobachten war (37 Platten aus 19 verschiedenen Nächten). Hertzsprung kommentierte diesen Befund mit den Worten: „Die Annahme, daß es sich hier um einen ungewöhnlichen Ausbruch kurzer Dauer handelte, scheint mir die plausibelste Erklärung. In diesem Fall ist das Objekt von außerordentlichem Interesse"[34]. Es handelte sich um die erstmalige, sichere Beobachtung eines Flare-Sterns, dessen plötzlicher Ausbruch mit hoher zeitlicher Genauigkeit festgelegt werden konnte.

Eine andere Entdeckung verlief noch ungewöhnlicher: Hertzsprung belichtete 2 Platten der Carina-Gegend während der kurzen Dunkelheit einer partiellen Mondfinsternis – ein Zeichen, daß er wirklich *keine* Gelegenheit ausließ, um seine Forschungen zu verfolgen. Dort fand er einen Stern, der deutlich schwächer war als auf 531 (!) anderen Platten aus 146 verschiedenen Nächten. Ein ungewöhnlicher Zufall und die Besessenheit Hertzsprungs hatten hier glücklich zusammengewirkt. Die Analyse ergab nämlich, daß es sich bei diesem Objekt – FP Carinae – um einen Bedeckungsveränderlichen mit der 6fachen Periode des synodischen Monats handelte. Das Minimum trat also nur bei Vollmond ein und wäre ohne die Finsternis nicht zu entdecken gewesen[35].

Wie stets, so läßt Hertzsprung auch in Afrika keine Gelegenheit aus, auch Phänomene zu beobachten, die ihn im Rahmen seiner Vorhaben nur am Rande interessieren. Davon zeugt die Beobachtung des Merkurdurchgangs vom 8. Mai 1924 ebenso wie die Notiz „Note on a meteor both seen and photographed"[36].

Die Hauptarbeit erstreckt sich jedoch auf die veränderlichen Sterne. Dabei interessieren ihn sowohl die „echten" Pulsationsveränderlichen als auch die Bedeckungsveränderlichen vom Algoltyp. Damals kannte man etwa zweihundert Vertreter dieser Objektklasse, und Hertzsprung vermeldet nicht ohne Stolz bereits im Mai 1924, daß er 40 neue Variable dieses Typs entdeckt habe[35].

Doch neben der Wissenschaft ziehen auch Land und Leute Hertzsprungs Interesse auf sich. Seine alte Leidenschaft für Länder und Landschaften, die schon in Rußland, Finnland und bei seinen Streifzügen durch Deutschland Anlaß für viele gelungene Stereofotos gewesen war, mußte natürlich in einem Land wie Afrika wieder erwachen. Keinesfalls wollte Hertzsprung nach Holland zurück, ohne etwas vom afrikanischen Kontinent – wenigstens in der näheren Umgebung seines Aufenthaltsortes – gesehen zu haben.

So trat er am 11. April 1924 eine 9tägige Touristenreise in das östliche Transvaal an, gemeinsam mit 120 Passagieren eines speziellen Reisezuges mit Schlafwagen. Ziel war die Besichtigung von Sehenswürdigkeiten und natürlich möglichst vielen Vertretern der afrikanischen Tierwelt – eine Art Safari, lange vor der Zeit des modernen Massentourismus. Die Reise hat ihm offensichtlich so außerordentlich gefallen, daß er bereits Mitte September erneut aufbricht, diesmal für 2 Wochen nach Sambesi zur Besichtigung der Victoria-Wasserfälle, einem der eindrucksvollsten Naturschauspiele des Kontinents. Bei den Eingeborenen heißen die Fälle „Mosi-a-tunja" teilt Hertzsprung seiner Schwester mit, „donnerndes Wasser"[37].

Hertzsprung ist zutiefst beeindruckt: „Was ich jemals zuvor an Wasserfällen gesehen habe, ist nichts im Vergleich zu diesen. Das Wasser stürzt in mehreren gewaltigen Strömen auf einer Breite von rund 1700 m aus 100 m Höhe herab. Bei Sonnenschein kann man einen herrlichen Regenbogen sehen". Wie stark dieses Naturschauspiel den ansonsten so nüchternen Hertzsprung berührt hat, zeigt sein fast emphatischer Ausruf: „Wie wundervoll ist doch die Erde". Vor der Rückreise nach Johannesburg nimmt er noch einmal die Gelegenheit wahr, die Wasserfälle anzuschauen.[38]

Doch dann hat ihn die tägliche Routine der Arbeit am Union Observatory wieder. Zu Beginn des Jahres 1925 reist Innes nach England, um das neue Objektiv zu holen, und gemeinsam hoffen beide, daß nun bald das Teleskop für Beobachtungen benutzt werden kann.

Auch seine Tochter hat er übrigens in Afrika nicht vergessen; Rigel erinnert sich daran, als Kind Post von ihrem Vater aus Johannesburg erhalten zu haben[39].

Als Hertzsprung im Mai Kapstadt per Schiff verläßt, um pünktlich im Juli zur Teilnahme an der Tagung der Internationalen Astronomischen Union in Cambridge/England zu sein, besichtigt er unterwegs noch die Insel St. Helena. Bei seiner Ankunft in Tilbury verläßt er das Schiff nicht, ohne zuvor noch die 3 Holzkisten mit seinen Platten in Augenschein zu nehmen und sich davon zu überzeugen, daß alles wohlbehalten angekommen ist und auf der Reise keinen Schaden genommen hat. Auch für einen Besuch in Greenwich bleibt noch Zeit.

Gleich nach seinem Eintreffen in Leiden gibt es dann ein Wiedersehen mit Tochter Rigel. Der Rest des Sommers ist angefüllt mit

den ersten Auswertungen des afrikanischen Plattenmaterials und
der Betreuung von Kollegen, die jetzt nach Leiden kommen, in der
vorlesungsfreien Zeit an ihren heimischen Universitäten.

Die Form der Cephei-Lichtkurven

Aus Polen ist Dr. Szelikovski eingetroffen, der sich gemeinsam
mit Hertzsprung für einige Monate fotometrischen Problemen zuwendet.

In Kopenhagen tagt Anfang November die dänische „Videnskabernes Selskab" – ein willkommener Anlaß für Hertzsprung, wieder
einmal in die Heimat zu reisen. Doch Anfang Dezember möchte
er unbedingt in Leiden sein, denn dort soll am 11. das goldene
Doktorjubiläum von Hendrik Antoon Lorentz festlich begangen
werden. Lorentz war der zweifellos bedeutendste Vertreter der Physik in Leiden und einer der größten Physiker jener Zeit überhaupt.
Er hatte sein gesamtes akademisches Leben vom Studium bis zur
Emeritierung – ungeachtet zahlreicher ehrenvoller Angebote – in
Leiden verbracht und dadurch erheblich zum Ansehen der Leidener Universität beigetragen. Anläßlich seines Doktorjubiläums hatten sich bedeutende Kollegen und Freunde angesagt, darunter Einstein, Planck, Eddington und Bohr – eine Gelegenheit zu hoch-
interessanten Begegnungen und Fachgesprächen, die sich Hertzsprung keinesfalls entgehen lassen wollte [40].

Schon auf der Anreise von einen Kurzaufenthalt in Schweden traf es sich, daß Hertzsprung einen Schlafwagen mit Niels
Bohr teilte und angeregte Stunden mit ihm verbrachte. Gleich am
nächsten Morgen war ein Treffen mit Eddington geplant, mit dem
er ein langes Gespräch über astronomische Fragen führte [41].

Anders als bei der ersten USA-Reise macht sich die Abwesenheit
Hertzsprungs von Holland während seines Aufenthalts in Afrika im
wissenschaftlichen Output wenig bemerkbar: 1922 finden wir 17
Notizen aus seiner Feder im *Bulletin of the Astronomical Institutions of the Netherlands*. 1923 sind es zwar nur 5, aber 1924 wieder 19

und 1925 8 Veröffentlichungen. Freilich sind manche Mitteilungen nur wenige Zeilen lang.

Wenn Hertzsprung auch keinen unmittelbaren Anteil an der weiteren Entwicklung der „Giant-Dwarf"-Theorie genommen hat, so blieb er doch an diesen Problemen stark interessiert. Davon zeugt u. a. der kurze Kommentar, den er 1925 zu P. J. v. Rhijns Publikation „The observational facts on which the Giant-Dwarf-Theory is based"[42] veröffentlicht.

Das Interesse Hertzsprungs speziell an diesem Problem wird verständlich, wenn man bei v. Rhijn liest, daß er das Fehlen von M-Sternen der absoluten Helligkeiten −1 bis +4 im damals noch Russell-Diagramm genannten HRD auf systematische Fehler zurückführt. Man beobachte bei Sternen kleiner Eigenbewegung, d. h. großer Entfernungen im wesentlichen nur sehr helle Sterne, d. h. Riesen, während die nahestehenden Sterne, d. h. solche mit großen Eigenbewegungen, hauptsächlich Zwerge seien. Damit zweifelt v. Rhijn die Realität der Lücke zwischen dem Riesenast und der Hauptreihe an. Hertzsprung hatte aber bekanntlich 1922 – wenn auch de facto auf die F- und G-Riesen bezogen – eine reale Lücke festgestellt und diese auch kosmogonisch zu begründen versucht.

In seiner Antwort macht Hertzsprung deutlich, daß er absichtlich in seiner Publikation „Zur Strahlung der Sterne" einen Unterschied zwischen Sternen bis zu einer bestimmten scheinbaren Helligkeit und jenen innerhalb einer bestimmten Distanz zur Sonne gemacht habe. Letztere zeigen die wahre Häufigkeitsverteilung und nur auf die Gesamtheit der Sterne bis zu einer gegebenen scheinbaren Helligkeit trifft zu, daß sich darunter absolut sehr helle, aber weit entfernte und sehr nahe absolut schwächere Sterne befänden. Inzwischen seien aber zahlreiche absolut schwache Sterne gefunden worde, also „Außenseiter" auf der anderen Seite der Hauptreihe, die häufiger zu sein scheinen als die Roten Riesen.

Außerdem verweist Hertzsprung auf die Diagramme offener Sternhaufen, in denen die „Lücke" ebenfalls ausgeprägt in Erscheinung trete. Er hält Eddingtons theoretische Untersuchungen zur Sternentwicklung für geeignet, Licht in die Hintergründe dieser Beobachtungstatsachen zu bringen[43].

Nochmals gelingt Hertzsprung eine echte Entdeckung, wenn
auch an Tragweite nicht vergleichbar mit manchem früheren Fund.
Bei der systematischen Erforschung der veränderlichen Sterne vom
Typ Delta Cephei stellt er einen deutlich ausgeprägten Zusammenhang zwischen der Lichtwechselperiode der Sterne und der Form
der Lichtkurve fest[44]. Hertzsprungs Ergebnis lautet: Für Cepheiden mit Perioden zwischen 9 und 13 Tagen treten symmetrische
Lichtkurven auf. Sowohl Sterne mit kürzeren als auch solche mit
längeren Perioden zeigen hingegen eine Asymmetrie, wie sie auch
beim Prototyp Delta Cephei selbst beobachtet wird. Auch die se-
kundären Wellen lassen ein systematisches Verhalten erkennen: Bei
Perioden größer als 6 Tage treten diese Wellen im absteigenden Ast
der Lichtkurven auf, bei Perioden zwischen 10 und 13 Tagen fallen sie mit dem Hauptmaximum zusammen, und für noch größere
Perioden scheinen sie auf dem aufsteigenden Ast der Lichtkurve zu
liegen[45].

Hertzsprung hatte damit erstmals auf Zusammenhänge hingewiesen, die so unübersehbar in Erscheinung treten, daß eine theoretische Deutung des Phänomens der Pulsationsveränderlichen an
ihnen nicht vorübergehen konnte. Mit Hertzsprungs Befunden aus
dem Jahre 1926 begann eine intensive Erforschung der Lichtkurvenform als Funktion der Periode, die bis heute anhält und die
natürlich nicht auf die Cepheiden beschränkt geblieben ist. Diese
empirischen Befunde haben ihre Bedeutung für die Theorie bis in
die Gegenwart hinein beibehalten, zumal man die in den 20er Jahren gegebenen Erklärungen für den Mechanismus der Pulsationen,
wie sie u. a. von Eddington und Rosseland gegeben wurden, heute
nur als erste Ansätze betrachtet, die einer viel differenzierteren Be-
trachtungsweise gewichen sind[46].

Die Zeichnungen veranschaulichen die von Hertzsprung entdeckten Beziehungen nach modernen Erkenntnissen.

Just in jenem Jahr, da Hertzsprung die Beziehung zwischen
der Form der Lichtkurve von Cepheiden und deren Lichtwechsel-
perioden entdeckt hat, hielt Eddington seinen berühmten Vortrag „Stars and Atoms" auf der Tagung der British Astronomical
Association in Oxford. Wie sehr selbst Eddington damals noch

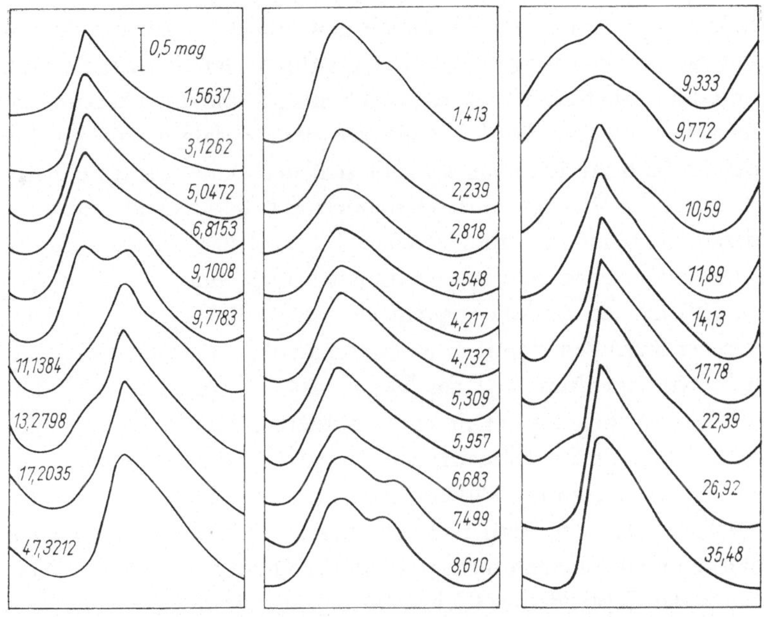

Beziehung zwischen Periodenlänge und Lichtkurvenform bei δ-Cephei-Sternen. *Links*: Magellansche Wolken; *Mitte* und *rechts*: Galaxis (nach Payne-Gaposchkin)

im Dunkeln tappte, zeigen seine Ausführungen über das Pulsieren der Cepheiden: „Warum pulsiert Delta Cephei? Eine mögliche Antwort wäre, daß die Oszillation durch irgendeinen Zufall eingeleitet ist. Soweit wir berechnen können, würde eine Oszillation, wenn sie einmal angefangen hat, rund 10 000 Jahre fortfahren, bis sie gedämpft wird. Aber 10 000 Jahre hält man jetzt für eine unbedeutende Periode im Leben eines Sterns, und wenn man die Fülle der Cepheiden bedenkt, scheint diese Erklärung unzutreffend … Es ist viel wahrscheinlicher, daß die Pulsation von selbst einsetzt. Ungeheure Quellen von Wärmeenergie werden im Stern frei – weit mehr als genug, um die Pulsation anzuregen und zu unterhalten – und es sind mindestens zwei Möglichkeiten denkbar, wie diese Wärme den Mechanismus des Pulsierens unterhalten kann. Die erste Möglichkeit ist: Wenn der Stern zuerst ein wenig pulsiert, hat er im zusammengezogenen Zustand eine höhere Temperatur und Dichte als gewöhnlich, und der Hahn zur inneratomaren Energie ist weiter geöffnet. Der Stern wird heiß, und die Ausdehnungskraft der neu hinzugekommenen Wärme unterstützt die neue Ausdehnung nach dem Zusammenziehen. Bei der größten Ausdehnung schließt sich der Hahn wieder ein wenig, und der Wärmeverlust vermindert den Widerstand gegen das darauf folgende Zusammenziehen. So wird das Ausdehnen und Zusammenziehen schrittweise immer stärker, und aus einem unendlich kleinen Anfang entsteht ein starkes Pulsieren. Man sieht, daß der Stern den Hahn zur inneratomaren Energie genauso handhabt wie eine Maschine das Ventil, das Dampf in ihren Zylinder läßt; so beginnt der Stern zu pulsieren, gerade wie eine Maschine. Der einzige Einwurf, den ich gegen diese Erklärung finde, ist, daß sie zu große Wirkung hat. Sie zeigt, warum man erwarten kann, daß ein Stern pulsiert; aber das Schlimme ist, daß die Sterne im allgemeinen nicht pulsieren ... Man kann jetzt das Verhalten der Cepheiden so leicht erklären, daß wir umgekehrt das viel schwierigere Problem in Angriff nehmen müssen, das Verhalten der gewöhnlichen beständigen Sterne zu erklären. Ob ein Stern pulsiert oder nicht, hängt davon ab, ob der Mechanismus des Pulsierens stark genug ist, um die Kräfte zu überwinden, die das Pulsieren zu dämpfen oder zu vernichten streben. Wir können nicht aus einer bestimmten Theorie vorhersagen, ob ein Stern pulsiert. Wir müssen mit ziemlicher Mühe die Gesetze für das Freiwerden der inneratomaren Energie so ersinnen, daß sie mit unserer Erfahrung übereinstimmen, nach der die Mehrheit der Sterne unveränderlich bleibt, aber bei bestimmter Masse und Dichte die pulsierenden Sterne das Übergewicht haben ...“[47]. Eddington skizziert hier äußerst plastisch und in der für ihn charakteristischen lebhaften Art die Forschungsprobleme. Hertzsprung hatte bald Gelegenheit, mit seinem Kollegen Eddington die beidseitig interessierenden Fragen wiederum persönlich zu erörtern: Vom 16.–20. August tagte die 27. Versammlung der Astronomischen Gesellschaft in Hertzsprungs Vaterstadt Kopenhagen. Die 138 Teilnehmer kamen aus 19 Ländern. Noch immer spielte in den diversen Begrüßungsansprachen die durch den Ersten Weltkrieg dramatisch unterbrochene internationale Zusammenarbeit eine dominierende Rolle, und der Oberpräsident der Stadt Kopenhagen erinnerte besonders an die Rolle der dänischen Hauptstadt als Zentrum der wissenschaftlichen Verbindungen während des Krieges: „Hierauf sind wir stolz und freuen uns über diesen neuen Beweis, daß auch die kleinen Nationen in der großen Maschinerie der Welt ihre Bedeutung haben."[48]

In jenen Tagen war Hertzsprung bereits mit der Vorbereitung einer weiteren, großen wissenschaftlichen Reise beschäftigt: einem längeren Beobachtungsaufenthalt am Harvard Observatory in den USA.

Zweite USA-Reise und IAU-Tagung in Leiden

Das Harvard Observatory hatte sich besonders seit seiner Ausrichtung auf die Astrophysik zu einer führenden internationalen Institution entwickelt. Namentlich unter dem Direktorat von E. C. Pickering (ab 1877) war eine immense Arbeit geleistet worden, die fundamentale Bedeutung für die Entwicklung der Astrophysik besaß. Abgesehen davon hatte das Observatorium durch eine Reihe von Entdeckungen auf sich aufmerksam gemacht, die als Meilensteine der astrophysikalischen Forschung im 20. Jahrhundert gelten können.

Hertzsprung fühlte sich mit seinen Forschungen dem Harvard Observatory von Anbeginn verbunden. Schon in den ersten Zeilen seiner astronomischen Debütpublikation von 1905 hatte er auf Resultate der Harvard-Sternwarte Bezug genommen. Anläßlich seiner ersten USA-Reise 1912 war er dort zu Gast und begegnete namhaften Kollegen persönlich. Auch mit dem 5. Direktor von Harvard, Harlow Shapley (ab 1921), stand Hertzsprung seit 1914 in einem sehr engen brieflichen Gedankenaustausch. Ein Forschungsaufenthalt am Harvard Observatory war gleichsam die konsequente Fortführung der engen geistigen Beziehungen zwischen dem wissenschaftlichen Werk Hertzsprungs und dem bedeutenden Potential von Harvard, eine logische Konsequenz beiderseitiger wissenschaftlicher Interessen. Zentrales Anliegen Hertzsprungs war die immense Plattensammlung des Harvard Observatory: rund 250 000 fotografische Dokumente hatten sich in den Jahren dort angesammelt, Platten mit einem anderswo in diesem Umfang damals nirgendwo vorhandenen Informationsgehalt. Hertzsprung beabsichtigte, dieses Archiv im Hinblick auf seine Forschungsprobleme zu befragen – eine umfassende Sucharbeit im Harvard-Archiv.

Die Reise nach Boston begann am 1. Oktober 1926 von Liverpool aus per Schiff und dauerte bis Ende 1927. Die zweite USA-Reise zählt damit zu den großen wissenschaftlichen Forschungsreisen Hertzsprungs[49].

Von der intensiven Tätigkeit Hertzsprungs zeugen 2 Publikationen, die kurz nach seiner Rückkehr in die Heimat erschienen, und in denen er sich mit Bedeckungsveränderlichen sowie mit Cepheiden nach Bestimmungen von Harvard-Platten beschäftigt[50]. „Um die Strömungen des astronomischen Denkens kennenzulernen, muß man reisen", schreibt Cecilia Payne-Gaposchkin in ihrer Autobiographie[51] und fügt hinzu: „Das Harvard-Observatorium war in den frühen Tagen Harlow Shapleys die Kreuzstraße der Welt". Die Besucher seien in großer Zahl von überall hergekommen, um vor allem das große Werk der Harvard-Astronomen auf dem Gebiet der Himmelsfotografie zu studieren. Hertzsprung war einer der berühmtesten „Visitors". Selbst eine so bedeutende Persönlichkeit wie Shapley geriet in Panik angesichts der bevorstehenden Ankunft von Hertzsprung, denn er kannte seinen Kollegen, dessen hohe Ansprüche, seine Gewissenhaftigkeit und natürlich die wissenschaftliche Zielstellung seines Programms.

Die Plattensammlung mußte dringend in Ordnung gebracht werden für einen solchen Gast, dessen Ziel es war, diese Dokumente nach allen Regeln der Kunst für seine Helligkeitsbestimmungen auszuschöpfen. Wenn irgendetwas mit der Sammlung nicht in Ordnung wäre, Hertzsprung würde es bemerken, denn – so Payne-Gaposchkin – „He was the very model of a dedicated scientist, always eager to further knowledge, but scarcely troubling about claims of priority"[52].

„Eines Tages hatte ich die Tollkühnheit, ihn in mein Apartment zum Lunch einzuladen", erinnert sich Payne-Gaposchkin. Mit großer Gewissenhaftigkeit bereitete sie das Mahl vor, doch kaum war der letzte Bissen verzehrt, erhob sich Hertzsprung brüsk mit den Worten: „Nun können wir an unsere Arbeit zurück!"[53].

Bei der systematischen Durchsicht von Harvard-Platten entdeckte Hertzsprung übrigens wieder einen Flare-Stern. Als definitiver Entdecker der Flare-Sterne gilt W. J. Luyten, der 1947 bei der Untersuchung von Eigenbewegungen anhand von zeitlich weit auseinanderliegenden Platten ein Objekt starker Eigenbewegung entdeckte, das sich bei näherer Durchforschung als Doppelsternsystem herausstellte. Das Überraschende war jedoch, daß die schwächere Komponente dieses Systems plötzlich aufflackern konnte. Das Objekt trägt heute die Bezeichnung UV Ceti und gilt als Prototyp der Flare-Sterne. Doch der Entdecker selbst hat 1979 in einem Brief an Martin Harwit darauf hingewiesen, daß eigentlich Hertzsprung anläßlich seines Aufenthaltes am Harvard Observatory bereits 1927 den ersten Flare-Stern sah: „Ich glaube, daß so etwas wie ein Flare von einem Stern erstmals in Harvard entdeckt wurde. Es war Mitte der 20er Jahre, ich war damals dort, und derjenige, der den Flare fand, war Ejnar Hertzsprung. Was er tatsächlich sah, war, daß auf einer Platte, die doppelt belichtet worden war, zwei identische helle Abbildungen eines Sterns erschienen, der auf keiner anderen mit dem gleichen Teleskop aufgenommenen Platte zu sehen war. Wegen der beiden Abbildungen gab es an der Realität des Objektes keinen Zweifel, doch wußte damals niemand, was es bedeutet. Ich weiß nicht einmal, ob dies jemals veröffentlicht wurde"[54].

Für Hertzsprung handelte es sich jedoch nicht um eine „Premiere", sondern um eine Zweitentdeckung (vgl. S. 131).

Das rätselhafte „Objekt Hertzsprung" war nur eines von vielen interessanten Problemen, denen sich Hertzsprung bei seinem Zwiegespräch mit den stummen Zeugen des Himmels, den zahllosen Harvard-Platten gegenüber sah. „Die Luft ist voller Fragen" – so empfand Hertzsprung seine Tage in Boston[52]. Es verwundert we-

141

nig, daß er gleichzeitig erklärte, außerhalb der Astronomie gebe es wenig von Interesse [53].

Aber einiges gab es doch. Dazu zählt u. a. der Besuch in einem „psychotechnischen Laboratorium", wo man sich mit dem Test von Intelligenzquotienten (IQ) beschäftigte – eine damals noch vergleichsweise junge Richtung der experimentellen Psychologie. Enttäuschend verlief für Hertzsprung der mechanische Part, in dem es galt, bestimmte Gruppen von Teilen zusammenzufügen. Ein anderer Komplex des Tests jedoch, der darauf zielte, Irrtümer in Serien von Figuren aufzufinden, entsprach Hertzsprungs Fähigkeiten besser: Hertzsprung fand sämtliche Fehler in $7\,^1/_2$ Minuten und brach damit sämtliche Rekorde! Vermutlich hat ihn das Ganze jedoch nur amüsiert – zu Recht, denn bis heute streiten sich die Psychologen über den Wert von Intelligenztests, und es gilt durchaus als fragwürdig, ob sich das komplexe Phänomen des Schöpferischen auf diese Weise erfassen läßt. Und ein wesentlicher Teil von Hertzsprungs Genie bestand ohne Zweifel in seinem geradezu pathologischen Fleiß, in seiner nahezu ausschließlichen Hinwendung zur Astronomie.

So galt denn auch ein anderer Teil seines Aufenthaltes in den USA auf andere Weise doch wieder der Astronomie: Auf dem Weg zu einem amerikanischen Astronomentreffen in Philadelphia beabsichtigte Hertzsprung, die bedeutendsten Observatorien des Nordostens der USA und ihre führenden Forscher zu besuchen. Die dafür erforderlichen finanziellen Mittel verschaffte er sich bei John Davison Rockefeller, dem amerikanischen Industriemagnaten, der bereits 1913 eine der größten Stiftungen ins Leben gerufen hatte, die sich dem Gesundheitswesen, aber auch den Natur-, Geistes- und Sozialwissenschaften widmete.

Binnen weniger Wochen – vom 29. 3. 1927 bis zum 17. 4. 1927 – besuchte Hertzsprung nach seinen eigenen Angaben nicht weniger als 15 Observatorien [57]. An „nichtastronomischer Unterhaltung" erwähnt Hertzsprung lediglich die Niagara-Fälle.

Eine weitere Anerkennung seiner Arbeit erfuhr Hertzsprung noch während seines Aufenthaltes in den USA durch die Aufnahme

in die American Academy of Arts and Sciences. Kein Geringerer als
Shapley – gemeinsam mit Luyten – hatte ihn vorgeschlagen.

Damit ging die arbeitsreiche, zweite USA-Reise zu Ende. Der
Zweck war wohl erfüllt: Neben neuen Kontakten zu zahlreichen
Kollegen hatte er insgesamt 12 000 Helligkeitsmessungen an den
Platten der Harvard-Sammlung vorgenommen.

Am 11. Mai beginnt die Rückreise. Bis zu den Sommerferien
bleibt nur noch Zeit, mit der Auswertung des Harvard-Materials zu
beginnen und einige Manuskripte fertigzustellen. Dann geht es nach
Dänemark, wo Hertzsprung die Ferien wieder mit seiner inzwischen
11jährigen Tochter Rigel in Juelsgaard verbringt[59].

Schon im Spätherbst flattert eine neue Einladung auf Hertzsprungs Schreibtisch: Auf Java(Indonesien) soll 1929 in Lembang
ein 60-cm-Zeiss-Refraktor in Betrieb genommen werden. Damit
könnte Hertzsprung Doppelsterne des Südhimmels beobachten.
Das Bosscha-Observatorium auf Java war von J. G. E. G. Voute,
einem geborenen Indonesier, gegründet worden[60]. Hertzsprungs
Reise nach Indonesien fand allerdings nie statt.

Für die Zeit vom 5.–13. Juli 1928 war die 3. Generalversammlung
der Internationalen Astronomischen Union nach Leiden einberufen
worden. Neben der wissenschaftlichen Bedeutung, die jeder IAU-
Tagung zukommt, stand die Leidener Tagung von 1928 stark im
Zeichen der Bemühungen um die volle Wiederherstellung der Internationale der Astronomie, d. h., unter anderem auch der Einbe-
ziehung deutscher Astronomen, um die schädigenden Auswirkungen des Ersten Weltkrieges auf die internationale wissenschaftliche
Kooperation endlich vollends zu beseitigen.

Präsident der Internationalen Astronomischen Union war der
Direktor der Leidener Sternwarte, de Sitter. Dieser wandte sich
direkt an den Vorsitzenden der Astronomischen Gesellschaft,
E. Strömgren. Den deutschen Astronomen war im Ergebnis des
Weltkrieges das Recht verwehrt, Mitglied der IAU zu werden. Doch
de Sitter schrieb an den Vorstand der astronomischen Gesellschaft:
„Als Präsident der Internationalen Astronomischen Union werde
ich von dem mir nach den Statuten der Union zukommenden
Rechte Gebrauch machen, Astronomen, welche nicht Mitglieder der

Union sind, zu der diesjährigen Versammlung einzuladen. Ich erlaube mir, den Vorstand der Astronomischen Gesellschaft zu bitten, diese meine Einladung an die deutschen, österreichischen und ungarischen Astronomen vermitteln zu wollen. Es ist mir bekannt, daß nicht nur ich selber, sondern alle Mitglieder der Union hohen Wert darauf legen werden, wenn dieser Einladung von sehr vielen deutschen, österreichischen und ungarischen Astronomen Folge geleistet werden würde, und also die mitteleuropäische Astronomie in möglichst repräsentativer Weise in Leiden vertreten sein würde ... "[61].

Strömgren war verständlicherweise sehr erfreut über diesen offiziellen Vorstoß, die Kriegsfolgen – zumindest für die Kommunikation unter den Astronomen – zu beseitigen, und bemerkte in seiner Antwort an de Sitter: „... ich bin in der angenehmen Lage, Ihnen eine repräsentative Teilnahme an dieser Versammlung seitens der Astronomen der erwähnten Länder zusichern zu können. Nach dem laut ... Geschäftsordnung für den Vorstand der A. G. mir zustehenden Rechte habe ich die Behandlung der Details dieser Frage den fünf deutschen und österreichischen Mitgliedern des Vorstandes überwiesen ... "[62].

Als die Tagung begann, konnte de Sitter unter den 350 Teilnehmern – „zu viele" meinte Hertzsprung[63] – voller Genugtuung etliche deutsche Kollegen begrüßen, und er wählte für sie in seiner englischen Eröffnungsadresse sogar die deutsche Sprache! Nochmals wurde der kooperative Geist einer wahrhaft internationalen Wissenschaft beschworen: „Es haben sich in den vergangenen Jahren Vorurteile festgesetzt ..., welche die natürliche und notwendige internationale Zusammenarbeit erschwerten. Auf beiden Seiten hat man diese Vorurteile überwinden müssen. Das gelingt nur allmählich, denn der Sieg über ein Vorurteil erheischt immer Opfer und bringt keinen Ruhm oder Popularität als Ersatz dafür, und gewöhnlich weiß die eine Partei nicht, welche Opfer die andere gebracht hat, oder begreift nicht einmal, daß es Opfer waren ... Die Astronomie aber ist immer vorangegangen in der internationalen Verständigung. Von den verschiedenen internationalen Unionen ...

ist jetzt auch die Astronomische die erste, deren Versammlung wirklich international ist"[64].

Hertzsprung war während der Tagung stark beschäftigt. Zum einen durch die stets auf seiten der gastgebenden Institution liegende Verantwortung für mancherlei Einzelheiten des organisatorischen Ablaufs, zum anderen durch seine Tätigkeit als Präsident der Kommission für Doppelsterne (Kommission 26), aber auch durch zahlreiche Gäste, die sich für die Leidener Sternwarte interessierten.

Ein Projekt, für das sich Hertzsprung während des Kongresses mit seinen Freunden Rosseland, Nørlund und Lundmark stark engagierte, war die Gründung eines Skandinavischen Astronomischen Bulletins, einer Art *Astronomische Nachrichten* für die Holländer, Schweden und Dänen. Gemeinsam mit seinem Freund Holst-Weber hatte Hertzsprung während der Leidener Tagung ein „Skandinavisches Hauptquartier" aufgeschlagen, perfekt bis zu den Nationalflaggen der nordischen Staaten als Tischschmuck. Die Idee eines skandinavischen Bulletins – eine regionale Ausweitung des bereits bestehenden *Bulletin of the Astronomical Institutions of the Netherlands* (BAN) – wurde im ganzen positiv aufgenommen. Strömgren verhielt sich allerdings zurückhaltend und wollte dazu die Meinung der deutschen Kollegen einholen, da die *Astronomischen Nachrichten* ja immerhin seit 1821 existierten und die Funktion eines internationalen Fachjournals erfüllten, wenn auch seit der Gründung des *Astronomical Journal* in den USA im Jahre 1851[65] und des ebenfalls amerikanischen *Astrophysical Journal* im Jahre 1896 nur in eingeschränktem Sinne. Die deutschen Kollegen antworteten, sie würden das zukünftige Fehlen der Beiträge des Kopenhagener Observatoriums zwar sehr bedauern, es sei aber letztlich eine innere Angelegenheit der Skandinavier. Strömgren erklärte daraufhin, er würde sich an der „Separation" nicht beteiligen. Doch man beschloß, die Tür für Strömgren dennoch offenzuhalten und das Sekretariat des neuen Bulletins nach einem Vorschlag von Lindblad in der Stockholmer Sternwarte zu etablieren[66].

Während der Sitzung der Kommission 26, an der Hertzsprung als deren Präsident merkwürdigerweise nicht teilnahm, wurde die Wichtigkeit der Zentralbüros diskutiert und beschlossen, die Sternwarte Johannesburg zu einem Informationszentrum für die Doppelsterne der Südhemisphäre auszubauen, eine Funktion, die für die nördlichen Doppelsterne seit längerem das Lick Observatory wahrnahm[67].

Forschen und Reisen

Durchmustert man die Publikationsliste Hertzsprungs in den folgenden Jahren, so wird deutlich, daß er sich in einer Phase fleißigen Forschens befand, genährt durch zahlreiche Kontakte, die er während seiner Reisen geschlossen hatte. Störende äußere Einflüsse gab es kaum.

Unmittelbar im Anschluß an die Leidener IAU-Tagung begab sich Hertzsprung auf Reisen nach Belgien und Frankreich. In der Provence traf er mit Danjon zusammen, der dort Ferien machte und sein neues Spektrometer ausprobierte. „Er ist einer der wenigen erstrangigen Astronomen Frankreichs", urteilte Hertzsprung nach mehreren langen Gesprächen mit dem Kollegen, dem er jahrzehntelang brieflich verbunden blieb.

Wenige Wochen später geht es für einige Tage in die Heimat, wo es zu einem Treffen mit dem dänischen Amateurastronomen Thorvald Køhl kommt, der seinerzeit als einziger auf Hertzsprungs Meteorbeobachtung von 1910 mit einer korrespondierenden Observation reagiert hatte und inzwischen über eine Sammlung von 6800 eigener Meteorbeobachtungen seit 1875 verfügte[68].

Das neue Jahr beginnt mit einer unerwarteten Ehrung: Die Royal Astronomical Society würdigt Hertzsprungs Schaffen durch die Verleihung ihrer Goldmedaille. Diese, seit 1824 jährlich nur einmal vergebene Auszeichnung rückt Hertzsprung auch äußerlich in die Reihe der bedeutendsten Astronomen der jüngeren Astronomiegeschichte. Zu den mit der Goldmedaille der Society ausgezeichneten Astronomen zählten so hervorragende Forscher wie F. W. Herschel, F. W. Bessel, J. F. Encke, U. J. J. Leverrier, G. V. Schiaparelli, W. Huggins, E. C. Pickering, H. C. Vogel, J. C. Kapteyn, G. E. Hale,

M. Wolf, H. N. Russell, A. S. Eddington und A. Einstein. Natürlich war diese Auszeichnung nicht im Hinblick auf die jüngste Publikationsliste Hertzsprungs erfolgt, die fast ausschließlich Fleißarbeiten über Doppelsterne und Veränderliche enthielt. Die Goldmedaille der Royal Society war eine späte, offizielle Anerkennung für jene Jugendarbeiten, die längst international zu den großen Entdeckungen der modernen Astronomie gerechnet wurden. Hertzsprungs Freude war so groß, daß er seiner Schwester diesmal sogar ein Telegramm schickte, um ihr die Neuigkeit mitzuteilen.[69]

Für Ende Januar ist die Verleihung der Medaille in London vorgesehen, und im Mai soll Hertzsprung ein zweites Mal nach London kommen, um die George-Darwin-Lecture zu lesen. Er lädt Schwester Ellen ein, ihn auf dieser so ungewöhnlich erfreulichen Reise zu begleiten.

Als Thema seiner Vorlesung wählt Hertzsprung die Plejaden[70] – ein Objekt, mit dem er sich bereits seit Jahrzehnten beschäftigt hatte und das auch weiterhin im Blickfeld seines Forschens blieb, wie spätere Veröffentlichungen bezeugen[71].

Die Plejaden-Vorlesung ist eine jener weniger literarischen Produktionen Hertzsprungs, die man als „Übersichtsartikel" bezeichnen kann. Während er sonst fast ohne Ausnahme eigene Forschungsergebnisse niederlegte, faßt er hier den Kenntnisstand über ein astronomisches Objekt im Überblick zusammen und gibt zugleich einen Ausblick auf die noch offenen Fragen – eine weitere unbestrittene Stärke Hertzsprungs.

Anläßlich des 100jährigen Bestehens der Polyteknisk Laereanstalt in Kopenhagen weilt Hertzsprung als offizieller Repräsentant der Universität Leiden in seiner Vaterstadt[72].

Die astronomischen Untersuchungen schreiten gut voran, Hertzsprung hat jetzt 3 Assistenten, 2 Rechner und 2 Studenten sowie einen holländischen Ingenieur als Mitarbeiter.

Um ständig die wichtigsten Quellen zur Verfügung zu haben, kauft er 1930 von dem Schweizer Astronomen Raoul Gaultier eine vollständige Serie der *Astronomischen Nachrichten*, obwohl die Zeitschrift natürlich in der Bibliothek der Leidener Sternwarte vorhanden ist[73]. Wie wichtig ihm die ständige Verfügbarkeit der wissenschaftlichen Literatur ist, belegt der wenige Jahre später erfolgte Kauf einer ebenfalls kompletten Serie der *Zeitschrift für wissenschaftliche Photographie*[74].

Nach dem traditionellen Dänemark-Urlaub im Sommer 1930 reist Hertzsprung zum zweiten Mal nach Südafrika, um am Union Observatory für rund 6 Monate erneut die Veränderlichen des südlichen Himmels zu studieren. Zur selben Zeit arbeiten zwei holländische Astronomen, van Gent und van den Bos, an der Union-Sternwarte. Von besonderem Interesse ist ein von Gent entdeckter lichtschwacher Veränderlicher der 14. Größenklasse, dessen Periode mit Abstand die kürzeste bis dahin bekannte aller veränderlichen Sterne ist. Die Helligkeit schwankt mit einer Periode von nur 100 Minuten! Hertzsprung beobachtet kurz vor Weihnachten dieses interessante Objekt gemeinsam mit seinen beiden Kollegen am großen Refraktor der Sternwarte und bestätigt dabei die extreme Periode[75]. Einige Jahre später ist Hertzsprung auf dieses Objekt Baily 65 in einer kurzen Veröffentlichung zurückgekommen[76].

Auf der Rückreise von Afrika machte Hertzsprung in Berlin Station, wo er mit dem bekannten Konstrukteur und Erbauer astronomischer Geräte, R. Töpfer, aus Potsdam zusammentrifft. Aus der Zeit seines Wirkens am Astrophysikalikalischen Observatorium kannte er Töpfer persönlich; zwischenzeitlich stand er mit ihm auch in Briefwechsel. Nun ging es um einen für Hertzsprungs weitere wissenschaftliche Tätigkeit äußerst wichtigen Auftrag. Für seine Doppelsternmessungen fehlte ihm noch immer ein eigenes Plattenmeßgerät, das in seinen konstruktiven Einzelheiten den Erfordernissen der Hertzsprungschen Meßmethodik angepaßt war. Endlich war es Hertzsprung gelungen, die erforderlichen finanziellen Mittel für die Anschaffung eines nach seinen individuellen Wünschen gestalteten Plattenmeßapparates über die Stiftung der Dänischen Brauerei Carlsberg zu beschaffen. Niemand wäre geeigneter gewesen, Hertzsprungs Wunsch in bester Qualität zu erfüllen, als die Firma Töpfer, eine wahre Pflegestätte der Feinmechanik, deren Arbeiten höchsten Ansprüchen genügten. So kam es zur Anschaffung des Plattenmeßgerätes, mit dem Hertzsprung fortan mehrere Jahrzehnte unermüdlich an der Erforschung der Doppelsterne arbeitete und ein Datenmaterial zusammentrug, wie es wohl niemals wieder durch einen einzelnen in diesem Umfang und mit dieser Präzision geschaffen wurde[77].

Im Jahre 1932 tagte die Internationale Astronomische Union in Cambridge/Mass. (USA) – für Hertzsprung eine willkommene Gelegenheit, neben dem Wiedersehen mit vielen seiner Kollegen auch eine Reihe spezieller Fragen zu klären, die ihn für seine Forschungen interessierten. Wie stark er seine wiedergewonnene dänische Staatsbürgerschaft als persönlichen Gewinn betrachtete, verrät übrigens ein ungewöhnlicher Umstand: Hertzsprung reiste nämlich als Mitglied des dänischen National Commitee für Astronomie nach Amerika, dessen Präsident Strömgren war. Auf dem Kongreß trat er wie schon bei den früheren Tagungen der IAU als Mitglied der Kommissionen Fotometrie, Veränderliche Sterne, Spektralklassen und Stellarstatistik auf, während er der Kommission 26 für Doppelsterne als Präsident vorstand. In Vorbereitung der Tagung hatte er deshalb auch organisatorische Arbeit zu leisten, so daß für die Forschung nur wenig Zeit übrigblieb[78].

Noch eine weitere Reise steht bevor: Ein Besuch am Pariser Observatorium im Spätherbst. Ziel dieses kurzen Aufenthaltes sind wieder einmal die Plejaden. Ihn interessieren ältere Aufnahmen zu Vermessungszwecken, die im Pariser Plattenarchiv vorhanden sind und die er zur Auswertung nach Leiden mitnimmt. Zugleich arrangiert er mit den französischen Kollegen einige erforderliche neue Aufnahmen. Als Frucht dieser Forschungen in Kooperation mit den französischen Kollegen entstand die in apodiktischer Kürze abgefaßte Studie „Provisional search for internal motions in the group of the Pleiades"[79].

Wieder einmal hatte Hertzsprung sein untrügliches Gespür für wissenschaftliche Problemstellungen, aber auch für das Machbare in der Forschung unter Beweis gestellt. Die „provisorische Suche" von 1934 gilt noch heute als einer der wenigen profunden Studien auf diesem Gebiet: Die interne Bewegung der Mitglieder von offenen Sternhaufen zählt nämlich zu den schwierigsten Problemen der beobachtenden Astronomie. Man benötigt möglichst große Zeiträume zwischen aktuellen Beobachtungen und hinreichend genauen älteren Positionsabgaben, um den kleinen zu erwartenden Effekt messen zu können. Deshalb hatte Hertzsprung in Paris nach den alten Platten von 1875 geforscht. Selbst in Monographien aus jüngster Vergangenheit werden die Behinderungen bei der Lösung des Problems als so markant bewertet, daß erst in nächster Zukunft mit zuverlässigen Ergebnissen zu rechnen sei[80]. Noch immer werden neben nur zwei anderen Autoren die Feststellungen von Hertzsprung aus dem Jahre 1934 herangezogen, um sich ein Bild von der inneren Bewegung der Mitglieder des offenen Sternhaufens der Plejaden zu machen.

Gerade an diesem Beispiel wird eines der wesentlichen Motive deutlich, das Hertzsprung jahrzehntelang bewegte, sich solchen Routineuntersuchungen zuzuwenden: der Wert, den genaue Beobachtungen von Positionen speziell ausgesuchter Objekte für künftige Erkenntnisse darstellen. Nicht rasche Resultate oder sensationell anmutende Vermutungen lockten Hertzsprung, sondern fundierte Beiträge zu möglicherweise erst viel späterer Ernte.

Methodisch hat Hertzsprung hier Wege gewiesen, die sich als notwendig und in letzter Konsequenz erfolgversprechend, wenn auch als äußerst mühselig und über weite Strecken glanzlos erwiesen haben. Hier ist die Ethik des stillen und auf äußere Augenblickserfolge nicht versessenen, hochmotivierten Forschers gefragt – eine selten gewordene Spezies der Wissenschaft, zu der Hertzsprung zweifellos gehörte.

Ganz in diese Richtung fallen auch die Doppelsternmessungen Hertzsprungs. Vordergründige Sensationen sind – von Überraschungen abgesehen – nicht zu erwarten. Dennoch widmet sich Hertzsprung seinen Plattenmessungen mit geradezu heiligem Eifer. Stundenlange Zwiesprache mit seinem Töpferschen Meßapparat wird ihm zum täglichen Bedürfnis. 1933 beschließt er, seine Meßreihen, die zur Publikation in Zeitschriften einstweilen nicht taugen, in großen Bänden zusammenzufassen. Die ersten 1000 Seiten bringt er im September 1933 zum Buchbinder – 5 kg Doppelsternmessungen –, wie er der Schwester nicht ohne Stolz mitteilt[81].

Es mag manchen verwundert haben, daß sich ein Forscher vom Range Hertzsprungs so intensiv und dauerhaft einer Routineauf-

150

gabe zuwandte. Doch Hertzsprung sah dies ganz anders, wie er in einem Weihnachten 1934 geschriebenen Brief erkennen läßt: „Ich freue mich über diese stillen Tage, die mir genügend Zeit für die Messung meiner Doppelsternplatten lassen. Du wunderst Dich, daß ich diese Art von Arbeit liebe. Gewiß, es ist gut möglich, daß manche dieser Messungen erst in 100 Jahren oder später von Nutzen ist es ist eine Arbeit für die Zukunft. Doch die Astronomie reicht weiter – sowohl im Raum als auch in der Zeit – als die meisten anderen menschlichen Bestrebungen". Und er schließt diesen Brief mit den Worten: „Jetzt will ich diese Zeilen noch zur Post bringen ... und ein wenig frische Luft haben, bevor ich ins Bett gehe und von meinen Doppelsternen träume"[82].

Außer den Doppelsternen interessierte ihn jedoch noch ein anderes Thema lebhaft: Der Konflikt zwischen Norwegen und Dänemark um die Insel Grönland, genauer um die Souveränität Ostgrönlands.

Hertzsprungs Interesse ging soweit, daß er nach Den Haag fuhr, um am Internationalen Gerichtshof, wo die Frage verhandelt wurde, einige Reden persönlich zu verfolgen. Gemeinsam mit seinem Freund Nørlund traf er sich mit dem dänischen Gesandten am Gerichtshof, Steglich Petersen, um aus erster Hand über den Verlauf des Prozesses informiert zu sein. Auch mit dem dänischen Minister in Den Haag traf Hertzsprung zusammen.

Hocherfreut zeigte er sich über das Ergebnis der Verhandlungen zugunsten Dänemarks, ohne einen Dauerkonflikt zwischen Norwegen und Dänemark damit heraufzubeschwören. „Wir dürfen nicht vergessen", schrieb er an seine Schwester, „daß dieser Konflikt das Ansehen Skandinaviens in den anderen Ländern nicht verbessert hat", um so mehr freue es ihn, daß die Lösung auf friedlichem Wege erreicht worden sei, da „wo andere Schießpulver gebraucht hätten"[83].

Gegen Jahresende 1934 erkrankte de Sitter ernsthaft an einer Lungenentzündung. Kurz vor Weihnachten starb er. De Sitter zählte zu den führenden Astronomen seiner Zeit, dessen Leistungen auf dem Gebiet der Kosmologie international höchste Anerkennung genossen.

Als Direktor der Sternwarte Leiden war de Sitter ununterbrochen seit dem Jahre 1908 tätig gewesen. Dabei hatte er es jedoch wohlweislich vermieden, seine persönlichen wissenschaftlichen Präferenzen zur allgemeinen Norm zu erheben. Nicht zuletzt die Freizügigkeit, mit der Hertzsprung seinen Forschungen nachgehen konnte, legt davon Zeugnis ab.

Mit dem Tode von de Sitter galt es daher nicht unbedingt, wieder einen Vertreter der theoretischen Kosmologie zum Nachfolger zu berufen. Es war naheliegend, daß Hertzsprung die Führung der Amtsgeschäfte und somit die Tätigkeit als amtierender Direktor zunächst übernahm.

Die Klärung der Nachfolge nahm hingegen längere Zeit in Anspruch. Dabei war auch zu bedenken, daß de Sitter gleichzeitig Direktor der Sternwarte und ordentlicher Professor an der Universität Leiden gewesen war. Diese Doppelfunktion war andererseits nicht zwangsläufig; vielmehr war zu klären, ob auch künftig das Direktorat mit der ordentlichen Professur für Astronomie zu verbinden sei. Hierbei spielte auch eine Rolle, daß die Altersgrenze für die Funktion des Direktors bei 65 Jahren, die der Professur jedoch bei 70 Jahren lag[84].

Hertzsprungs Briefe an seine Schwester lassen erkennen, daß Hertzsprung seiner eigenen äußeren Karriere wenig Bedeutung beimaß. Viel lieber vermeldete er die erreichten Fortschritte auf dem Gebiet der Doppelsternmessungen. Anfang Januar 1935 stellt er rückblickend fest, daß im vergangenen Jahr insgesamt 160 000 Ablesungen am Töpfer-Apparat getätigt worden waren: durchschnittlich 500 täglich an 320 Arbeitstagen![85]

Ende Mai ist die Frage der Nachfolge de Sitters endgültig entschieden: Der Nachfolger heißt Hertzsprung. Die beiden Funktionen des Direktors und der ordentlichen Professur bleiben vereint, und Hertzsprung hat sie beide wahrzunehmen[86]. Stellvertretender Direktor wird der junge Holländer Jan Hendrik Oort, seit 1922 mit Hertzsprung in brieflichem Kontakt und seit langem Mitarbeiter der Leidener Sternwarte.

Hertzsprung setzte mit großer Konsequenz sein bisheriges Werk fort und achtete sorgsam darauf, daß unter seinen Schülern die entsprechenden fachlichen Interessen ausgebildet wurden[87].

Als Spezialist für Doppelsterne wurde damals in Leiden G. P. Kuiper aktiv. Er erweiterte die zuvor hauptsächlich auf die Bahnbestimmung orientierten Forschungen, indem er die Helligkeitsunterschiede der Komponenten von Doppelsternsystemen feststellte. Hierbei wandte er die von Hertzsprung zu hoher Perfektion geführte Objektivgittermethode an. Kuiper ging allerdings 1933 in die USA, so daß diese Untersuchungen nur noch in begrenztem Umfang von A. D. Fokker fortgeführt wurden.

Hertzsprung selbst blieb natürlich seinen Doppelsternmessungen treu – so intensiv, daß er durch das stundenlange Sitzen am Plattenmeßgerät und die immer gleichen Kopfbewegungen ernstliche Beschwerden mit seinem Nackenwirbel bekam.

Kennzeichnend für Hertzsprungs aufs äußerste getriebene Gewissenhaftigkeit ist die Methode, mit der er „persönliche Fehler" auszuschließen trachtete. Er fragte sich nämlich, ob bei ebenso sorgfältigem Vorgehen auch von anderen dieselben Meßergebnisse erhalten wurden wie von ihm. Deshalb überredete er insgesamt 45 verschiedene Kollegen, Gäste und Studenten, einige der von ihm gemessenen Sterne ebenfalls ins Visier zu nehmen.

Hertzsprungs Philosophie lautete: Eine gute Beobachtung ist mehr wert als zwanzig weniger gute. Im übrigen maß er den Beobachtungen nach wie vor denselben hohen Stellenwert gegenüber theoretischen Interpretationen zu. Zehn gute veröffentlichte Beobachtungen seien höher einzuschätzen als eine Theorie, meinte er; die Beobachtungen blieben gut für alle Zeiten, die Theorie aber würde über kurz oder lang einer anderen weichen müssen.

Zu dieser Hochachtung vor den Beobachtungen in der Astronomie gehörte für Hertzsprung selbstverständlich die Analyse der Fehler. Ein geflügeltes Wort gegenüber seinen Studenten lautete: „Mein Herr, wenn Sie keine Schwierigkeiten wünschen, nehmen Sie etwas eben nur einmal wahr!"

Mit leichtem Sarkasmus reagierte er auf Autoren, die in ihren Veröffentlichungen den „wahrscheinlichen Fehler" der Messungen angaben. Hertzsprung verlangte die Angabe des „mittleren Fehlers"; dieser ist natürlich größer als der wahrscheinliche, aber zur Beurteilung einer Reihe schien ihm der größere Fehler weniger schönfärberisch als der kleinere.

Hertzsprung hat seine Erkenntnisse über Beobachtungsfehler und deren Berücksichtigung in mehreren Publikationen niedergelegt, z. B. in seinem Aufsatz „Discussion on personal errors in photographic measures of double stars"[88] und in „On the symmetrical rejection of extreme observations"[89].

Zu den bedeutendsten Schülern, die Hertzsprung in Leiden ausbildete, zählte K. Aa. Strand. Der 1907 geborene Landsmann Hertzsprungs war ursprünglich Geodät und kam 1933 an die Sternwarte Leiden.

Er arbeitete dort als persönlicher Assistent Hertzsprungs und wohnte sogar zeitweise bei ihm als Hausgast. Während der Zeit seines Aufenthaltes von Oktober 1933 bis Oktober 1938 nahmen Strand und Hertzsprung die meisten Mahlzeiten gemeinsam ein. Strand weiß also, wovon er spricht, wenn er sich an diese Zeit mit den Worten erinnert: „Unsere Gespräche drehten sich höchst selten um anderes als Astronomie. Man könnte meinen, die Ursache lag in unserem Altersunterschied von 34 Jahren. Doch wir waren beide Dänen in einem fremden Land und unser Bildungshintergrund war sehr ähnlich. Die meisten meiner Kurse hatte ich am Polytechnischen Institut in Kopenhagen absolviert und sie waren für die ersten zwei Jahre identisch mit denen der Ingenieure. Hertzsprung war Mitglied derselben studentischen Militärorganisation gewesen, in der auch ich während meiner Studentenjahre aktiv war. Doch wenn ich gesprächsweise versuchte, über unsere Studentenzeit zu sprechen und sie miteinander zu vergleichen, erntete ich kaum Interesse"[90].

Strand blieb zeitlebens einer der engsten wissenschaftlichen Freunde Hertzsprungs und pflegte auch in späteren Jahren einen äußerst intensiven Briefwechsel mit ihm.

Im Jahre 1938 hatte Strand Leiden verlassen und war in die USA gegangen, wo er zunächst als Research Associate am Sproul Observatory (Swarthmore) arbeitete. Nach dem Zweiten Weltkrieg führte ihn eine steile Karriere bis in die Position des wissenschaftlichen Direktors des U.S. Naval Observatory in Washington.

Strands Forschungsinteressen blieben lebenslang stark von Hertzsprungs Einfluß geprägt. Er beschäftigte sich hauptsächlich mit Doppelsternen, Sternhaufen und unsichtbaren Begleitern in Doppelsternsystemen. Später erwarb sich Strand auch durch die Entwicklung des astrometrischen Reflektors in Flagstaff, Arizona, sowie durch die Automatisierung von Doppelsternmessungen bedeutendes Ansehen[91].

Strand war bekanntlich nicht der einzige Astronom aus Leiden, der in die USA ging. Als Shapley einmal während eines Kongresses an seinen Nachbarn die Frage stellte: „Wo kommen Sie her?" und dieser ihm antwortete: „Aus Leiden", meinte Shapley: „Oh, das ist der Ort wo man Tulpen und Astronomen für den Export züchtet"[92].

Vom 10.–17. Juli tagte in Paris die Internationale Astronomische Union. Hertzsprung war immer noch Präsident der Kommission 26 (Doppelsterne) und nutzte die Gelegenheit, um seine zahlreichen wissenschaftlichen Freunde und Briefpartner wiederzutreffen. Auch Eddington weilte in Paris, und selbstverständlich begegneten sich die beiden. Wie schon beim Problem der Masse-Leuchtkraft-Beziehung lag es Hertzsprung auch diesmal sehr am Herzen, mit seinen Beobachtungen zum Verständnis der Objekte und Phänomene beizutragen. Er fragte deshalb Eddington ausdrücklich, worauf es ihm bei seiner Arbeit an der Theorie der Cepheiden von seiten der Beobachtung besonders ankäme. Eddington antwortete – „ohne viel Bedenkzeit", wie Hertzsprung schreibt –, von besonderem Interesse sei es, die Beziehung zwischen Radialgeschwindigkeit und Helligkeit, d. h. den Phasenunterschied zwischen den beiden Größen, aus Beobachtungen abzuleiten[93].

Im Oktober wurde Hertzsprung eine weitere bedeutende Ehrung zuteil: Die American Astronomical Society wählte ihn zu ihrem Ehrenmitglied. Wieder stand er mit Einstein zusammen auf der Liste, diesmal sogar gleichzeitig. Bis dahin war diese Mitgliedschaft fast ausschließlich Amerikanern zuerkannt worden; die einzigen Ausnahmen unter den lebenden Ausländern waren Eddington, Dyson und Deslandres[94].

Diese Auszeichnung wurde anläßlich des 54. Meetings der Vereinigung in Toronto überreicht, das vom 10.–12. September 1935 stattfand.

Zum Jahresende erwartete Hertzsprung einen ihn persönlich zweifellos besonders stark berührenden Besuch: Martin Schwarzschild, der älteste Sohn seines engen Freundes Karl Schwarzschild, hatte sich angesagt – auf Hertzsprungs Einladung.

Nach dem Tode Karl Schwarzschilds waren die Beziehungen zur Familie seines Förderers und Entdeckers keineswegs abgerissen. Zunächst gab es einen längeren Briefwechsel mit der Witwe Schwarzschilds, die für Hertzsprung sogar eine Reihe von Arbeiten im Zusammenhang mit der Auswertung von Platten übernahm. Doch auch später blieb Hertzsprung mit Else Schwarzschild brieflich in lockerem Kontakt – über 3 Jahrzehnte hinweg. Während der beginnenden Judenverfolgung in Deutschland durch die Nazis wurde Hertzsprung von den Schwarzschilds mehrfach um Hilfe gebeten. Zeitweise spielte er eine Art „Briefkasten" der Familie, so z. B. als Tochter Agathe in Edinburgh keinen Kontakt zur Familie bekam[95]. Auch Schwarzschilds Bruder Alfred, ein Kunstmaler, wandte sich während der Nazizeit an Hertzsprung mit der Bitte, ihm möglicherweise bei der Beschaffung einer Stelle als wissenschaftlicher Zeichner behilflich zu sein. Diesmal sieht Hertzsprung allerdings keine Möglichkeit: „Die Kunst hat es in schlechten Zeiten doppelt schlecht, weil das ein Gebiet ist, wo (zu) allererst gespart wird"[96].

Nun also kommt Martin Schwarzschild nach Leiden. Er hatte soeben seine Promotion abgeschlossen und war gerade 23 Jahre alt. Seinen Vater hatte er aus eigenem Erleben gar nicht in Erinnerung, denn als dieser starb, war Martin erst 4 Jahre alt gewesen. Alles, was er über Schwarzschild, aber auch über dessen Verhältnis zu Hertzsprung wußte, beruhte auf mündlicher Überlieferung seiner Mutter. An seinen ersten Aufenthalt in Leiden, dem 1936 nochmals ein 14tägiger Aufenthalt folgte, erinnert sich Martin Schwarzschild jedoch lebhaft: Obwohl Hertzsprung auch diesmal nicht über persönliche Dinge sprach, schien ihm sein Verhalten doch anzuzeigen, daß „unter seinem sehr strengen Gesicht immer noch ein warmes Feuer für meinen Vater brannte"[97].

Hertzsprung behielt Martin Schwarzschild auch weiterhin beinahe väterlich im Auge. Er folgte also bei aller ihm nachgesagten und persönlich wohl nicht bewußten Gefühlskälte dem Rat, den er Else Schwarzschild beim Tode ihres Mannes 1916 in Gestalt eines französischen Sprichwortes hatte zukommen lassen: Wenn Du verloren hast, was Du am meisten liebtest, dann mußt Du Dich auf jene konzentrieren, die Dich verlassen könnten. Frau Schwarzschild war von dieser knappen, aber inhaltsschweren Beileidsnote sehr bewegt gewesen und hat sich ihr ganzes Leben hindurch mit besonderer Liebe und Energie ihren 3 Kindern gewidmet.

Hertzsprung aber blieb mit dem hochbegabten Sohn seines Freundes weiter in Kontakt, traf ihn des öfteren auf Tagungen und Kongressen. Anläßlich eines Besuches an der Harvard-Sternwarte fragte er Shapley sogar, ob er für die Zeit seines Aufenthaltes einen Büroraum direkt neben dem Arbeitszimmer Martin Schwarzschilds erhalten könne, obwohl es fachlich wenig Anknüpfungspunkte zwischen den beiden gegeben hat[98].

Die eigene wissenschaftliche Arbeit galt weiterhin vor allem den Doppelsternen. Im Leidener Jahresbericht für 1936 teilt er mit, daß am Töpferschen Meßapparat jetzt insgesamt 279 812 Ablesungen getätigt worden seien; davon gingen knapp 61 000 auf das persönliche Konto des „Chefs".

Um diese Zeit war Strand zweifellos der „Meisterschüler" Hertzsprungs. Ende September 1936 verteidigte Strand seine Doktorarbeit, und Hertzsprung trat als Opponent auf. Gegen Ende des Jahres begann Hertzsprung gemeinsam mit Strand, die Doppelsternmessungen in einem Kartenindex zusammenzufassen und mit einem Adressendrucker zu vervielfältigen[99].

In der astrometrischen Abteilung lief ein Programm zur Beobachtung von Meridiandurchgängen des Polarsterns. Eines Abends war es stark dunstig, so daß wenig Aussichten auf gute Beobachtungsmöglichkeiten bestanden. Trotzdem wurden 'alle Vorbereitungen für die Beobachtung getroffen. Doch als der Meridiandurchgang stattfinden sollte, war kein Stern am Himmel zu sehen. Wegen der großen Höhe des Polarsterns bewegt er sich jedoch sehr langsam und der Beobachter entschloß sich, doch noch einen Moment zu warten. Seine Geduld wurde belohnt: In letzter Minute vor dem Durchgang erschien der Stern, wenn auch nur gerade erkennbar. Nach der Beobachtung machte der Observator seine pflichtgemäße Eintragung auf einem Protokollzettel, der im Zimmer des Direktors hing. Die Eintragung lautete: „Objekt: Alpha Polaris, Besonderheiten: gut 6 Größen Extinktion". Als Hertzsprung morgens das Dienstzimmer betrat, war sein erster Weg wie stets zu den Beobachtungsprotokollen, um sich über die verschiedenen Observationen zu informieren. Als er von der Polaris-Beobachtung trotz 6 Größenklassen Extinktion las, riß er das Blatt von der Wand und rannte durch das ganze Gebäude. Überall, wo er jemanden antraf, verwies er auf die ausgezeichneten Beobachtungsmöglichkeiten in Leiden – selbst unter widrigen Umständen!

Hertzsprung liebte es auch, seine Mitarbeiter unversehens mit kniffligen Fragen zu konfrontieren. Als er eines Tages mit einigen Kollegen das Mittagessen einnahm, fragte er unvermittelt: „Was würde geschehen, wenn plötzlich das ganze Eis Grönlands abschmelzen würde?" Hertzsprung erwartete, daß niemand so schnell ausrechnen könne, wie stark der Meeresspiegel ansteigen müßte. Sein Schüler A. J. Wesselink wußte natürlich auch keinen Zahlenwert und antwortete deshalb: „Es wäre das erste Mal, daß die Dänen etwas von Grönland hätten"[100]. Darüber konnte Hertzsprung allerdings nicht lachen.

D as Jahr 1937 beginnt mit einer weiteren Ehrung für Hertzsprung: Die Astronomical Society of Pacific (ASP) erkennt ihm die Goldmedaille zu.

Hertzsprung bemüht sich um diese Zeit gerade um ein „Research Associate" am Lick Observatory, wo er mit dem 91-cm-Refraktor Doppelsternbeobachtungen durchführen will. Bei Gelegenheit dieser neuen USA-Reise soll ihm dann in San Franzisko auch die Goldmedaille überreicht werden. Die Reise beginnt am 14. Juni. Hätte es noch einer besonderen Motivation bedurft, so wäre die wenige Tage zuvor erfolgte Rückkehr van Gents aus Johannesburg ein willkommener „Schub" gewesen. Van Gent brachte 1300 Platten aus Johannesburg nach Leiden – „ja, wir arbeiten", kommentierte Hertzsprung lakonisch gegenüber seiner Schwester[101].

Ende Juli beginnt Hertzsprung mit seinen Beobachtungen. In knapp 6 Wochen belichtet er 73 Platten mit Doppelsternen. Der Name Hertzsprungs ist inzwischen vor allem für junge Astronomen bereits zu einer Legende geworden. Die zahlreichen Auszeichnungen tragen das ihre dazu bei, daß er ein gefragter Partner nicht nur für wissenschaftliche Diskussionen wird. Zunehmend werden auch Wünsche nach mehr oder weniger populären Vorträgen an ihn herangetragen. Doch Hertzsprung sagt ab, wie fast stets in solchen Fällen. Er hat weder die Neigung noch wohl auch die Fähigkeit zu solcherart Aktivitäten; vor allem aber sieht er darin eine Ablenkung von der Forschungsarbeit, die ihn weitgehend in Anspruch nimmt.

Am 20. September wird Hertzsprung die Bruce Gold Medal der Astronomical Society of Pacific überreicht. Bei dieser Gelegenheit muß er das Wort ergreifen, und er wählt dafür ein Thema, das ihm seit seiner ersten USA-Reise am Herzen liegt und das für die Entwicklung der Astronomie allergrößte Bedeutung besitzt. Hertzsprung spricht „On collaboration in Astronomy"[102].

Dieser Vortrag ist in mehrerer Hinsicht interessant: Er zeigt, daß Hertzsprung die Rolle der internationalen Zusammenarbeit unter den Astronomen für den Fortschritt der astronomischen Forschung hoch einschätzte. Es sei schwer vorstellbar, wo die Astronomie heute stünde, erklärt er in seiner Ansprache, wenn es die intensive Zusammenarbeit zwischen Astronomen und Institutionen nicht gäbe. Er selbst fühle sich in gewisser Weise autorisiert, über dieses Problem zu reden, da er inzwischen an 9 verschiedenen Observatorien gearbeitet und dabei reichlich Gelegenheit gehabt habe, den Nutzen der effizienten Unterstützung durch andere kennenzulernen.

Die Zusammenarbeit definiert Hertzsprung zutreffend jedoch nicht nur als die Verbindung unter den lebenden Astronomen, sondern auch als ein Band zwischen den Generationen durch die Auswertung zeitlich weit auseinanderliegender Beobachtungen, wie dies besonders bei Doppelsternmessungen üblich sei. Im Unterschied zu anderen Wissenschaften sind die Ergebnisse der Messungen früherer Generationen in der Astronomie oft nicht als überholtes Datenmaterial zu betrachten, sondern im Gegenteil: Erst die älteren Beobachtungen liefern im Zusammenspiel mit neueren Daten die gewünschten Erkenntnisse. Und wieder betont Hertzsprung das bei ihm so oft anklingende Motiv seines Wirkens. Eine Art „Forschungsethik": Die heute lebenden Wissenschaftler hätten durch Beobachtungen, deren Früchte erst künftige Generationen ernten könnten, einen Teil der Schuld abzutragen, die gegenüber den Vorgängern besteht, weil diese unter Verzicht auf Augenblickserfolge ebenfalls für die Zukunft gearbeitet hätten und wir heute die Nutznießer einer solchen Handlungsweise seien.

Eine der gegenwärtig am häufigsten gepflogenen Formen der Zusammenarbeit – führt Hertzsprung weiter aus – bestehe in der Herstellung fotografischer Aufnahmen an *einem* Ort und der Auswertung des Materials an einem *anderen*. Als Beispiel zitiert Hertzsprung die Cape Photographic Durchmusterung, deren Platten in Südafrika aufgenommen wurden, während die Auswertung in Groningen erfolgte. Hertzsprung nennt das Unternehmen ein „Monument der Zusammenarbeit" zwischen David Gill und J. C. Kapteyn. Er zitiert weitere Beispiele, wie das Unternehmen der Carte du Ciel und die von der Astronomischen Gesellschaft organisierte Form der Zusammenarbeit bei Meridianbeobachtungen.

Als ein herausragendes Beispiel der Zusammenarbeit verschiedener Observatorien für einen speziellen wissenschaftlichen Zweck erwähnt Hertzsprung selbstverständlich auch die Bestimmung der relativen Eigenbewegungen der Plejadensterne, die gegenwärtig in Leiden durchgeführt werde. Für diese Arbeiten würden Platten von 12 verschiedenen Sternwarten verwendet. Durch die Benutzung von Platten der Observatorien Algier, Bonn, Greenwich, Harvard, Helsingfors, Leiden, Oxford, Paris, Potsdam, Pulkovo, Taschkent und des Vatikan werde eine Genauigkeit erreicht, die ohne die Verwendung eines derartig extensiven Materials unmöglich wäre.

Schließlich führt Hertzsprung noch die Zusammenarbeit zwischen Leiden, Johannesburg und dem Bosscha-Observatorium in Lembang (Java) bei der fotografischen Fotometrie von 150 veränderlichen Sternen im größten Kugelsternhaufen des Himmels, Omega Centauri, an. Die Platten der Südstationen werden nach Leiden gesendet, wo sie ausgewertet und diskutiert würden.

Dann wendet sich Hertzsprung einer qualitativ anderen Art der Zusammenarbeit in der Astronomie zu, wie sie allerdings in anderen Wissenschaften auch erforderlich sei: dem Zusammenwirken zwischen Theorie und Praxis, in der Astronomie repräsentiert durch die Beobachtung.

Die Frage, ob die Theorie notwendiger sei oder die Beobachtung, gleiche der Frage, ob die Gebirge der Erde oder die Meere von größerer Schönheit seien. Wir benötigen beide und jede für sich bis an die Grenzen der menschlichen Möglichkeiten. Eines der besten Beispiele sei die Rolle von Tycho Brahe und Kepler in der Geschichte: Kepler habe seine Gesetze der Planetenbewegung nicht allein durch seine eigene Inspiration finden können, sondern auch durch die unübertroffen genauen Beobachtungen Tycho Brahes.

Hertzsprung warnt in diesem Zusammenhang vor einer Unterschätzung sogenannter Routinearbeiten. Einen guten Beobachter zu finden sei ebenso schwierig wie einen für theoretische Arbeiten geeigneten Forscher. Notwendig seien sie beide.

Nun erläutert Hertzsprung das Verhältnis zwischen Theorie und Praxis an einigen ausgewählten Beispielen, die erkennen lassen, daß er sich auch in der ansonsten von ihm nirgends herangezogenen

Geschichte der Astronomie gut auskannte: Rømer habe die Verfinsterungen der Jupitermonde für Navigationszwecke benutzen wollen und fand die Lichtgeschwindigkeit[103]; Herschel wollte Sternparallaxen bestimmen und entdeckte Bewegungen, die er sich nie hatte träumen lassen. Bradley machte genaue Meridianbeobachtungen und fand die Aberration des Lichts – eine perfekte Überraschung.

Natürlich fehlt auch Schwarzschild nicht unter Hertzsprungs Beispielen – ein Beleg, daß sich die beiden wohl auch oft über die Seltsamkeiten von Forschungswegen unterhalten haben müssen: Schwarzschild entwickelte die Methode der extrafokalen fotografischen Fotometrie und benutzte als Beispiele die Lichtkurven der 2 Veränderlichen Beta Lyrae und Eta Aquilae. Auf diesem Wege entdeckte er die Farbenvariation des letzteren – die Fotoplatte war hierfür geeigneter als das menschliche Auge. Hartmann wollte die Bahn von Delta Orionis spektroskopisch untersuchen und fand die ruhende Kalziumlinie – ein völlig unerwartetes Ergebnis.

Hertzsprung stellt in diesem Zusammenhang die Frage, ob nicht die meisten wichtigen Entdeckungen – wenn auch oft unbewußt – durch eifrige Beobachter zustande gekommen seien, jedenfalls in stärkerem Maße als durch theoretische Überlegungen. Mit diesen Äußerungen sei keineswegs beabsichtigt, die Bedeutung der Theorie zu verneinen. Hertzsprung wünscht jedoch, die Rolle der Beobachtung und der Beobachter stärker anerkannt zu sehen.

Im folgenden ausführlichen Teil widmet er sich nach diesen generellen Bemerkungen einem Gebiet, das ihm nicht nur ans Herz gewachsen war, sondern auf dem er die Zusammenarbeit persönlich auch am intensivsten erlebt und praktiziert hatte: den Doppelsternen.

Gegen Ende seiner USA-Reise gab es noch einige touristische Attraktionen gemeinsam mit Dr. Kuiper und dessen Frau: Man reiste im Auto via San Franzisko, besichtigte Grand Cañon, den Arizonameteoritenkrater und stattete dem Yerkes Observatory sowie dem Harvard Observatory einen Besuch ab. Im Dezember traf Hertzsprung wieder in Kopenhagen ein und konnte zu Jahresbeginn 1938 mit der Auswertung der Platten beginnen.

Hertzsprung sprach von einem großen Erfolg seiner Reise. Das Resultat seiner Arbeit am Lick-Refraktor waren 217 Platten, ein extrem erstaunliches Ergebnis angesichts der vergleichsweise kurzen Aufenthaltszeit[104].

Noch bevor im August die Tagung der Internationalen Astronomischen Union in Stockholm beginnen würde, wollte Hertzsprung die Ausmessung der Platten beendet haben, um dann – wie immer mit seiner Tochter Rigel – in die Ferien zu fahren; diesmal nach Schweden, und von dort gleich anschließend zur IAU-Tagung.

Nach der IAU-Tagung war eine neue Südafrikareise vorzubereiten, die am 14. Dezember begann und bis zum 23. 3. 1939 dauerte. Aus Paris war inzwischen die Mitteilung eingetroffen, daß Hertzsprung zum Korrespondenten der Sektion Astronomie der Pariser Académie des Sciences gewählt worden war[105].

In Johannesburg gab es wieder ein Treffen mit Wood, aber auch mit van den Bos und Hertzsprungs Schüler A. de Sitter. Höhepunkt seines Aufenthaltes war diesmal die Einweihung eines neuen Instrumentes durch Hertzsprung: Am Union Observatory ging der 41-cm-Doppelastrograph in Betrieb.

Auf der Rückreise besuchte Hertzsprung in England seinen Neffen Leif Ditlevsen und dessen Familie. Wie Hertzsprung selbst war dieser Chemieingenieur und arbeitete in den Zementwerken von Pitstone. Ursprünglich war der Aufenthalt nur für ein oder zwei Jahre geplant, doch dann wurde daraus eine förmliche Emigration, die bis zum Ende des Zweiten Weltkrieges dauerte[106].

In Leiden wurde hauptsächlich an den veränderlichen Sternen weitergearbeitet. Betty van Bueren, 1939 und 1940 Assistentin bei Hertzsprung, erinnert sich, daß die Mitarbeiter die Johannesburger Platten auszuwerten hatten, wobei das Ziel darin bestand, durch Bestimmung der scheinbaren Helligkeiten die Lichtkurven und Perioden zu ermitteln. Dies war natürlich eine wenig attraktive Routinearbeit. Nur der letzte Teil war spannend: die Bestimmung der Periode. Das wußte Hertzsprung natürlich auch, und nur zu gern schaltete er sich in diesem entscheidenden Moment selbst in die Auswertung ein. Meist nach Feierabend ging er durch die Räume der Sternwarte und sah sich den Arbeitsstand der verschiedenen Mitarbeiter an. War jemand kurz vor der Periodenbestimmung angekommen, führte er diesen Teil der Arbeit selbst durch, und am nächsten Morgen fand der Mitarbeiter zu seiner Enttäuschung das Ergebnis fertig vor. Deshalb versteckten die Assistenten ihre Papiere, bevor sie nach Hause gingen, damit ihnen der interessanteste Teil ihrer Arbeit nicht „gestohlen" werden konnte.

Während ausnahmslos alle männlichen Mitarbeiter und Kollegen Hertzsprungs immer wieder darauf hinweisen, daß es kaum je zu privaten Gesprächen mit ihm gekommen sei, erinnert sich Betty van Bueren daran, daß ihr Hertzsprung eines Tages Fotos zeigte, auf denen er als junger Mann auf dem Gipfel des Monte Rosa stand. Immerhin lag dieses Ereignis damals mehr als 3 Jahrzehnte zurück. Wenn Hertzsprung einer jungen Studentin davon erzählte, scheint er doch wohl keineswegs wirklich so unsentimental gewesen zu sein, wie es oftmals den Anschein hatte; zumindest im Alter – er war jetzt 66 Jahre alt – ist die frühere Strenge wohl zunehmend menschlicheren Haltungen gewichen[107].

Der Nomenklaturstreit

Für die Forschungsarbeit auf dem Gebiet der veränderlichen Sterne ist die Nomenklatur dieser Objekte von großer Bedeutung. Erfolgt die Bezeichnung nicht nach einheitlichen Prinzipien, die international verbindlich sind, so ergeben sich zahlreiche Schwierigkeiten bei der Identifizierung der Objekte und bei der internationalen Zusammenarbeit. Das erste System der Benennung veränderlicher Sterne stammte von Argelander. Die Notwendigkeit ergab sich unmittelbar aus der großen Anzahl der von ihm und seinen Mitarbeitern im Rahmen der Bonner Durchmusterung entdeckten Variablen. Aus der Vermutung, daß die Veränderlichkeit eine vergleichsweise seltene Erscheinung unter den Sternen darstellt, schlug Argelander vor, die für Nomenklaturzwecke noch nicht benutzten letzten großen Buchstaben des Alphabets ab R zu verwenden. Jeder Veränderliche sollte demnach mit R, S, T usw. sowie dem lateinischen Genitiv des zugehörigen Sternbilds bezeichnet werden.

Als die Zahl der Buchstaben jedoch nicht ausreichte, um der Flut von Entdeckungen gerecht zu werden, entschloß man sich zur Verwendung von Doppelbuchstaben RR, RS und fügte später noch die Reihe AA … AZ, BB … BZ bis QQ … QZ hinzu, so daß insgesamt 334 Buchstabenbezeichnungen für jedes Sternbild zur Verfügung standen. Am Rande sei in diesem Zusammenhang erwähnt, daß nun auch die präzise Definition der Sternbildgrenzen Bedeutung gewann, so daß die IAU eine verbindliche Lösung herbeiführen mußte, die 1930 in der „Délimination Scientifique des Constellations" in der Bearbeitung von Delporte dokumentiert wurde. Ergänzt wurde die Regelung für die Bezeichnung von Sternen schließlich noch durch die Einführung von Bezeichnungen V 335, V 336 usw. für Veränderliche in Sternbildern, bei denen durch die hohe Anzahl von Entdeckungen bereits die Grenze QZ erreicht war.

Lange Zeit hatte die „Astronomische Gesellschaft" mit ihrer „Veränderlichen Kommission" das Monopol der Bezeichnungsvergabe. Die große Autorität der Gesellschaft auf dem Gebiet der veränderlichen Sterne gründete sich vor allem auf dem 1918–1922 von Müller und Hartwig herausgebrachten Standardwerk *Geschichte und Literatur des Lichtwechsels der bis Ende 1915 sicher als veränderlich anerkannten Sterne*, dem 1934 und 1936 noch 2 Bände einer zweiten von R. Prager besorgten Ausgabe folgten[108].

Nach dem Ersten Weltkrieg hatte die „Astronomische Gesellschaft" jedoch weitgehend ihre weltweite Anerkennung als internationale Vereinigung eingebüßt. Nachdem nun Prager unter den herrschenden politischen Verhältnissen in Deutschland gezwungen war, in die USA zu emigrieren, kam es zu ernsten Auseinandersetzungen über die Nomenklatur der veränderlichen Sterne, an denen sich vor allem Shapley und Hertzsprung beteiligten.

Hertzsprung wandte sich im Februar 1937 an den Sprecher der Veränderlichen-Kommission der Astronomischen Gesellschaft, Professor Guthnick, und gab unumwunden seiner Meinung Ausdruck, daß er die Astronomische Gesellschaft nicht für die geeignete Institution halte, die Nomenklaturfrage ohne internationale Abstimmung weiter zu betreiben. „Es ist nicht gut, wenn internationale Angelegenheiten in den Händen von national einseitig orientierten oder beeinflußten Gesellschaften (ob es nun die Astronomische Gesellschaft unter deutscher Kontrolle oder die I.A.U. ohne Deutschland sei) verbleibt. Solche Angelegenheiten gehören – auch wenn sie (so wie z. B. die Benennung von neuentdeckten veränderlichen Sternen) nicht von welterschütternder Bedeutung sind – unter wahrlich internationale Aufsicht"[109].

Guthnick war – wahrscheinlich angesichts des großen Engagements, mit dem sich die Gesellschaft und er persönlich den veränderlichen Sternen seit vielen Jahren gewidmet hatten – über dieses Schreiben dermaßen gekränkt, daß er es unbeantwortet ließ. Hertzsprung wandte sich daraufhin gemeinsam mit Shapley an die Astronomische Gesellschaft und brachte dort den Antrag ein, die Gesellschaft möge künftig keine Benennungslisten mehr veröffentlichen, „da für diese eine internationale Kontrolle nötig sei"[110].

Hierauf antwortete nun H. Ludendorff als Vorsitzender der Astronomischen Gesellschaft: „Ihr Brief und das ihm beiliegende von Shapley und Ihnen unterzeichnete Schreiben hat bei mir großes Erstaunen ausgelöst ... Ich erlaube mir, Sie darauf aufmerksam zu machen, daß die Astronomische Gesellschaft eine internationale Gesellschaft ist und daß der Veränderlichen-Kommission eine prozentual sehr erhebliche Zahl nicht-deutscher Mitglieder angehört, die keiner Beschränkung unterliegt. Die internationale Kontrolle ist also vorhanden ... So wie der Antrag mir vorliegt, hat er meines Erachtens nicht die geringste Aussicht auf Annahme weder im Vorstande noch im Plenum der Astronomischen Gesellschaft. Jeder wird und muß ihn als eine feindseelige Aktion gegen die Astronomische Gesellschaft auffassen. Wollen Sie bitte beachten, daß die Astronomische Gesellschaft sehr erhebliche Verdienste um die Erforschung der Veränderlichen hat, die Prof. Shapley und Sie wohl kaum bestreiten können. Dagegen sind doch die Verdienste der I.A.U. auf diesem Gebiet zur Zeit noch recht bescheiden. Nicht als Vorsitzender der Astronomischen Gesellschaft, sondern in meiner Eigenschaft als Deutscher möchte ich noch Folgendes bemerken: Sie sprechen am Schluße Ihres Briefes die Hoffnung aus, daß Deutschland nun bald der I.A.U. beitreten werde. Ihr Vorgehen ist nicht geeignet, in uns deutschen Astronomen das Verlangen danach zu verstärken. Wir haben, manchmal nicht ohne Selbstüberwindung, alles dazu getan, damit wenigstens unter den Gelehrten Frieden herrscht. Wir müssen aber verlangen, daß von der anderen Seite dieser kaum erreichte Frieden nun nicht wieder gestört wird. Das tun Sie und Prof. Shapley mit Ihrem erstaunlichen Schreiben."[114]

Hertzsprung sah in den von Ludendorff vorgetragenen Argumenten keinen Anlaß von seiner Meinung abzurücken; worin die „Kränkung" bestehen solle, sei ihm unbegreiflich. Vielmehr sieht Hertzsprung in Ludendorffs Schreiben eine Bestätigung der Notwendigkeit internationaler Kontrolle bei der Benennung von neuentdeckten Veränderlichen. Weiter heißt es dann: „Ich weiß wohl, daß die Astronomische Gesellschaft nach ihren Statuten international ist und daß es jedem, unabhängig von seiner Staatsangehörigkeit, offen steht, die Mitgliedschaft der A. G. zu beantragen. Aber damit ist noch nicht gesagt, daß die A. G. international ist in dem Sinne, worauf es hier ankommt. Abgesehen von den Bestimmungen, wonach der Sitz der Gesellschaft an Deutschland gebunden ist und die leitende Sprache deutsch sein soll, kann man einen Verein oder eine Kommission mit national einseitiger Majorität (so wie die A. G. Kommission für veränderliche Sterne eine ist) in dem vorliegenden Verbande nicht mit Recht international nennen ... Während all den Jahren meiner Mitgliedschaft der A. G.-Kommission habe ich niemals eine Benennungsliste zur Gutheißung vorgelegt bekommen! Auf dem ‚Katalog und Ephemeriden veränderlicher Sterne für 1937' steht: ‚Im Auftrage der A. G.-Kommission für die veränderlichen Sterne bearbeitet von H. Schneller'. An diesem Auftrag an Dr. Schneller habe ich aber keinen Anteil und bin auch nicht um meine Meinung ... gefragt (worden) ... in Anerkennung der von deutscher Seite gemachten großen Arbeit auf dem Gebiet der Katalogisierung veränderlicher Sterne sind von internationaler Seite kaum Einwände von Bedeutung erhoben worden. Dies ist aber mit dem Rücktritt von Professor Prager anders geworden. Dadurch ist eine

Situation geschaffen, die meines Erachtens international unhaltbar ist. Der Vorschlag, bei der vorhandenen Sachlage keine neue Benennungsliste herauszugeben, bis eine wahrlich internationale Lösung gefunden sei, kommt mir als sehr bescheiden vor und ich sehe nicht ein, daß wissenschaftliche Gründe dem entgegenstehen könnten"[112].

Der Konflikt fand unter den gegebenen Umständen keine Lösung. Prager publizierte den ursprünglich von der Astronomischen Gesellschaft vorgesehenen Ergänzungsband in den *Harvard Annals* (1941), während die Fortführung des Unternehmens in Deutschland durch den Ausbruch des Zweiten Weltkrieges ins Stocken geriet. Der 3. Band kam erst im Jahre 1952 unter der Schirmherrschaft der Deutschen Akademie der Wissenschaften der damaligen DDR heraus, ebenso wie die Bände 4 und 5. Die „Astronomische Gesellschaft" war daran nicht beteiligt[113]. Was das Problem der Nomenklatur anbelangt, so wurde es weiterhin uneinheitlich gehandhabt, wobei sich allerdings die bei Harvard gepflegte Variante zunehmend international durchsetzte[114].

„*Eine verrückte Welt*" – *Der Zweite Weltkrieg*

Am 1. September 1939 begann der Zweite Weltkrieg mit dem deutschen Überfall auf Polen. Zwei Tage später erfolgte die Kriegserklärung an England und Frankreich. Schon zu diesem Zeitpunkt war abzusehen, daß die Wissenschaft unter dem Geschehen mit Sicherheit zu leiden haben würde. „Wir leben in einer verrückten Welt", schrieb Hertzsprung wenige Tage nach Kriegsbeginn an seine Schwester[115].

Wie schon während des Ersten Weltkrieges als Däne in Deutschland war auch diesmal Hertzsprungs Lage besonders kompliziert, wenn auch in anderer Weise als 1914–1918.

Daß er für die Nazis nicht die geringste Sympathie hatte und den Krieg verurteilte, ist klar belegt: „Der einzige Trost ist, daß es keinen Zweifel über das Endergebnis dieses Krieges geben kann, aber wie lange wird das dauern?", schrieb er seinem Neffen in den Wochen vor der Besetzung Hollands durch die deutsche Wehrmacht[116]. Zu diesem frühen Zeitpunkt herrschte die Überzeugung von der Aussichtslosigkeit des Krieges für die Deutschen noch keineswegs allgemein. Die Vorbereitungen für eine militärische Aktion in Skandinavien dürfte den überzeugten Dänen Hertzsprung nur noch mehr gegen die Nazis aufgebracht haben.

Die dänische Regierung sah sich allerdings angesichts ihrer militärischen Schwäche zu einer weitgehenden Zusammenarbeit mit den Nazis veranlaßt, nachdem diese im Rahmen der Aktion „Weserübung" am 9. April 1940 ohne Kriegserklärung in Dänemark einmarschiert und dabei kaum auf Widerstand gestoßen waren[117]. In der Tat ist Dänemark vergleichsweise wenig von den Kriegsfolgen betroffen gewesen. Andererseits kann natürlich nicht der geringste Zweifel daran bestehen, daß die Dänen die Besetzung nicht nur als schockierend, sondern auch als ausgesprochen demütigend empfanden. Die relativ unveränderte Stabilität Dänemarks auf wirtschaftlichem Gebiet war vor allem eine Folge der Abnahme dänischer Agrarprodukte während der gesamten Kriegsjahre durch Deutschland und der Einfuhr deutscher Kohle, Chemikalien, Düngemittel usw. nach Dänemark.

In Holland war die Lage völlig anders. Die Holländer leisteten entschiedenen Widerstand gegen die Nazis, und das Besatzungsregime reagierte mit großer Härte. An der Universität Leiden wurden z. B. alle jüdischen Professoren bereits im Jahre 1940 von ihren Stellen entfernt. Als Protest gegen diese Maßnahme traten die meisten anderen Professoren ebenfalls zurück, darunter z. B. am Leidener Observatorium auch Professor Oort, der spätere Nachfolger Hertzsprungs im Amt. Hertzsprung jedoch trat nicht zurück. Nicht aus Sympathie für die Nazis, sondern weil er einen solchen Schritt für nutzlos und selbstzerstörerisch hielt. Getreu seinem schon während des Ersten Weltkrieges apodiktisch formulierten Leitsatz „Meine einzige Aufgabe hier besteht darin, Astronomie zu treiben", räumte er auch jetzt der Fortsetzung der Forschungen höchste Priorität ein[118]. Das haben manche seiner Mitarbeiter sicher nicht verstanden oder sogar falsch interpretiert, zumal Hertzsprung bekanntlich kaum mit jemandem solche Probleme besprach. Als sich an der Leidener Sternwarte eine Widerstandsgruppe gegen die Nazis unter den jüngeren Astronomen bildete, hielt man es für angemessen, Hertzsprung davon nichts wissen zu lassen, da dieser doch zumindest nach außen stets auf einer neutralen Position bestand[119].

Hertzsprung hörte ständig die „verbotenen" Rundfunksender, um sich über den Kriegsverlauf ein objektives Bild machen zu können, und er berichtete auch ohne Scheu seinen Mitarbeitern, welche Informationen er auf diese Weise bekommen hatte[120]. Hertzsprungs Schüler Wesselink erinnert sich, wie Hertzsprung eines Nachts zum klaren Himmel emporwies, auf die Plejaden zeigte und bemerkte: „Dort ist glücklicherweise einiges, was die Nazis nicht antasten können"[121].

Vor der Besetzung Hollands betätigte sich Hertzsprung innerhalb der Familie als Kurier, denn sein Neffe Leif in England konnte auf direktem Wege keine Briefe mehr an seine Mutter in Dänemark senden. Nach der Besetzung Hollands war auch dieser Weg versperrt oder so unregelmäßig und langsam, daß von einer ungestörten Korrespondenz keine Rede mehr sein konnte[122].

Im Jahre 1941 verschlechterte sich die Versorgungslage in Holland merklich, während der Standard in Dänemark weitgehend unverändert geblieben war. Dänen, die in Holland lebten, durften jetzt Päckchen mit Nahrungsmitteln aus Dänemark empfangen. Hertzsprung schrieb an seine Schwester, sie solle erkunden, wie dies zu bewerkstelligen sei[123]. 2 $\frac{1}{2}$ kg Schinken und 1 $\frac{1}{2}$ kg Käse sind das erste Resultat dieser Bemühungen von Ende September 1941.

Nunmehr dominieren Dankschreiben für Lebensmittelsendungen in fast allen der wenigen Briefe, die unter den herrschenden Bedingungen den Weg von Holland nach Dänemark fanden[124]. Den Umständen entsprechend sei alles in Ordnung, vermeldet Hertzsprung der Schwester im November 1941[125], er arbeite viel, sei aber nicht erschöpft[126].

Dennoch begann Hertzsprung nun über sein Ausscheiden aus der Funktion des Direktors nachzudenken. Immerhin stand 1943 sein 70. Geburtstag bevor – ein „offizielles" Datum[127].

Daß er seine Tätigkeit mit erstaunlicher Intensität fortsetzt, davon zeugen die Publikationen, die allerdings unter den herrschenden Bedingungen ausschließlich im *Bulletin of the Astronomical Institutes of the Netherlands* (BAN) erscheinen: Allein im Kriegsjahr 1942 erscheint Hertzsprungs Name 18mal im Autorenregister des BAN!

Inhaltlich handelt es sich fast ausnahmslos um Doppelsterne oder veränderliche Sterne; von Thema und Umfang sind es kleinere oder kleinste Arbeiten bis hin zu wenige Zeilen umfassenden Notizen, etwa der Anzeige eines neu als Bedeckungsveränderlicher erkannten Sterns, Periodenbestimmungen oder überhaupt nur die Mitteilung von Meßergebnissen[128].

Der 70. Geburtstag Hertzsprungs am 8. Oktober 1943 wurde bescheiden gefeiert. Die befreundete Familie Holst-Weber kam zum Abendessen[129]. Auch den Weihnachtsabend verbrachte Hertzsprung mit dänischen Freunden. Hertzsprung und Tochter Rigel waren bei der Familie des befreundeten dänischen Ingenieurs Lassen Nielssen eingeladen[130].

Offiziell hätte Hertzsprungs Tätigkeit im September 1944 zu Ende gehen sollen, doch wegen der Kriegsereignisse wurde der Amtswechsel noch aufgeschoben. Hertzsprung bereitete aber alles für seinen Abschied aus Holland vor. Seine Absicht bestand darin, im Anschluß an die Entpflichtung von seinen Ämtern nach Dänemark zurückzukehren und dort als freier Forscher weiterzuarbeiten[131]. Dazu war es jedoch unbedingt erforderlich, die Plattenmeßmaschine zur Verfügung zu haben. Hertzsprung hoffte auf die Hilfe der Carlsberg-Foundation.

In Dänemark kümmerte sich inzwischen Professor Nørlund um die Verwirklichung von Hertzsprungs Wünschen, denn ohne jede personelle Hilfe würde eine unabhängige Fortsetzung der Forschungen natürlich nicht möglich sein. Deshalb suchte Hertzsprung nach einem Arrangement mit der Kopenhagener Universität. Die Leidener Amtszeit war inzwischen bis Ende August 1945 verlängert worden[132].

Die äußere Lage Hertzsprungs und seiner Tochter hat inzwischen durch den Fortgang des Krieges – wie überall in Holland –

dramatische Formen angenommen. Hertzsprung und Rigel haben
keine Haushaltshilfe mehr und leben gemeinsam in einem einzigen großen Raum, der zugleich als Wohnzimmer, Küche, Arbeits-
raum und Speisezimmer fungiert. Zum Kochen und Heizen dient
ein Ofen. Seit Monaten sind die Lebensmittelsendungen des Roten
Kreuzes ausgeblieben. Der Postverkehr ist fast zum Erliegen gekommen. Die Weihnachtsgrüße von Schwester Ellen treffen nach
74 Tagen Laufzeit am 11. Februar 1945 ein[133]. Hertzsprung muß
unter diesen Umständen eingestehen, daß es schwierig ist, Zeit für
die astronomische Forschungsarbeit zu finden. Zum ersten Mal läßt
er auch deutlich das Gefühl anklingen, daß seine Zeit in Leiden
vorüber sei. Erstklassige Kandidaten warteten auf die Nachfolge.
Für die Zeit nach seinem Weggang plant er jedoch eine enge Zusammenarbeit zwischen den Sternwarten in Kopenhagen und Leiden.

Ende Februar schreibt er der Schwester: „Zu Beginn des näch-
sten Monats erwarten wir ein Geschenk des Schwedischen Roten
Kreuzes mit 125 g Margarine und 800 g Brot pro Person. Wenn das
Päckchen eintrifft, werden wir die schwedische Flagge auf unseren
Tisch stellen"[134].

Inzwischen war das Haus der Nielssens in Den Haag ein Opfer
von Bomben geworden, und die Familie kam nach Leiden, um bei
Hertzsprung ein Dach über dem Kopf zu haben. So bekam Tochter
Rigel die Gesellschaft der beiden Töchter des befreundeten Ehe-
paars – eine willkommene Abwechslung in den tristen Zeiten[135].

Als die schwedische Lebensmittelsendung eintraf, gestand Hertzsprung, seit langer Zeit zum ersten Mal wieder Brot gesehen zu
haben[136]. In den großen Städten Hollands herrschte der Hun-
ger. Auch fehlte es an elektrischem Strom, so daß man keine
Rundfunknachrichten mehr empfangen konnte. Trotz einer drasti-
schen Gewichtsabnahme überstand Hertzsprung die schwierigen
Zeiten ohne gesundheitliche Beeinträchtigungen[137].

Endlich war der Krieg zu Ende – und mit jenem Ergebnis, das
Hertzsprung immer vorausgesehen hatte.

Seit dem Herbst 1944 hatte Hertzsprung die Sternwarte als
amtierender Direktor geleitet. Am 18. Juni konnte er sie seinem

Nachfolger übergeben: Jan Hendrik Oort – ein weiterer glanzvoller Name in der jüngeren Geschichte des Leidener Observatoriums[138]. Doch die Zukunft Hertzsprungs ist noch immer ungewiß: Der 72jährige hat noch keine konkreten Arrangements, wie sich sein weiteres Leben und Forschen in Dänemark gestalten kann. Sein Wunsch ist es, in der Nähe Kopenhagens zu wohnen, um ständigen Kontakt zur Universitätssternwarte halten zu können. Dort hatte man sich inzwischen nicht nur einverstanden erklärt mit der weiteren freien Tätigkeit Hertzsprungs in lockerer Verbindung mit der Universität, sondern sogar ausgesprochen erfreut reagiert. Mit Bengt Strömgren, dem neuen Direktor der Kopenhagener Sternwarte, gab es ein ausgesprochen gutes Einvernehmen.

Um in Dänemark die zukünftige Arbeit vorzubereiten, folgen mehrere Reisen, die aber zunächst noch nicht die definitive Übersiedlung bedeuteten. Den ersten, längeren Aufenthalt kündigte Tochter Rigel gegenüber ihrer Tante am 16. September 1946 an: „Morgen fliegt Vater nach Malmö und übermorgen wird er in Kopenhagen sein. Er freut sich auf Dänemark"[139].

Frühjahr und Sommer 1945 verbrachte Hertzsprung mit seiner Schwester in Gentofte unweit von Kopenhagen. Dort traf er auch mit seinem Neffen Leif Ditlevsen sowie dessen Frau und Kindern zusammen, die ebenfalls erstmals nach dem Kriege wieder in Dänemark weilten. Als Ellen mit Schwiegertochter und Enkelkindern den Sommerurlaub an der Nordküste von Sjaelland verbringen, bleibt Hertzsprung allein in Gentofte zurück. Von hier aus fährt er häufig zur Universitätssternwarte, um die Rechenmaschine zu benutzen. Außerdem hört er viel Radio. Zufällig erklingt eines Tages Chopins op. 66, und er vermerkt, daß ihm dieses Stück viel besser gefalle als moderne Musik[140]. Erinnerungen an die Musik im Elternhaus während der Jugendzeit steigen auf.

Noch einmal gibt es in Leiden eine „Dienstpflicht": Am 25. Juni 1946 haben einige Schüler und Freunde Hertzsprungs in den Lesesaal der Leidener Sternwarte geladen, um offiziell von ihrem langjährigen Mitarbeiter und Direktor Abschied zu nehmen. Neben Oort und Oosterhoff sind u. a. die Witwe de Sitters, aus Amsterdam Pannekoek und dessen Nachfolger Zanstra sowie die Holst-Webers anwesend; viele Interessenten lassen sich auch entschuldigen, weil an der Universität gerade die Examina abgenommen werden.

Oort hielt eine Laudatio auf Hertzsprung und würdigte die wissenschaftliche Lebensarbeit. Die Kunst bei solchen Anlässen sei es, die geeignete Grenze zur Übertreibung nicht zu überschreiten, die in Holland wohl höher liege als in Dänemark, kommentierte Hertzsprung die Abschiedsfeier gegenüber seiner Schwester[141]. Doch alles in allem zeigte er sich hocherfreut, und der Vergleich, den Oort mit Bezug auf Hertzsprungs Beobachtungsfleiß und -genauigkeit gebrauchte, indem er ihn Tycho Brahe an die Seite stellte, war sicherlich keine Übertreibung[142].

Die Kollegen und Freunde überreichten ihm eine prachtvoll gebundene Sammlung all seiner Publikationen aus dem *Bulletin of the Astronomical Institutions of the Netherlands* mit einem eigens für dieses Unikat erstellten Register[143].

Jetzt waren die Tage in Leiden gezählt. Die Abreise war für den 5. August geplant, und das Reiseziel hieß Tølløse in Dänemark, unweit von Kopenhagen.

Teil V

Die Jahre in Tølløse (1946 – 1967)

Die Jahre in Tølløse (1946 – 1967)

Tølløse ist ein kleines Dorf vor den Toren Kopenhagens, das etwa 60 km westlich der dänischen Hauptstadt liegt und mit der Bahn in 40 Minuten zu erreichen ist. Die Wahl Hertzsprungs war nicht zufällig auf Tølløse gefallen. In unmittelbarer Nähe des Dorfes, in Brorfelde, wurde damals gerade die neue Kopenhagener Sternwarte gebaut. Auf diese Weise hoffte Hertzsprung zu Recht, Kontakt zu wissenschaftlichen Gesprächspartnern pflegen zu können und auch eine größere wissenschaftliche Bibliothek zur Verfügung zu haben.

Aus dieser Zeit datiert die Bekanntschaft Hertzsprungs mit dem damals 27jährigen dänischen Astrophysiker Kjeld Gyldenkerne, der kurz zuvor für seine Arbeiten mit der Goldmedaille der Universität Kopenhagen ausgezeichnet worden war. Gyldenkerne war seit 1943 Mitarbeiter am Geodätischen Institut und an der Sternwarte der Universität Kopenhagen und wurde nun – wenn auch nicht ausschließlich – für 4 Jahre Hertzsprungs Assistent[1].

Die Gyldenkernes hatten sich in Alt-Tølløse niedergelassen, 5 km vom Observatorium Brorfelde entfernt. Eines Tages trafen sich Hertzsprung und Gyldenkerne in Kopenhagen, und Hertzsprung – auf der Suche nach einem Haus in Tølløse – fragte: „Kennen Sie Lindegården in Alt-Tølløse?" Gyldenkerne antwortete: „Ja, dort wohne ich". Hertzsprung kommentierte diese Antwort lediglich mit einem knappen „Oh!". Kurz darauf kam er mit dem jungen dänischen Architekten Erik Möller, um sich das Haus anzusehen, das er offensichtlich in die nähere Wahl für seinen künftigen Aufenthalt gezogen hatte. Es störte Hertzsprung nicht im geringsten, daß Gyldenkerne gegebenenfalls ausziehen und sich mit seiner Familie eine andere Wohnung hätte suchen müssen[2]. „Ich wußte mir keinen anderen Rat", erinnert sich Gyldenkerne, „als für Hertzsprung den Kauf eines Hauses in Villavej 6, nahe dem Bahnhof Tølløse und 2 km von Alt-Tølløse entfernt, zu arrangieren"[3].

Das Toepfersche Plattenmeßgerät war inzwischen aus Leiden nach Dänemark gebracht worden, und Gyldenkerne bekam den

Auftrag, die von Hertzsprung 1937 am Lick Observatory aufgenommenen Platten erneut sorgfältig zu vermessen. Das geschah natürlich unter ständiger strenger Kontrolle Hertzsprungs. Auf seinen täglichen Spaziergängen kam Hertzsprung fast immer in Lindegården vorbei und unterhielt sich mit seinem Assistenten über die Messungen und andere, meist wissenschaftliche Fragen.

Einige Monate später hielt es Hertzsprung aber ohne seine geliebte Plattenmeßmaschine nicht mehr aus, und er wollte selbst täglich einige Stunden an dem Instrument verbringen. Da fragte Hertzsprung: „Kann ich morgen anfangen?", und Gyldenkerne war in einer Zwickmühle: „Natürlich mußte ich ja sagen, obwohl der nächste Tag ein Sonntag war. Es war im kalten Winter 1947, und ich mußte sparsam mit dem Heizmaterial umgehen. In einem Raum stand in einer Ecke der Ofen, in der zweiten Ecke war meine Frau mit unserem Baby, in der dritten saß ich an meinem Schreibtisch und in der vierten Hertzsprung mit seinem Meßinstrument. Ihm machte das nichts aus, wohl aber meiner Frau und mir, und so wurde der Meßapparat am nächsten Tag in ein anderes Zimmer unter dem Dach gebracht"[4].

Die innere Befriedigung, die Hertzsprung bei seinen Routinepräzisionsmessungen empfand, war groß, weil sie bei ihm mit dem Gefühl verbunden war, etwas für die Wissenschaft wichtiges zu tun. Äußere Hindernisse interessierten ihn dabei wenig.[5]

Ein besonders skurriles Beispiel für Hertzsprungs förmliche Sucht, an seinen Meßapparat zu kommen, berichtete Gyldenkerne in anderem Zusammenhang: Hertzsprung, der sonst stets pünktlich kam, hatte sich verspätet und fand das Haus verschlossen vor; die Gyldenkernes befanden sich auf einer Beerdigung auf dem gegenüber dem Haus gelegenen Friedhof. Als sie zurückkamen, saß Hertzsprung an seiner Meßmaschine! Auf die Frage, wie er ohne Schlüssel in das Haus gekommen sei, verwies Hertzsprung auf das offene Fenster der Speisekammer. Später stellte sich heraus, daß einige Teilnehmer der Beerdigung Zeuge des eigenartigen Schauspiels gewesen waren, wie der 74jährige Gelehrte sich durch das in 1,5 m Höhe liegende Fenster ins Innere des Hauses gehangelt hatte.

Mit Ehrungen war Hertzsprung wahrlich reich gesegnet. Doch aus dem Land, dem er sich sein ganzes Leben hindurch am meisten verbunden gefühlt hatte, war wenig offizielle Anerkennung gekommen. Doch jetzt wurde aufgeholt: Aus Anlaß des 400. Geburtstages von Tycho Brahe wurden gleich mehrere namhafte Astronomen zu Ehrendoktoren der Kopenhagener Universität promoviert. Neben Hertzsprung waren es u. a. Rosseland, Danjon, Spencer Jones, A. A. Michailov, Harlow Shapley und Lindblad[6]. Doch Hertzsprung scheint diese „Massenabfertigung" nicht besonders geschätzt zu haben, denn er erwähnte die Ehrung weder in seinen Briefen an die Schwester, die ja ansonsten jede Kleinigkeit enthielten, noch in den Kurzbiographien, die er selbst für *Kraks blå bog* und *Dansk Civilingeniorstat* verfaßt hat[7].

Die Plattenmeßmaschine war nach Beendigung von Gyldenkernes Assistentenzeit in Hertzsprungs Haus Villavej 6 gebracht worden, wo Hertzsprung nun nach Herzenslust daran arbeiten konnte. Im Januar 1947 war außerdem seine jetzt 31jährige Tochter Rigel aus Holland bei ihm eingetroffen, die sich nun um die Hauswirtschaft kümmerte.

1947 ging Hertzsprung mit Rigel für 6 Monate nach Leiden, um seine Forschungen fortzuführen. Beim Abschied fragte ihn sein Nachfolger Oort, wann er denn wiederkäme[8]. Die von Hertzsprung gewünschte Zusammenarbeit zwischen Kopenhagen und Leiden war also problemlos in Gang gekommen.

Endlich war auch die durch den Krieg erzwungene fast vierjährige Publikationspause – in Hertzsprungs wissenschaftlichem Leben ein singuläres Ereignis – zu Ende. Schon 1947 erschien in den Leidener Veröffentlichungen ein Katalog von 3259 Sternen der Plejadenumgebung, womit Hertzsprung zum letzten Mal umfassend eines seiner großen Forschungsthemen aufgriff[9]. Die Arbeit stellt einen Höhepunkt in der Erforschung der Plejaden dar, enthält die Eigenbewegungen von 2290 Sternen im Plejadenfeld, die aus Epochendifferenzen zwischen 19 und 56 Jahren abgeleitet waren. Schließlich folgt ein Verzeichnis von 291 sicheren und wahrscheinlichen Gruppenmitgliedern. Die Publikation ist zudem ein Musterbeispiel der von Hertzsprung kultivierten internationalen Zusammenarbeit, denn die Resultate beruhen auf der Ausmessung von Platten, die an 15 verschiedenen Sternwarten aufgenommen worden waren. Der umfangreiche Katalog des 74jährigen Altmeisters hat seine Bedeutung für die Erforschung der offenen Sternhaufen bis heute behaupten können[10].

In den folgenden Jahren führte Hertzsprung ein freies und sehr regelmäßiges Leben. Die Einwohner des Dorfes Tølløse gewöhnten sich allmählich an den seltsamen Anblick, den Hertzsprung bot, wenn er stundenlang an seinem Fenster vor einer merkwürdig anmutenden Maschine saß, deren Bedeutung den Vorübergehenden unklar blieb. Man verbuchte den berühmten Astronomen unter „Sonderling"[11].

Doch Hertzsprung war keineswegs so abgeschieden, wie es den Anschein hatte. Er pflegte eine lebhafte Korrespondenz, verfolgte die wissenschaftliche Literatur und nahm regelmäßig an den Sitzungen der Wissenschaftlichen Gesellschaft in Kopenhagen teil; er betrachtete diese Treffen wie die Zugehörigkeit zu einem Club. Bei dieser Gelegenheit besuchte er auch meistens seine Schwester in Kopenhagen. Wenn er zurückkam, holte er sich am Bahnhof ein Eis, das er auf dem kurzen Weg bis zu seinem Häuschen lutschte. Hertzsprung rauchte nicht und trank auch keinen Alkohol, er liebte aber Süßigkeiten. Wenn er in seinem Hause einen Gast empfing und fragte: „Was darf ich Ihnen anbieten?", dann war damit gemeint: „Welcher Obstsaft aus meiner Saftbar ist Ihnen am liebsten?"

Unverändert war Hertzsprungs Interesse an allen „Dänemarkiana". Während er niemals einen Roman zur Hand nahm, studierte er das Statistische Jahrbuch Dänemarks von vorn bis hinten. Eines Tages behauptete er gegenüber Gyldenkerne, daß er die Einwohnerzahlen aller dänischen Städte mit mehr als 1000 Seelen auf 100 genau auswendig wisse. Gyldenkerne glaubte, eine besonders leichte Frage zu stellen, als er die Einwohnerzahl von Tølløse wis-

sen wollte. Aus einem Taschenkalender wußte Gyldenkerne, daß es
1445 waren. Hertzsprung irrte sich um mehr als 10 %. Am nächsten
Morgen kam er wie stets um 9 Uhr und fragte, was es Neues gäbe.
Gyldenkerne berichtete ihm erfreut, daß er Vater geworden sei.
Hertzsprung antwortete ohne Zögern: „Dann hat Tølløse jetzt 1446
Einwohner". Eine Gratulation vergaß er[12].

Altersgeschwätzigkeit gab es bei Hertzsprung nicht. Was er erzählte, war nie sentimental, stets kurz und seine Meinungen bestimmt.

Bekanntlich hat Hertzsprung während seines langen Lebens nie
einen populärwissenschaftlichen Artikel geschrieben. Wenn es aber
um die Ökonomie Dänemarks ging, insbesondere um die Probleme
der dänischen Währung, dann setzte er sich unaufgefordert an die
Schreibmaschine und tippte eigenhändig (nebst 3 Durchschlägen)
seine dezidierte Meinung aufs Papier und schickte dieses Manuskript an die Redaktion der intellektuellen unabhängigen Tageszeitung *Information*. Während der Jahre 1946 bis 1964 verfaßte er 50 (!)
solcher kleinen Manuskripte, die übrigens mit der Zeit immer knapper und lakonischer wurden[13].

Mit großer Vehemenz forderte Hertzsprung die Rückkehr der
dänischen Währung zum Goldstandard, der im Jahre 1933 abgeschafft worden war. Dieser Umstand beunruhigte ihn dermaßen,
daß er keine Gelegenheit ausließ, die Goldbasis der Krone anzumahnen. Eines Tages hielt der dänische Finanzminister in Tølløse
einen Vortrag über die wissenschaftlichen Probleme des Landes.
Hertzsprung war selbstverständlich unter den Besuchern. Als ihm
die Luft in dem dichtbesetzten Saal zu stickig wurde, verließ er die
Veranstaltung. Doch zuvor reichte er dem prominenten Gast noch
einen Zettel auf das Podium, den dieser am Ende seines Vortrages
verlas. Darauf stand: „Kronen aus Messing, 5-Öre-Münzen aus Eisen, 5-Kronen-Noten aus Papier – wo ist das Gold?"[14].

Auf das Argument, es gehe den Menschen doch besser als in der
Vergangenheit, obwohl die Währung nicht mehr auf der Goldbasis
beruhe, entgegnete er, dies liege am technischen Fortschritt: „Dieser
ist die Ursache dafür, daß ein gewöhnlicher Arbeiter heute besser
lebt als ein König von 700 Jahren"[15].

Doch auch andere politische Probleme zogen immer wieder Hertzsprungs Aufmerksamkeit auf sich. Als die dänischen Sozialdemokraten z. B. für eine Nivellierung der Einkommen eintraten, fragte sich Hertzsprung: „Warum? – Der Mann, der uns sagen kann, wie man den Preis der elektrischen Glühlampe um $1/2$ Öre verringern kann, sollte ein ansehnliches Jahresgehalt beziehen. Worin besteht das Interesse der Gesellschaft, es ihm vorzuenthalten? Dies zu tun, wäre kommunistischer als in Moskau üblich"[16].

Schließlich, zum Ende des Jahres 1961, kündigte Hertzsprung nach 15 Jahren sein Abonnement der *Information* mit der Begründung: „Sie argumentieren gegen eine allgemeine Alterspension für jedermann mit der ungeheuerlichen Begründung, daß dann auch diejenigen eine Pension erhielten, die sie gar nicht nötig hätten, obwohl sie dafür ein Leben lang bezahlt haben."[17].

In seiner Lebensführung war Hertzsprung auf äußerste Regelmäßigkeit bedacht: Seine größte Erholung waren ausgedehnte, aber zeitlich meist genau kalkulierte Spaziergänge. Um 8 Uhr begann der Tag gewöhnlich mit dem Frühstück, von 9–12 Uhr wurde gearbeitet. Nach dem Mittagessen folgte eine Ruhepause von 30 Minuten, dann ging es wieder an die Arbeit bis gegen 18 Uhr. Danach folgte wieder ein Spaziergang. Gegen 21 Uhr ging er zu Bett[18].

Gelegentlich empfing er natürlich auch Gäste, hauptsächlich seine Fachkollegen. Mit ihnen diskutierte er immer gern. Seine Tochter hingegen, obwohl er viel mit ihr zusammen war und stets die Ferien mit ihr verbracht hatte, erinnert sich überhaupt nicht daran, daß er jemals mit ihr über seine Arbeit gesprochen hätte: „Er schwieg und ich schwieg. Mein Vater war ein Mann der wenigen Worte"[19].

Eines Tages, im Frühling 1961 – Hertzsprung war fast 90 Jahre alt –, nahm er wie gewöhnlich am wissenschaftlichen Kolloquium des Brorfelde-Observatoriums teil und hörte einen Vortrag des jungen Astronomen Richard M. West, der über seine Doktorarbeit sprach. Es handelte sich um einen Gegenstand, der Hertzsprung lebhaft interessierte: die Berechnung der Bahnelemente von Doppelsternen, abgeleitet aus den fotoelektrisch gemessenen Lichtkurven. Durch Vermittlung von Gyldenkerne wurde West zum Nachmittagstee bei Hertzsprung eingeladen. West fuhr mit seinem kleinen Auto vor das Häuschen Villavej 6, und Hertzsprung selbst öffnete ihm die Tür. Man nahm im Wohnzimmer Platz, und Hertzsprung fragte den jungen Kollegen intensiv nach dessen Arbeit und seinen Zukunftsplänen aus. West erwähnte, daß ihn der damalige Direktor der Kopenhagener Sternwarte, Prof. Reiz, zum Abastumi-Observatorium schicken wolle, um die Spektralklassifikation mit dem dortigen neuen Maksutov-Teleskop zu studieren. Diese Erfahrungen sollten dazu dienen, das in Brorfelde gerade im Bau befindliche 50-cm-Schmidt-Teleskop besser nutzen zu können. Da erzählte Hertzsprung über seine Arbeit als junger Chemieingenieur in St. Petersburg zu Beginn des Jahrhunderts – „das war eine interessante Zeit". Er erwähnte sogar, daß er damals die Zarenreiterei bei einem spektakulären Auftritt gesehen habe, was ihn sehr beeindruckt habe.

Natürlich zeigte Hertzsprung dem jungen Kollegen auch seine Meßmaschine und betonte wiederholt die Wichtigkeit genauer Beobachtungen. Eine präzise Beobachtung sei von einzigartigem Wert, denn sie könne zu einer anderen Zeit nicht mehr wiederholt werden. Der weltberühmte, greise Astronom hinterließ bei West einen tiefen Eindruck, besonders natürlich die keineswegs selbstverständliche Tatsache, daß ein Mann vom Range Hertzsprungs sich die Zeit nahm, einen jungen Studenten überhaupt zu empfangen[20].

Hertzsprungs Ruhm war in der Tat außerordentlich. Besonders die bemerkenswerten Erfolge der Sternevolutionstheorien, die von Hertzsprungs und Russells Entdeckung der Riesen und Zwerge unter den Sternen ihren Ausgang genommen hatten, ließen den Namen Hertzsprung wie eine Legende der modernen Astronomie erscheinen, zumal Russell inzwischen bereits verstorben war. Neue Ehrungen kamen: Am 22. 7. 1947 war ein Brief des Direktors der Wiener Sternwarte auf Hertzsprungs Tisch geflattert – er wurde zum korrespondierenden Mitglied der Österreichischen Akademie der Wissenschaften ernannt. In der vertraulichen Begründung, die von K. Graff und A. Prey unterzeichnet ist, heißt es u. a., „Hertzsprung kann als einer der erfolgreichsten Astronomen der letzten Jahrzehnte gelten, obwohl er seiner ganzen wissenschaftlichen Entwicklung nach nur ein Selfmademan" ist[21]. Dann folgt die Würdigung seiner wichtigsten Leistungen, und zum Schluß wird er mit Tycho Brahe, Olaus Rømer und J. L. E. Dreyer, den bedeutendsten dänischen Vertretern der Astronomie, in einem Atemzug genannt[21].

Eine zweite Ehrung kam 1949 aus Paris: die Ehrendoktorwürde der Sorbonne. Gemeinsam mit Hertzsprung wurden auch der theoretische Physiker Kramers aus Leiden und der Direktor des Greenwicher Observatoriums, Sir Spencer Jones, promoviert.[22]

In einem Gespräch mit Hertzsprung fragte Spencer Jones beiläufig: „Wann kommen Sie denn einmal nach England?". Doch Hertzsprung fragte nur zurück: „Wieso, beschäftigt sich dort jemand mit Doppelsternen?"[23].

Tagungen der Internationalen Astronomischen Union

Hertzsprung, der die Rolle der internationalen Zusammenarbeit in der Astronomie so außerordentlich hoch einschätzte, hatte persönlich erlebt, wie die regionalen und sporadischen Formen der Kooperation durch die Gründung der Internationalen Astronomischen Union auf eine völlig neue Grundlage gestellt wurden. Die Teilnahme an diesen Tagungen war ihm daher stets außerordentlich wichtig. Solange es ihm seine Gesundheit gestattete, wollte er auf diese Tagung nicht verzichten.

So reiste er bereits 1948 zur ersten Nachkriegsbegegnung der Astronomen, zur IAU-Tagung nach Zürich, die vom 11.–18. August einberufen war. Die Reisekosten hatte die Carlsberg-Stiftung übernommen. Hertzsprung traf viele alte Freunde und Kollegen wieder, machte aber auch neue Bekanntschaften[24].

Gemessen an den Nachkriegsverhältnissen in Dänemark, Holland oder anderen europäischen Ländern herrschte in Zürich Wohlstand. Es gab alles zu kaufen. Was man in Dänemark oder Holland schon seit Jahren entbehrte, hier war es zu haben. Hertzsprung fühlte sich wohl: Gemeinsam mit einer jungen Angestellten des Hotels, in dem er wohnte, ging er für Schwester Ellen Nylonstrümpfe kaufen. Als die jungen Kollegen ihr Mittagessen bezahlen wollten, übernahm er die Rechnung: „Bezahlen ist das Vorrecht der Alten", meinte er[25].

Als die Konferenz beendet war und bis zur Abreise noch Zeit blieb, lud Hertzsprung mehrere Kollegen in den Zirkus ein, wo er besonders an den Clowns seine helle Freude hatte[26].

Nach der Zürcher Tagung ging Hertzsprung wieder für einige Monate nach Leiden, wo er seine schon früher bewohnten 2 Räume in der Sternwarte zur Verfügung hatte. Da die Versorgung mit Lebensmitteln in Dänemark jetzt sehr unzureichend war, schickte er sich selbst ein Paket nach Tølløse; vor allem interessierten ihn Zucker und Kakao, sein Lieblingsgetränk neben Tee[27].

Während Hertzsprung die IAU-Tagung in Rom im Jahre 1952 – wahrscheinlich aus gesundheitlichen Gründen – nicht besuchte, beteiligte er sich an den folgenden beiden Generalversammlungen 1955 in Dublin und 1958 in Moskau wieder in gewohnter Weise. Kjeld Gyldenkerne, der ebenfalls an diesen Tagungen teilnahm, erinnert sich, wie die skurrilen Züge seines Charakters immer mehr zum Durchbruch kamen. Das enorme Ansehen, das Hertzsprung genoß, ließ über manche Eigenart hinwegsehen, die man bei anderen mit Befremden registriert hätte: In Moskau besuchte eine Gruppe von Astronomen am Rande des Kongresses auch das Wohnhaus Leo Tolstois in der Altstadt. Ausgerechnet hier brach Hertzsprungs alte Leidenschaft für Witze durch: Als der Museumsführer gerade bei einer besonders tragischen Stelle in Tolstois Leben angelangt war, erzählte Hertzsprung einem neben ihm stehenden Kollegen die Pointe eines Witzes und lachte laut auf[28].

1959 ehrte die Stadt Kopenhagen ihren bedeutenden Sohn durch die Verleihung der Olaus-Rømer-Medaille. Hertzsprung hätte sie beinahe „verpaßt", denn der Einladungsbrief traf kurz vor Weihnachten ein. Der Absender bat um Bestätigung des Termins, doch Hertzsprung antwortete nicht. Als man sich telefonisch bei ihm erkundigte, ob er den Brief nicht erhalten habe, meinte er nur: „Oh, diesen Brief habe ich noch gar nicht geöffnet – das wollte ich erst am Weihnachtsabend tun."[29] Bei Gelegenheit der Auszeichnung gab es auch einen festlichen Empfang im Kopenhagener Rathaus, bei dem u. a. der Rektor der Universität anwesend war. Als Hertzsprung

ihn entdeckte, zog er ihn sogleich in ein Gespräch über die Gold-
deckung der dänischen Währung, denn der Rektor war Ökonom.
Hertzsprungs bekannte Meinung schockierte zwar die Magnifizenz,
das interessierte Hertzsprung aber wenig.

Einladung nach Tautenburg

Am 19. Oktober 1960 wurde in Tautenburg (Thüringen) in
der damaligen DDR ein Zeiss-Spiegelteleskop seiner Bestimmung übergeben, das über eine freie Öffnung von 2 m verfügte
und zugleich bis heute das größte Schmidt-Teleskop der Welt darstellt. Das „Karl-Schwarzschild-Observatorium", dessen Hauptinstrument dieses Teleskop ist, war der Deutschen Akademie der Wissenschaften unterstellt[30].

Bei dem 2-m-Universal-Spiegelteleskop handelte es sich um das
erste von der Firma Zeiss in Jena hergestellte Instrument dieser
Größe und dieses Typs. Die Konzeption ging auf H. Kienle zurück.
Die Einweihung des Observatoriums sollte in einem feierlichen
Akt unter Beteiligung von namhaften ausländischen Forschern er-
folgen. In diesem Zusammenhang erhielt auch Hertzsprung eine
Einladung, die vom damaligen Generalsekretär der Akademie, G.
Rienäcker, unterzeichnet war.[31]

Hertzsprung reagierte zunächst in Form einer Nachfrage bei seinem Briefpartner und Kollegen Güntzel-Lingner in Potsdam und
dann mit einer höflichen Absage seines Alters wegen. Die beiden Briefe sind so charakterisierend, daß sie hier ohne Kommentar
leicht gekürzt wiedergegeben werden sollen.

Am 23. September schrieb der fast 87jährige an Güntzel-Lingner:

„Lieber Herr Kollege,

Hierbei eingeschlossen schicke ich Ihnen die Abschrift einer Einladung,
die ich dieser Tage erhalten habe und anläßlich wovon ich Sie um einige
Erläuterungen bitte. Gibt es jetzt zwei deutsche Akademien? eine in Ost
und eine in West? Falls ich diese Einladung annehmen werde, möchte ich

Auch möchte ich dann bei meinem alten Kollegen, Prof. Dr. W. Münch[32], Bogenstraße 11, Berlin-Zehlendorf in der Westzone einige Bogen mit alten Doppelsternmessungen von mir holen, die er noch immer behalten hat, weil er später in der papierknappen Zeit die Kehrseite für eigene Berechnungen benutzt hat."[33]

Das offizielle Antwortschreiben an die Akademie vom 3. Oktober 1960 argumentiert gegen die unglückliche Wahl des Aufstellungsortes im einzelnen, wirft aber zugleich auch ein bezeichnendes Licht auf Hertzsprungs lebendige Erinnerung an seine Potsdamer Jahre und besonders an Karl Schwarzschild. Das Schreiben hat den Wortlaut:

„Sehr verehrter Herr Generalsekretär,

Mit viel Dank für die Ehre, die Sie mir gezeigt haben mit Ihrer Einladung, der Einweihung des großen Spiegelteleskops zu Tautenburg in Thüringen beizuwohnen, meine ich, daß ich meines Alters wegen besser tue, Ihre ehrenvolle Einladung nicht anzunehmen.

Ein 2-Meter-Reflektor durch die Firma Carl Zeiss aufgebaut, stellt gewiß eine Bereicherung der astronomischen Instrumente der ganzen Welt vor. Nur könnte man wünschen, daß ein solcher Spiegel in einem besseren Klima für die Astronomie seinen Platz finden würde ... Da ich während des ersten Weltkrieges in Potsdam den grossen Refraktor ... zur Verfügung hatte, erhielt ich in fünf Jahren 500 fotografische Aufnahmen von Doppelsternen und in 1937 auf der Lick-Sternwarte 200 in drei Monaten.

Schön ist es, daß der Reflektor in Thüringen für Astronomen der ganzen Welt zugänglich gemacht wird. Um aber Aussicht auf befriedigende Ausbeute zu haben, müßte man sich wohl längere Zeit dort aufhalten als gewöhnlicherweise praktisch möglich ist ...

Es hat mir große Freude gemacht, daß die neue Sternwarte den Namen ‚Karl-Schwarzschild-Observatorium' tragen wird. Ich verdanke diesem hervorragenden, leider zu früh verstorbenen Wissenschaftler meine Karriere und denke in Dankbarkeit an die Zeit, wo ich in seiner Nähe arbeiten konnte.

Mit dem Ausdruck meiner vorzüglichsten Hochachtung bin ich

Ihr sehr ergebener Ejnar Hertzsprung"[34]

187

Der technische Fortschritt in der Astronomie beschränkte sich nicht auf die Beobachtungsinstrumente, sondern erfaßte zunehmend auch die Apparaturen zur Auswertung der Messungen.

Eines Tages im Jahre 1961 nahm Hertzsprung wie gewöhnlich an einem der wissenschaftlichen Kolloquia der Sternwarte Brorfelde teil. Anschließend zeigte man ihm eine neue Errungenschaft: einen zunächst noch experimentellen Aufbau zur automatischen Registrierung und Auswertung von Meridianbeobachtungen. Das Meßinstrument war jenem äußerst ähnlich, das Hertzsprung in seinem Wohnzimmer in Villavej 6 stehen und seit Jahrzehnten mit unüberbietbarem Fleiß benutzt hatte. Das Brorfelder Auswertegerät war mit einer Vorrichtung verbunden, welche die jeweiligen Einstellungen digitalisieren konnte, so daß die Werte anschließend einem elektronischen Rechner zugeführt und weiterverarbeitet werden konnten. Hertzsprung sagte einige Minuten kein Wort. Doch dann zog er seine persönliche Konsequenz: Er erkannte sofort, daß eine neue Epoche der Auswertetechnik begonnen hatte und daß seine Methode der Auswertung fotografischer Platten der Vergangenheit angehörte. Von diesem Tag an stellte Hertzsprung seine Arbeiten am Plattenmeßgerät ein[35].

Er hatte den Trend richtig eingeschätzt. Bei dem Brorfelder Versuch handelte es sich keineswegs um einen „Vorboten" künftiger Methodik. Schon im folgenden Jahr veranstaltete die Heidelberger Akademie der Wissenschaften ein „Symposium über Automation und Digitalisierung in der astronomischen Meßtechnik"[36], und weltweit setzte sich binnen kurzer Zeit die automatische Auswertung fotografischer Platten durch, ehe nach Einführung elektronenoptischer Bildwandler mit direkter Übernahme der Daten während der Beobachtung eine weitere Entwicklungsstufe astronomischer Beobachtung und Auswertung eingeleitet wurde.

Hertzsprung, der seine Beobachtungsergebnisse systematisch gesammelt hatte, faßte das gesamte Material – an dessen Wert sich ja durch die Einführung der neuen Verfahren nichts geändert hatte – zusammen und sandte es seinem früheren Schüler und Mitarbeiter K. Aa. Strand nach Washington. „Ich kann nicht mehr länger mit Strand konkurrieren", äußerte Hertzsprung in diesem Zusammenhang[37].

Heute befindet sich das Material als „Hertzsprung Collection" in der U.S. Naval Observatory Library. Die Sammlung umfaßt 24 Oktavbände mit insgesamt 12 153 Seiten Originalmessungen mehrfach exponierter fotografischer Platten, die nach von Hertzsprung und Strand beschriebenen und entwickelten Verfahren ausgemessen worden waren[38]. Die zugrundeliegenden fotografischen Platten wurden mit den langbrennweitigen Refraktoren des Astrophysikalischen Observatoriums Potsdam, des Union Observatory, des Lick Observatory und des Sternberg-Observatoriums Moskau aufgenommen. Die Messungen entstanden zwischen dem 15. Mai 1932 und dem 7. September 1942 in Leiden sowie zwischen dem 16. August 1946 und dem 1. August 1963 in Tølløse. Die Ergebnisse sind in einer Serie von Publikationen herausgebracht worden, und alle Messungen sind außerdem als Kartenkatalog zugänglich.

Trotz seines hohen Alters blieb Hertzsprung an allen Fragen der Astronomie lebhaft interessiert. Doch er hatte jetzt mehr Muße und verbrachte manche Stunde mit den Kindern seines Neffen. „Alle hatten Onkel Ejnar gern", erinnert sich Frau Ditlevsen. Doch wen wundert's: Wenn Hertzsprung mit dem 11jährigen Sohn seines Neffen spazierenging, so kam es nicht selten vor, daß beide mit Spuren von Himbeeren am Mund zurückkehrten oder beim nahegelegenen Bäcker des Dorfes leckere Kuchen eingekauft hatten[39].

Wenn auch Hertzsprung nicht nach Tautenburg gekommen war, so unternahm er doch noch mehrere, wesentlich anstrengendere Reisen. 1961 beteiligte er sich als „Official Representative" und „Representative on Nominating Committee" Dänemarks an der Generalversammlung der IAU in Berkeley. Besonders interessierten ihn nach wie vor die Sitzungen der Kommission 26 (Doppelsterne), deren Präsident jetzt P. v. d. Kamp war.

Zu einem besonderen Höhepunkt der Reise kam es für Hertzsprung, als der Sohn seines Freundes und „Entdeckers", Martin

Schwarzschild, am 18. August 1961 im Auditorium der Wheeler Hall des Campus der University of California einen großen Abendvortrag zu dem Thema „Stellar Evolution" hielt. Er bezeichnete es als eines der wichtigsten Kennzeichen der jüngsten Astronomie, daß es nunmehr gelungen sei, für die wichtigsten Klassen astronomischer Objekte die Erforschung ihrer Evolution zum ernsthaften Gegenstand quantitativer Untersuchungen zu machen. Nachdem Schwarzschild den gegenwärtigen Stand und die zahlreichen noch offenen Probleme dargestellt hatte, wandte er sich an den im Auditorium sitzenden Hertzsprung und schloß seinen Vortrag mit den Worten: „Für Sie muß es doch eigentlich ziemlich amüsant gewesen sein, Ihr ganzes Leben lang Heerscharen gieriger Theoretiker zu beobachten, die nichts anderes versuchten, als das Diagramm zu verstehen, das Sie vor über 50 Jahren zum ersten Mal gezeichnet haben"[40]. Darauf brach das Auditorium in brausenden Beifall aus, der gleichermaßen Schwarzschild für seinen brillanten Vortrag sowie Hertzsprung für sein Lebenswerk galt.[41]

Nach der IAU-Tagung reiste Hertzsprung über Washington, wo er seinem Schüler Strand einen Besuch abstattete[42]. In den wenigen noch folgenden Veröffentlichungen behandelte Hertzsprung wieder einige jener Fragen, die ihn seit Jahrzehnten beschäftigt hatten: Doppelsterne und Veränderliche, meist allerdings nur noch in Gestalt kurzer Notizen. 1964 brach Hertzsprung zu seiner letzten großen Reise auf. Er stand jetzt im 91. Lebensjahr.

Unter Leitung von Strand war für das U. S. Naval Observatory ein großer astrometrischer Reflektor gebaut worden, der im kalifornischen Flagstaff aufgestellt wurde. Von altersher wurden für astrometrische Zwecke fast ausschließlich Refraktoren benutzt, doch gab es auch Erfahrungen mit dem 60-inch- und dem 100-inch-Reflektor des Mt. Wilson Observatory. Die mit diesen Instrumenten durch van Maanen bestimmten trigonometrischen Parallaxen hatten gezeigt, daß auch Spiegelteleskope durchaus für die Lösung astrometrischer Aufgaben hervorragend geeignet waren. Andererseits gibt es in der näheren Sonnenumgebung eine große Zahl von Sternen, die zu den Zwergen und Unterzwergen gehören oder am unteren Ende der Hauptreihe des Hertzsprung-Russell-Diagramms angesiedelt sind und deren scheinbare Helligkeiten jenseits der Erreichbarkeit selbst der größten Refraktoren liegen. Vor diesem Hintergrund erschien ein speziell für astrometrische Zwecke ausgelegtes Spiegelteleskop höchst erwünscht[43].

Als dieser Astrometrische Reflektor nun im Juni 1964 seiner Bestimmung übergeben werden sollte, hatte Strand die Idee, das Ereignis der Einweihung mit einer wissenschaftlichen Konferenz über „Aspects of Stellar Evolution" zu verbinden und diese Tagung zu Ehren seines verehrten Lehrers Ejnar Hertzsprung durchzuführen.

Auf der Konferenz sprachen 22 Kollegen. Ein großer Teil von ihnen war Hertzsprung unbekannt; es handelte sich um junge Astronomen, die noch am Anfang ihrer Laufbahn standen oder sich mit Hertzsprung ferner liegenden Problemen befaßten. Doch es ergriffen auch zahlreiche seiner Freunde und Schüler das Wort: Strand, Luyten, Worley, W. W. Morgan, Oosterhoff, Payne-Gaposchkin, B. Strömgren, van de Kamp und Bok. Martin Schwarzschild sprach über „New Impetus to Astrometry".[44]

Inzwischen erschien Hertzsprungs letzte Publikation „Sur la luminosité des masse des composantes d'une étoile double"[45]. In typisch Hertzsprungscher Kürze umfaßt dieser im Dezember 1963 eingereichte Beitrag nur 3 Druckseiten, eigentlich nur eine Seite – den Rest bildet eine umfangreiche Tabelle.

Die Arbeit basiert auf einer ausgesprochen originellen Idee, die Hertzsprung allerdings bereits zu Beginn seiner Potsdamer Jahre gehabt und die seinerzeit – vor über einem halben Jahrhundert – zu der Veröffentlichung „Über Doppelsterne mit eben merklicher Bahnbewegung" geführt hatte[46].

Damals hatte Hertzsprung in Ermangelung von genügend vielen Doppelsternen mit Vermessungen eines Großteils ihrer Bahn den Versuch unternommen, unter plausiblen Annahmen auch für andere Objekte „mit eben merklicher Bahnbewegung" zu definitiven Aussagen zu kommen. Hertzsprung leitete seine „hypothetischen Parallaxen" unter der Annahme ab, daß die Masse des Systems der Sonnenmasse gleich sei. Durch Vergleich mit Doppelsternen bekannter Parallaxe konnte er zeigen, daß die erhaltenen Werte etwa die Hälfte des wirklichen Wertes darstellen. Aus dem Minimum der hypothetischen Parallaxe leitet Hertzsprung dann den maximalen Wert der absoluten Helligkeit des Systems ab. Die zugehörigen Spektraltypen der betrachteten Sterne gestatten demnach die Ableitung eines Hertzsprung-Russells-Diagramms. Um die Berechnungen zu vereinfachen, hatte Hertzsprung übrigens noch einen speziellen Rechenschieber konstruiert, der die nacheinander zu berechnenden Größen in einfacher Weise abzulesen gestattete. Unter dem Titel der Publikation von 1912 stand jedoch wegen des dürftigen Datenmaterials der Vermerk: „Vorläufige Notiz". Nun hielt er offenbar den Zeitpunkt für gekommen, daraus eine „Endgültige Notiz" zu machen.

Die kleine geistreiche Publikation des 90jährigen bescherte ihm im Jahre 1965 eine Bitte der Redaktion der amerikanischen Zeitschrift *Sky and Telescope*, die ihn ersuchte, auf der Grundlage dieser Veröffentlichung einen Beitrag zum Thema „The function of double stars in plotting the H-R-diagram" zu schreiben. Die Notiz im *Journal des Observateurs* sei zu knapp, um sie einfach zu übersetzen[47]. Doch Hertzsprung lehnt auch diesmal ab: „Ich liebe keine überflüssigen Worte, das ist nicht mein Stil". Er hatte im *Journal des Observateurs* alles gesagt, was aus seiner Sicht dazu gesagt werden mußte!

In den letzten Jahren wurde es zunehmend ruhiger um Hertzsprung. 1963 war Schwester Ellen gestorben. Der Kontakt mit ihr war ihm zeitlebens wichtig gewesen. Wo immer Hertzsprung sich auch befunden hatte, die Verbindung zu Ellen ließ er niemals abreißen. Erstaunlich ist auch, wieviele Details seiner Forschungsarbeiten in den Briefen an seine Schwester anklangen, besonders wenn man weiß, daß er Ehefrau Hetty und Tochter Rigel gegenüber kaum je von Astronomie gesprochen hat[48].

Die meiste Zeit verbrachte Hertzsprung nun in den Wänden seines bescheidenen Hauses Villavej 6, unterbrochen lediglich durch die Spaziergänge, die er bis in die letzte Zeit regelmäßig fortsetzte. Reisen konnte er nun aber nicht mehr.

Die meisten seiner Freunde und ehemaligen Briefpartner aus alter Zeit waren gestorben. Dennoch blieb eine Schar von Schülern übrig, mit denen Hertzsprung bis zuletzt in lebhaftem Gedankenaustausch stand, darunter van den Bos, G. van Herk, G. P. Kuiper, C. Luplau-Janssen, A. V. Nielsen, N. E. Nørlund, J. H. Oort, P. Th. Oosterhoff, A. Reiz, H. Shapley, K. Aa. Strand und A. J. Wesselink. Unter den Adressaten seiner Briefe befinden sich übrigens bis zuletzt neben wissenschaftlichen Institutionen auch zwei Tageszeitungen, *Borsen* und *Heimdal* – Zeichen seines ungebrochenen Interesses an den öffentlichen Angelegenheiten Dänemarks.

Das Alter forderte aber zunehmend seinen Tribut. Eine plötzlich eintretende Gehirnblutung machte schließlich sogar einen Krankenhausaufenthalt in Holbaek unweit Tølløse erforderlich. Doch Hertzsprung konnte noch einmal in sein Häuschen zurückkehren. Von einer zweiten Gehirnblutung erholte er sich jedoch nicht mehr. Während seiner letzten Lebensmonate bei der Familie seines Neffen in Roskilde konnte er das Bett nicht mehr verlassen und bedurfte der ständigen Pflege durch eine Hausschwester[49]. Kurz nach seinem 94. Geburtstag verschlechterte sich sein Gesundheitszustand dramatisch, und er wurde in ein Hospital in Roskilde eingeliefert. Hier starb Ejnar Hertzsprung am frühen Morgen des 21. Oktober 1967.

Eine Trauerfeier gab es nicht. Schon viele Jahre früher hatte er bestimmt, sein Körper solle nach seinem Tode der medizinischen Forschung zur Verfügung stehen. So geschah es auch. Später wurde die Urne mit seinen sterblichen Überresten in einem anonymen Grab auf einem Kopenhagener Friedhof beigesetzt[50]. Hertzsprungs Tod löste große Anteilnahme in der wissenschaftlichen Welt aus. Obschon er mehr als 2 Jahrzehnte keine aktive Berufstätigkeit mehr ausgeübt hatte, waren doch seine Schüler weltweit und in herausgehobenen Positionen tätig. Sie alle griffen nun zur Feder und würdigten das Werk ihres Meisters. Axel v. Nielsen bezeichnete Hertzsprung als den letzten Begründer der modernen Astronomie[48], und A. J. Wesselink sah in ihm einen der größten beobachtenden Astronomen des 20. Jahrhunderts, in seinem Format nur vergleichbar mit Tycho Brahe und Friedrich Wilhelm Bessel. Seine Beiträge zur Astronomie sicherten ihm einen Ehrenplatz „unter den großen Astronomen aller Zeiten", notierte K. Aa. Strand in seiner Würdigung des Lehrers[49].

Josef Hopmann betonte in seinem Nachruf besonders Hertzsprungs Einsatz für die Gemeinschaftsarbeit der Gelehrten, der ihn
zum „Vorbild für die heute so selbstverständlich gewordene internationale wissenschaftliche Kooperation" werden ließ[50]. P. Th.
Oosterhoff schloß seinen Nachruf mit den Worten: „Mit Hertzsprung ist einer der größten Astronomen des 20. Jahrhunderts von
uns gegangen, dessen Name noch sehr lange in der Astronomie
fortleben wird und dem viele Astronomen zu tiefem Dank ver-
pflichtet sind"[51].

Die große Zahl der Publikationen Hertzsprungs ist eingegangen
in den Schatz von Dokumenten der modernen astronomischen Forschung, viele seiner Entdeckungen lösten tiefgreifende Fragen und
Antworten aus, die für das Verständnis von Struktur und Evolution
im Universum wesentliche Bedeutung besitzen. Was Hertzsprung,
der nie eine astronomische Vorlesung gehört hatte, mit wahrhaft un-
ermüdlichem Fleiß „aus Ungeduld und Neugierde"[52] in seinem langen Leben an sinnreich erdachten Methoden und hochpräzisen Daten zusammengetragen hat, zählt zum unabdingbaren Fundament
der modernen Astronomie.

Gewiß war Hertzsprung in seiner starken und vielfach auch ein-
seitigen Persönlichkeit nicht der *typische* Vertreter des Astronomen
unserer Zeit; doch gerade deswegen gewährt uns sein Leben und
Wirken beachtliche Einblicke in manchen subjektiven Aspekt des
Wissenschaftsbetriebes.

Hertzsprungs Lebensmotto könnte als ethische Norm des Forschers zu einem in die Zukunft wirkenden Vermächtnis werden:
„Mehr Sein als Scheinen".

Anhang

Literatur und Anmerkungen

AJB	Astronomischer Jahresbericht
AN	Astronomische Nachrichten
ApJ	Astrophysical Journal
EHA	Ejnar-Hertzsprung-Archiv, Institut für Geschichte der exakten Wissenschaften der Universität Aarhus, Dänemark
MN	Monthly Notices of the Royal Astronomical Society
Nachl. Sch.	Karl-Schwarzschild-Nachlaß, Briefe, Niedersächsische Staats- und Universitätsbibliothek Göttingen
Ostw. Klass.	Ostwalds Klassiker der exakten Wissenschaften, Bd. 255, Leipzig 1976
PALD	Privatarchiv Leif Ditlevsen, Roskilde (Dänemark)
PAOP	Publikationen des Astrophysikalischen Observatoriums Potsdam
UT	L. Moustgaard, Uranias Tjenere. Episoder i dansk astronomi 1900–1950 (= Skrifter udgivet at Danmarks Natur – og Laegevidenskabelige Bibliothek, Universitetsbiblioteket 2, Bind 5, København 1990)
Z. wiss. Phot.	Zeitschrift für wissenschaftliche Photographie, Photophysik und Photochemie

1 D. B. Herrmann, Über die Schwierigkeiten beim Schreiben einer Hertzsprung-Biographie, Blick in das Weltall **37** (1989) 44–47 (= Sonderdruck der Archenhold-Sternwarte Nr. 35, Berlin-Treptow 1989)

2 W. Ostwald, Große Männer, 3. und 4. Auflage, Leipzig 1910, S. 14

3 K. M. Pedersen, Catalogue, The Ejnar Hertzsprung Archive, Microfiche Edition of Ejnar Hertzsprung, University of Aarhus 1982

Die frühen Jahre (1873 – 1902)

1 Stammtafel der Familie Hertzsprung (22 Seiten 8°), PALD

Im Zusammenhang mit Nachforschungen über seine Vorfahren mütterlicherseits stieß Herr Heinz Haupt, Arnsberg, auf einen Casemir Hertzsprung (1667–1750) und wandte sich deshalb an Frau Rigel Thorning, Helsingør, die Tochter Ejnar Hertzsprungs, wegen eventueller Auskünfte über die Vorfahren der Hertzsprungs. Daraus entwickelte sich ein Briefwechsel, in dem auch Herr Leif Ditlevsen, Hertzsprungs Neffe, sowie das Domstiftsarchiv Brandenburg, das Staatsarchiv Potsdam und das Geheime Staatsarchiv Preußischer Kulturbesitz einbezogen wurden. Die Kopien dieser Schreiben wurden mir freundlicherweise von Herrn Ditlevsen zur Verfügung gestellt. Auf diese Dokumente beziehen sich die nachfolgenden Angaben über Hertzsprungs Herkunft. Hier insbesondere die Nummern 2, 3 und 4.

2 W. Vogel (Direktor des Geheimen Staatsarchivs Preußischer Kulturbesitz) an Heinz Haupt, Arnsberg, vom 19. 2. 1986

3 Auskunft des Staatsarchivs Potsdam vom 16. 12. 1985 (Diktatzeichen Dr. Fa/Ca) an Herrn Heinz Haupt, Privatarchiv des Verfassers

4 L. Ditlevsen an Heinz Haupt vom 26. 6. 1986 sowie „Stammtafel der Familie Hertzsprung", Eintragungen von Hertzsprungs Urgroßvater Johann Peter Friedrich Hertzsprung, PALD

5 Alle biographischen Angaben nach Chr. Thorsen, Hertzsprung, Severin. In: Solmonsens Konversationsleksikon, Anden Udgare, Bind XI, København MCMXXI, 368

6 Severin Hertzsprung, Reduction af Maskelynes Jagttagelser af Smaa Stjerner, unstillende i aarene fra 1765 til 1787. Prisbelonnet Afhandling, Kjobenhavn 1865 (= kgl. Danske Videnskabernes Selskabs Skrifter, R. Raekke, 6. Bind)

7 Colin A. Ronan, Halley, Edmond, In: Dictionary of Scientific Biography, Vol. VI, pp. 67–72, New York 1972

8 Poul Heegaard (J. P. Gram), Thiele, Thorvald Nicolai, In: Dansk Biografisk Leksikon, XXIII Bind, MCMXLII, 503–506

9 Ejnar Hertzsprung an seine Schwester Ellen vom 5. 6. 1946, PALD

10 Briefliche Mitteilung von Leif Ditlevsen, Roskilde, an Dieter B. Herrmann, 13. 8. 1989

11 K. Gyldenkerne, Ejnar Hertzsprung as I knew him. A personal portrait, Unpublished paper, 7 pages (typescript)

12 Vgl. 11

13 K. Aa. Strand, Washington, an Dieter B. Herrmann, 5. 8. 1990

14 Vgl. Peter Stokholm, Dänemark, Freiburg 1987, S. 192 sowie (l. W., Metropolitanskolen, In: Salmonsens Konservations Leksikon, Bind XVI, København MCMXXIV)

15 H. J. Zeuthen (Pilteegaard), Pullich, Anton, In: Dansk Biografisk Leksikon, Vol XVII, København MCMXL, 626

16 In: Dansk Civilingeniorstat 1955, København 1956, 70

17 L. Moustgaard an Dieter B. Herrmann, 3. 10. 1990

18 L. Ditlevsen an Dieter B. Herrmann, 13. 8. 1989

19 K. Aa. Strand, Hertzsprung, Ejnar In: Dictionary of Scientific Biography VI, New York 1972, S. 350 ff.

20 S. Veibel, Thomsen, Hans Peter Jörgen Julius, In: Dictionary of Scientific Biography XIII, New York 1976, 358–359

21 Vgl. C. Duisburg, Über die Ausbildung der technischen Chemiker und das zu erstrebende Staatsexamen für dieselben, In: Z. angew. Chemie 1896, H. 4, S. 97–111

22 L. Ditlevsen an Dieter B. Herrmann, 6. 9. 1989

23 E. Genf, Entwicklungsphasen der Stereofotografie, In: Stereoskopie (Hgg. v. G. Kemner), Museum für Verkehr und Technik Berlin (= Materialien Bd. 5), S. 18–32, insbes. S. 23/24, 1989

24 L. Ditlevsen an Dieter B. Herrmann, 6. 9. 1989; Hertzsprung, Ejnar, In: Biografiske Oplysninger angaaende den Polytekniske Laereanstalts Kandidater 1829–1929, København 1930, No. 711, S. 176

25 Mdl. Mitt. L. Ditlevsen vom 23. 5. 1989

26 Poggendorffs Biographisch-literarisches Handwörterbuch zur Geschichte der Exakten Wissenschaften, IV, X Abt., Leipzig 1904, S. 16

27 Vgl. z. B. Über Eisenbahnwagenbeleuchtung mittels reinen Acetylens, In: Acetylen in Wissenschaft und Industrie 2 (1899) 235–328; Zur Statistik der Acetylenindustrie, In: Ebd., S. 85–86

28 E. Hertzsprung, Briefe an seine Familie 1899–1902 aus Rußland, Finnland und Deutschland. PALD (Abstracts im Besitz des Verfassers)

29 Vgl. M. Engel, Chemie, In: Wissenschaften in Berlin, Bd. 2, Hgg. v. T. Buddensieg u. a., Berlin 1987, S. 57–61

30 T. Höffding, An die Redaktion der Zeitschrift des Deutschen Acetylenvereins, In: Acetylen in Wissenschaft und Industrie 4 (1901) 209–210

31 R. Luther, Die Aufgaben der Photochemie, In: Z. wiss. Phot. 3 (1905) 257

32 G. Ostwald, Wilhelm Ostwald, mein Vater, Stuttgart 1953, S. 60 und S. 121

33 W. Ostwald, Über wissenschaftliche und technische Bildung, In: Zur angewandten Chemie 1897, S. 604/604

34 E. Hertzsprung an K. Schwarzschild, v. 18. 3. 1909, Nachl. Sch.

35 Siehe 31, S. 271

36 Briefliche Mitteilung der Leiterin des Archivs der Leipziger Universität, Prof. Dr. G. Schwendler, an den Verfasser vom 31. 3. 1988. Quellenangabe: UAL, GA X M §, WS 1901/02, lgd. Nr. 218 bzw. SS 1902, lfd. Nr. 481

Eine unerwartete Karriere (1902 – 1909)

1 R. Skovmand u. a., Geschichte Dänemarks 1830–1939, Neumünster 1973, S. 219–222

2 Hausbuch von Hertzsprungs Mutter, PALD

3 E. Hertzsprung, Over de Kleur der Sterren, In: Physica 1921, S. 12

4 E. Hertzsprung, Normalabmessungen für Stereoskopie, In: Photographisches Centralblatt **8** (1902) 461–466

5 E. Hertzsprung, Briefwechsel mit Th. Schröter 1902–1919, EHA

6 H. Kayser, Ziele der Zeitschrift, In: Z. wiss. Phot. **1** (1903) 3 f.

7 E. Hertzsprung, In: Z. wiss. Phot. **2** (1904) 233–244

8 Ebd., **2** (1904) 244–245

9 Z. wiss. Phot. **2** (1905) 419–422

10 E. Hertzsprung an seine Schwester Ellen v. 22. 7. 1905, PALD

11 Z. wiss. Phot. **3** (1905) 15–27

12 E. Hertzsprung, Om Lyset, Foredrag holdt i Københavns fotografiske Amator-Klub, Xerokopie ohne Quellenangabe, PALD

13 E. Hertzsprung an seine Schwester Ellen v. 22. 7. 1905, PALD

14 C. Luplau-Janssen, Fifty years Aktivity of the Urania Observatory, Published by the author, Kopenhagen 1947

15 E. Strömgren, Todesanzeige (H. E. Lau), In: AN **208** (1919) 151

16 E. Hertzsprung, Berechnungen zur Sonnenstrahlung, In: Z. wiss. Phot. **3** (1905) 173–181

17 Ebd., S. 176

18 F. Herneck, Max Planck über wissenschaftliche Arbeit, In: Die Naturwissenschaften **63** (1976) 530

19 E. Hertzsprung, Zur Strahlung der Sterne (I), In: Z. wiss. Phot. **3** (1905) 429–442
Die beiden Teile der Arbeit „Zur Strahlung der Sterne" ebenso wie die spätere diesbezügliche Publikation „Über die Sterne der Unterabteilungen c und ac nach der Spektralklassifikation von Antonia C. Maury" (AN **179** (1909) 373–380) wurden neu herausgegeben und kommentiert von D. B. Herrmann in „Ostwalds Klassiker der exakten Wissenschaften" Bd. 255, Leipzig 1976. Die nachfolgenden Zitate beziehen sich stets auf diese Ausgabe.

20 Vgl. D. B. Herrmann, Geschichte der modernen Astronomie, Berlin 1984, S. 17f. .

21 J. H. Mädler, Über das Helligkeitsverhältnis der Doppelsternpaare, In: AN **16** (1839) 55–62. Vgl. auch H. Eelsalu und D. B. Herrmann, Johann Heinrich Mädler (1794–1874), Berlin 1984, S. 27 f.

22 K. F. Zöllner, Wiss. Abhandlungen, Bd. IV, Leipzig 1881, S. 577
Gerade Kapella – tatsächlich ein Riesenstern von 150facher Sonnenleuchtkraft – diente Hertzsprung in „Zur Strahlung der Sterne" als Prototyp für den Nachweis der Aufspaltung der absoluten Helligkeit von G-Sternen

23 Nach J. Jackson, The Distances of the Stars: A Historical Review, In: Vistas in Astronomy **1** (1956) 1019

24 F. W. Bessel, Populäre Vorlesungen über wissenschaftliche Gegenstände, Hgg. v. H. C. Schumacher, Hamburg 1848, S. 249; vgl. auch ders.: Über den Doppel-Stern Nr. 61 Cygni, In: Monatliche Correspondenz zur Beförderung der Erd- und Himmels-Kunde **26** (1812) 148–163

25 W. H. S. Monck, The proper motion and spectra of stars, In: Astron. and Astro-Physics **12** (1893) 8–11. Vgl. auch D. B. Herrmann, W. H. S. Monck über Eigenbewegungen und Spektraltypen der Sterne. In: Die Sterne **56** (1980) 170–174

26 Die historischen Beziehungen der Spektraltypen nach Fleming/ Pickering, die hier verwendet werden, stehen mit den 3 Secchischen Hauptklassen (I, II, III) auf folgende Weise in Zusammenhang

Secchi	Fleming/Pickering	Prototyp
I	A B C D	Sirius
II	E, F, G, H, I, K	Sonne
III	M	Betageuze

27 In: Lick Observatory Bulletin Nr. 84, July 26, 1905

28 Ostw. Klass. S. 87, Anm. 10

29 Zit. nach Ostw. Klass. S. 29 und 32

30 Ebd., S. 71 f.

31 Ebd., S. 44 f.

32 Ebd., S. 74

33 L. Moustgaard, Kopenhagen, an den Verfasser

34 Astronomischer Jahresbericht **7** (1905) 396 sowie **9** (1907) 303

35 A. Pannekoek, The luminosity of stars of different types of Spectrum, In: Proc. Royal Academy of Amsterdam IX (1906) 134–148

36 E. Hertzsprung, Über die Sterne der Unterabteilungen c und ac nach der Spektralklassifikation von Antonia C. Maury, In: AN **179** (1909) 373–380

37 Z. wiss. Phot. **3** (1906) 468–472

38 Ebd. **4** (1906) 43–54

39 Benannt nach dem tschechischen Forscher Johannes Evangelista Purkinje, sagt das von ihm entdeckte Phänomen aus, daß Farben in Abhängigkeit von ihrer Intensität durch das menschliche Auge unterschiedlich hell empfunden werden.

40 E. Hertzsprung, Briefe an seine Familie 1903–1909, (hier 1906), PALD

41 W. Pause, Abseits der Piste. 100 stille Skitouren in den Alpen, 10. A. 1961, S. 26

42 UT, S. 58 f.

43 A. V. Nielsen, Ejnar Hertzsprung, 1873–1967, In: Planetarium **1** (1968) Nr. 3

44 E. Hertzsprung, Zur Bestimmung der photographischen Sterngrößen, In: AN **176** (1907) 49–58

45 Zu Schwarzschilds Biographie vgl. u. a.: O. Blumenthal, In: Jahresbericht der Deutschen Mathematikervereinigung **26** (1918) 56–75 (Bibliographie der Veröff. n. v. Schwarzschild S. 70–75)

46 Vgl. K. Schiller, Einführung in das Studium der veränderlichen Sterne, Leipzig 1923, S. 118–136; Zum Stand gegen Ende des 19. Jhs. vgl. G. Müller, Die Photometrie der Gestirne, Leipzig 1897

47 K. Schwarzschild, Beiträge zur photographischen Photometrie der Gestirne, Publ. d. Kuffnerschen Sternwarte, Wien, Bd. 5

48 K. Schwarzschild (Hg.), Aktinometrie der Sterne der B. D. bis zur Größe 7,5 in der Zone 0° bis +20° Deklination. Teil A. Unter Mitwirkung von Br. Meyermann, A. Kohlschütter, O. Birk, In: Abhandlungen der K. Gesellschaft d. Wiss. zu Göttingen. Mathem.-Phys. Klasse, Neue Folge, Bd. 6 (Teil B) 1912

49 Vgl. K. Schwarzschild, Über die photographischen Vergleiche der Helligkeit verschiedenfarbiger Sterne, In: Sitzungsberichte der Königl. Akademie der Wissenschaften in Wien, Math.-Naturwiss. Klasse; Bd. 109, Abt. IIa, 1900

50 K. Schwarzschild an E. Hertzsprung vom 24. 4. 1908, EHA (044/3)

51 E. Hertzsprung, Briefe an seine Familie 1907–1908, PALD

52 Vierteljahrsschrift der Astronomischen Gesellschaft **42** (1907) 130

53 Vierteljahrsschrift der Astronomischen Gesellschaft **43** (1908) 188–189

54 K. Schwarzschild an E. Hertzsprung vom 29. 5. 1908, Nachl. Sch.

55 E. Hertzsprung, Briefe an seine Familie vom 14. 6. 1908, PALD

56 E. Hertzsprung an seine Mutter vom 17. 6. 1908, PALD

57 E. Hertzsprung an seine Mutter vom 20. 6. 1908, PALD

58 E. Hertzsprung an K. Schwarzschild v. 8. 7. 1908, Nachl. Sch.

59 Brief des Dekans der Philosophischen Fakultät der Georg-Augustus-Universität, C. Runge, an den Minister der geistlichen, Unterrichts- und Medizinalangelegenheiten vom 4. 12. 1908, Acta betreffend die

Anstellung etc., Geheimes Staatsarchiv Preußischer Kulturbesitz, Dienststelle Merseburg, Rep 76 Va, Tit. IV

60 E. Hertzsprung an K. Schwarzschild v. 26. 11. 1908, Nachl. Sch.

61 E. Hertzsprung an Dr. Elster vom 13. 3. 1909, Vgl. 59

62 E. Hertzsprung an K. Schwarzschild vom 18. 3. und 21. 3. 1909, Nachl. Sch.

63 K. Schwarzschild an E. Hertzsprung vom 18. 3. 1909, EHA

64 E. Hertzsprung, Stand meiner Arbeiten, Manuskriptentwurf für K. Schwarzschild, EHA

65 E. Hertzsprung an seine Mutter, 8. 4. 1909, PALD

66 K. Schwarzschild an seine Eltern v. 10. 5. 1909, Nachl. Sch.

67 E. Hertzsprung an K. Schwarzschild v. 25. 3. 1909, Nachl. Sch.

68 Vierteljahrsschrift der Astronomischen Gesellschaft **45** (1910) 163 ff.

69 E. Hertzsprung, Über neue Mitglieder des Systems Beta, Gamma, Delta, Epsilon, Zeta Ursae majoris, In: Göttinger Nachrichten Mathem. phys. Kl. 1909, 75. (Übers. in ApJ **30** (1909) 135–143); vgl. auch W. Götz, Die offenen Sternhaufen unserer Galaxis (= Wiss. Schriften zur Astronomie), Leipzig 1989, S. 183

70 Verzeichnis der im Sommer-Semester 1909 auf der Universität Göttingen gehaltenen Vorlesungen, Universitäts-Archiv Göttingen

71 Vgl. J. Wempe, Die Beziehungen zwischen Ejnar Hertzsprung und Karl Schwarzschild, In: Veröffentlichungen der Archenhold-Sternwarte Nr. 6, Berlin-Treptow 1974, S. 47

72 K. Schwarzschild an seine Eltern v. 9. 9. 1909, Nachl. Sch.

73 E. Hertzsprung an seine Familie v. 15. 9., 19. 9., 7. 10. 1909, PALD

74 K. Schwarzschild an E. Hertzsprung vom 24. 9. 1909, EHA

75 E. Hertzsprung an den Minister der geistlichen, Unterrichts- und Medizinalangelegenheiten v. 19. 10. 1909, Geheimes Staatsarchiv Preußischer Kulturbesitz, Dienststelle Merseburg, Rep 76 Va, Tit. IV

76 E. Hertzsprung an seine Schwester (Telegramm v. 14. 11. 1909), PALD

1 D. B. Herrmann, Zur Vorgeschichte des Astrophysikalischen Observatoriums Potsdam (1865–1874), In: AN **296** (1975) 245–259

2 W. Hassenstein, Das Astrophysikalische Observatorium Potsdam in den Jahren 1875–1939, In: Mitt. des Astrophysikalischen Observatoriums Potsdam Nr. 1 (1941) 2 f.

3 G. Müller u. P. Kempff, Photometrische Durchmusterung des nördlichen Himmels, enthaltend alle Sterne der B. D. bis zur Größe 7,5; Teil I Zone 0° bis +20° Deklination, Publ. des Astrophysikalischen Observatoriums Potsdam Bd. 9, Nr. 31 (1894) T. II ebd. Bd. 13, Nr. 43 (1899), T. III, ebd. Bd. 14, Nr. 44 (1903), T. IV, ebd. Bd. 16, Nr. 51 (1906). Generalkatalog Bd. 17, Nr. 52 (1906)

4 H. C. Vogel u. G. Müller, Spektroskopische Beobachtungen der Sterne bis einschließlich 7,5ter Größe in der Zone −1° bis +20° Declination, Publ. des Astrophysikalischen Observatoriums Potsdam Bd. 3, Nr. 11 (1883)

5 Vgl. 2, S. 5

6 Ejnar Hertzsprung an seine Familie v. 22. 11. 1909, PALD

7 Vierteljahrsschrift der Astronomischen Gesellschaft **45** (1910) 166 ff.

8 Mündliche Mitteilung von Prof. H.-H. Voigt, Göttingen, vom 1. 10. 1990

9 M. Born, Physik im Wandel meiner Zeit, Braunschweig 1958, S. 170 ff., insbes. 172

10 Nachl. Sch., Briefe 325 o. D., Blatt 34

11 D. B. Herrmann, Zur Frühentwicklung der Astrophysik in Deutschland und in den USA, NTM-Schriftenreihe zur Geschichte der Naturwissenschaften, Technik und Medizin **10** (1973) H. 1, 38–44

12 K. Schwarzschild, Die großen Sternwarten der Vereinigten Staaten, In: Internationale Wochenschrift für Wissenschaft, Kunst und Technik **49** (1910) 1533–1544

13 Ebd., S. 1542

14 E. Hertzsprung an K. Schwarzschild vom 14. 12. 1915, Nachl. Sch.

15 Siehe 13, S. 1544

16 K. Schwarzschild, Über die astronomische Ausbildung der Lehramtskandidaten, In: Jahresbericht der deutschen Mathematiker-Vereinigung **16** (1907) 519–522; Ders.: Über Astronomie auf den höheren Schulen, In: Monatsschrift für höhere Schulen **8** (1909) 69–71

17 H. N. Russell, Some hints on the order of stellar evolution, In: Publ. Astronomical and Astrophysical Society America **2** (1912) 33–34

18 Vgl. J. Wempe, Die Beziehungen zwischen Ejnar Hertzsprung und Karl Schwarzschild, In: Veröffentlichungen der Archenhold-Sternwarte Nr. 6, Berlin-Treptow 1974, S. 45–54

19 D. B. Herrmann, Der Briefwechsel zwischen Hertzsprung und Russell über das HRD, In: Vorträge und Schriften der Archenhold-Sternwarte **6** (1978) Nr. 56, 17–24

20 Vgl. D. B. Herrmann, Karl Friedrich Zöllner (= Biographien hervorragender Naturwissenschaftler, Techniker und Mediziner Bd. 57), Leipzig 1982, S. 45 ff.

21 H. C. Vogel, Spectralanalytische Mitteilungen, In: AN **84** (1874) 113

22 Vgl. D. H. DeVorkin, Steps toward the Hertzsprung-Russell-Diagram, In: Physics today **31** (1978) No. 3, 32–39

23 Ebd., S. 37

24 Ebd.

25 Ebd.

26 Zitiert nach 22, S. 36

27 Ebd.

28 H. N. Russell an E. Hertzsprung vom 27. 9. 1910, EHA

29 Ostw. Klass., S. 29 und 32

30 E. Hertzsprung an H. N. Russell v. 10. 11. 1910, Princeton University Library, Russell Collection

31 Vgl. H. Schmidt, Arnold Kohlschütter. 6. 7. 1883 – 28. 5. 1969, In: AN **292** (1970) 142, siehe auch ders., Spektroskopische Parallaxen, In: Sterne und Weltraum **9** (1970) 62–64

32 Schwarzschild, K., Jahresbericht Göttingen für 1906, In: Vierteljahrs-schrift der Astronomischen Gesellschaft **42** (1907) 132

33 Ders., Ebd. **43** (1908) 188 f.

34 Schwarzschild, K., Über die Farbentönung der Sterne, In: Archiv für Optik **1** (1908) 435 f.

35 Schwarzschild, K., Über das System der Fixsterne, In: Himmel und Erde **21** (1909) 449

36 Rosenberg, H., Über den Zusammenhang von Helligkeit und Spektraltypus in den Plejaden, In: AN **186** (1910) Sp. 71–78

37 L. Ditlevsen an den Verfasser vom 25. 9. 1989

38 E. Hertzsprung, Über die Verwendung photographischer effektiver Wellenlängen zur Bestimmung von Farbenäquivalenten, In: Publ. des Astrophysikalischen Observatoriums Potsdam **22** (1911) Nr. 63, 35

39 Ebd.

40 Vgl. D. B. Herrmann, Kosmische Weiten. Geschichte der Entfernungsbestimmung im All, Leipzig 1989, 64 ff.

41 E. Hertzsprung, Briefe an seine Familie, Brief vom 16. 4. 1910, PALD

42 E. Hertzsprung, Notiz betreffend die photographische Aufnahme einer hellen Sternschnuppe, In: AN **184** (1910) 237; vgl. auch Briefe an seine Familie, Brief vom 9. 5. 1910

43 E. Hertzsprung, Briefe an seine Familie, vom 12. 5. 1910 und 13. 4. 1911, PALD. Vgl. auch G. Schmitt. Als die Oldtimer flogen. Die Geschichte des Flugplatzes Johannisthal, Berlin 1980, S. 9 ff.

44 E. Hertzsprung, Briefe an seine Familie, vom 26. 4. 1910, PALD

45 E. Hertzsprung, Briefe an seine Familie, vom 30. 9. 1910 und 31. 12. 1911, PALD

46 Ejnar Hertzsprung, Nachweis der Veränderlichkeit von α Ursae minoris, In: AN **189** (1911) 89–104

47 Ejnar Hertzsprung, Briefe an seine Familie, vom 13. 4. 1911, PALD

48 W. Quester, Hört der Polarstern auf zu pulsieren? In: Sterne und Weltraum **31** (1992) 436 f.

49 Acta betreffend das Astrophysikalische Observatorium Potsdam Vol.
VII, Januar 1910–Juni 1916, Rep. 76Vc, Sect. 1, Tit. 11, Generalia Wissenschaft und Kunst-Sachen, Teil II, Nr. 6[b] VII, Geheimes
Staatsarchiv Preußischer Kulturbesitz, Dienststelle Merseburg, Bl.
131–132

50 G. E. Hale, The Study of Stellar Evolution, Chicago 1908, vgl. auch
B. W. Sitterley, Changing Interpretations of the Hertzsprung-Russell-
Diagram, 1910–1940: A Historical Note, In: Vistas in Astronomy **12**
(1970) 357–366, besonders 359

51 Siehe 49, Blatt 133/34

52 Siehe 49, Blatt 129/30

53 In: AN **192** (1912) 261–266, Ref.: AJB **14** (1912) bzw. 479, AN **192**
(1912) 309–320, Ref.: AJB **14** (1912) 263 f.

54 Ejnar Hertzsprung, Briefe an seine Familie, vom 8. 6. 1912, PALD

55 Ejnar Hertzsprung an Karl Schwarzschild vom 9. 6. 1912, Nachl. Sch.

56 Ejnar Hertzsprung an seine Mutter, vom 9. 6. 1912, PALD

57 Ejnar Hertzsprung an Karl Schwarzschild vom 11. 6. 1912, Nachl.
Sch.

58 K. Aa. Strand an den Verfasser vom 5. 8. 1990

59 Ejnar Hertzsprung an Karl Schwarzschild vom 13. 6. 1912, EHA

60 Dto., v. 31. 6. 1912

61 Dto., v. 16. 7. 1912

62 O. Gingerich (Ed.), The General History of Astronomy, Vol. 4, Part
A, Cambridge 1984, S. 139 ff.

63 Ejnar Hertzsprung an seine Mutter vom 27. 7. 1912, PALD

64 Ebd.

65 Ejnar Hertzsprung an Karl Schwarzschild vom 17. 7. 1912, EHA

66 Ejnar Hertzsprung an Karl Schwarzschild vom 29. 7. 1912, EHA

67 Ebd.

68 Ebd.

69 Ejnar Hertzsprung an Karl Schwarzschild vom 8. 8. 1912, EHA

70 Ejnar Hertzsprung an Karl Schwarzschild vom 19. 8. 1912, EHA

71 C. Hoffmeister, Veränderliche Sterne, 2. A. v. G. Richter u. W. Wenzel, Leipzig 1984, S. 219

72 Karl Schwarzschild an Ejnar Hertzsprung vom 4. 9. 1912, EHA

73 Ebd.

74 Ebd.

75 Ejnar Hertzsprung an Karl Schwarzschild vom 29. 7. 1912, EHA

76 Ebd.

77 Vgl. F. Herneck, Max von Laue (= Biographien hervorragender Naturwissenschaftler, Techniker und Mediziner, Bd. 42), Leipzig 1979, S. 36 f.

78 Ejnar Hertzsprung an Karl Schwarzschild vom 21. 9. 1912, EHA

79 Ejnar Hertzsprung an Karl Schwarzschild vom 10. 10. 1912, EHA

80 Karl Schwarzschild an Ejnar Hertzsprung vom 4. 9. 1912, EHA

81 Ejnar Hertzsprung an Karl Schwarzschild vom 15. 10. 1912, EHA

82 Vgl. E. G. Forbes, A History of the Solar Red Shift Problem, In: Annals of Science **17** (1961) 129–164; vgl. auch D. B. Herrmann, Geschichte der modernen Astronomie, Berlin 1984, S. 159

83 Besonders berühmt wurde Schwarzschilds Aufsatz „Über das Gravitationsfeld einer Kugel aus inkompressibler Flüssigkeit nach der Einsteinschen Theorie" (In: Sitzungsberichte der Kgl. Preußischen Akademie der Wissenschaften zu Berlin 1916, 424–434) in dem der heute sogenannte „Schwarzschild-Radius" abgeleitet wird.

84 Ejnar Hertzsprung an Karl Schwarzschild vom 7. 10. 1912, EHA

85 Ejnar Hertzsprung an Karl Schwarzschild vom 29. 10. 1912, EHA

86 [Ejnar Hertzsprung], Bericht des Observators Prof. E. Hertzsprung über seine Reise nach Amerika im Sommer 1912, In: Acta betreffend das Astrophysikalische Observatorium Potsdam Vol. VII, Januar 1910 – Juni 1916, Rep. 76Vc, Sect. 1, Tit. 11, Generalia Wissenschaft und Kunst-Sachen, Teil III, No. 6^b VII, Staatsarchiv Preußischer Kulturbesitz, Dienststelle Merseburg. Der gesamte Bericht ist im

Wortlaut erstveröffentlicht bei D. B. Herrmann, Astrophysik im Vergleich. Bericht über eine USA-Reise von Ejnar Hertzsprung im Jahre 1912, In: Die Sterne **66** (1990) 67–80

87 Ejnar Hertzsprung an seine Mutter vom 9. 6. 1912, PALD

88 Ejnar Hertzsprung an Karl Schwarzschild vom 22. 11. 1912, EHA

89 Ejnar Hertzsprung an seine Familie 1913, PALD

90 Ejnar Hertzsprung, Brief vom 11. 5. 1913 an das Niederländische Generalkonsulat in Berlin, EHA

91 Ejnar Hertzsprung, Über die räumliche Verteilung der Veränderlichen vom Delta-Cephei-Typus, In: AN **196** (1913) 201–210; vgl. auch J. D. Fernie, The Period-Luminosity Relation. A Historical Review, PASP **81** (1969) No. 483, 707 f.

92 Ostw. klass., S. 91, Anm. 47. Hier gibt Hertzsprung eine Parallaxe von δ Cephei zu etwa 0.''005 an.

93 Siehe 95, Sp. 204

94 Ebd., Sp. 204 f.

95 H. Shapley, In: ApJ **48** (1918) 89; Mount Wilson Contributions 151

96 Vgl. K. Hufbauer, Exploring the Sun. Solar Science since Galileo, Baltimore and London 1991, insbes. S. 73 ff.

97 J. S. Plaskett, The Solar Union, In: The Journal of the Royal Astronomical Society Canada **7** (1913) 420–437

98 K. Schwarzschild, Versammlung der Solar-Union zu Bonn, In: AN **195** (191) Sp. 411–414

99 D. B. Herrmann, Geschichte der modernen Astronomie, Berlin 1984, S. 100 ff.

100 Bericht über die Versammlung der Astronomischen Gesellschaft zu Hamburg 1913, 6.–9. August, In: Vierteljahrsschrift der Astronomischen Gesellschaft **48** (1913) 173–194

101 Ejnar Hertzsprung, Briefe an seine Familie, vom 29. 7. 1913, PALD

102 Dto., vom 26. 9. 1913

103 Stefan L. Wolf, Physiker im Krieg der Geister, Vortrag auf dem XVIII. Internationalen Kongreß für Geschichte der Wissenschaften, Hamburg 1989, Ms., 10 Blatt, im Besitz des Verfassers

104 Vgl. Vierteljahrsschrift der Astronomischen Gesellschaft **50** (1915) 112 ff.

105 Vgl. R. Skovmand et al., Geschichte Dänemarks 1830–1939, Neumünster 1973, S. 330 ff.

106 Deutsches Zentralarchiv Merseburg, Acta betreffend die Beamten des Astrophys. Observatoriums Potsdam, Vol VII, Jan. 1910 – Juni 1916, Rep. 76 Vc, Sect. 1, Tit. 11, Generalia, Wiss. u. Kunst-Sachen. Teil II, Nr. 6^b, VII, Brief Hertzsprung an den Minister d. geistlichen und Unterrichts-Angelegenheiten v. 25. 11. 1915
Vgl. auch ehemaliges Zentrales Archiv der Akademie der Wissenschaften der DDR, Bestand Astrophysikalisches Observatorium Potsdam, Nr. 51. Hier sind u. a. die Vorgänge von Hertzsprungs Eintritt bis zur Beendigung der Tätigkeit (1909–1919) in Potsdam dokumentiert.

107 K. Schwarzschild an E. C. Pickering, Abschrift von Hertzsprung v. 8. 10. 1914, EHA

108 Ebd.

109 E. Hertzsprung an K. Schwarzschild vom 9. 7. 1915, EHA

110 E. Hertzsprung an K. Schwarzschild vom 19./20. 5. 1915, Nachl. Sch.

111 Ebd.

112 Ebd.

113 Ebd.

114 Ebd.

115 Ebd.

116 E. Hertzsprung an K. Schwarzschild vom 25. 5. 1915, Nachl. Sch.

117 B. Schröder-Gudehus, Deutsche Wissenschaft und internationale Zusammenarbeit 1914–1928. Ein Beitrag zum Studium kultureller Beziehungen in politischen Krisenzeiten, Genève 1966 (= Thèse No.

172 Université Genève, Institut Universitaire de Haute Etudes Inter-
nationales), S. 27

118 Ebd., S. 35

119 Ebd., S. 85

120 Vierteljahrsschrift der Astronomischen Gesellschaft **56** (1921) 146

121 Vgl. D. B. Herrmann, Die Internationale der Astronomie 1914–1928,
In: Die Sterne **67** (1991) 157

122 E. Hertzsprung an seine Mutter vom 9. 10. 1914, PALD

123 E. Hertzsprung an K. Schwarzschild vom 26. 10. 1914, Nachl. Sch.

124 E. Hertzsprung an seine Mutter vom 1. 10. 1914, PALD

125 P. Müürsepp, Bernhard Schmidt, Manuskript 1981, S. 60

126 E. Hertzsprung an seine Mutter vom 17. 9. 1915, PALD

127 E. Hertzsprung an seine Familie vom 5. 9. 1915, PALD

128 E. Hertzsprung, Effective wave-lengths of 184 stars in the cluster
N. G. C. 1647, In: ApJ **42** (1915) 92–100 = Contributions from the
Mt. Wilson Solar Observatory 100; E. Hertzsprung, Effective wave-
lengths of absolutely faint stars, In: ApJ **42** (1915) 111–119 = Contributions of the Mt. Wilson Solar Observatory 101

129 E. Hertzsprung, In: AJB **17** (1915) 204

130 E. Hertzsprung, Briefe an seine Familie vom 19. 12. 1914, PALD

131 E. Hertzsprung an K. Schwarzschild vom 4. 10. 1915, Nachl. Sch.

132 Vgl. D. B. Herrmann, Geschichte der modernen Astronomie, Berlin
1984, S. 114 ff. u. 150 ff.

133 Zit. nach R. Kippenhahn, Licht vom Rande der Welt, Stuttgart 1984,
S. 133

134 V. M. Slipher an E. Hertzsprung vom 8. 5. 1914, EHA

135 Vgl. T. Ferris, Die rote Grenze, Basel, Boston, Stuttgart 1982, S. 24

136 E. Hertzsprung an A. S. Eddington vom 6. 2. 1916, EHA

137 E. Hertzsprung an K. Schwarzschild v. 22. 1./18. 2. 1916, Nachl. Sch.

138 K. Schwarzschild an E. Hertzsprung vom 8. 2. 1916, EHA

139 A. S. Eddington an E. Hertzsprung vom 3. 5. 1916, EHA, Vgl. zu der gesamten Eddington-Hertzsprung-Korrespondenz auch Robert W. Smith, The Eddington-Hertzsprung Correspondence of 1916 and 1917, Paper Presented at the XVth International Congress of the History of Science, Edinburgh, 1977, 10 Bl (Im Besitz des Verfassers)

140 E. Hertzsprung an A. S. Eddington vom 12./14. 6. 1916, EHA

141 A. S. Eddington an E. Hertzsprung vom 13. 6. 1916, EHA

142 E. Hertzsprung an A. S. Eddington vom 24. 6. 1916, EHA

143 A. S. Eddington, The Nature of Globular Clusters, In: Observatory **39** (1916) Nr. 507, Dec. 1916, 513 f.

144 E. Hertzsprung an K. Schwarzschild vom 4. 11. 1915, Nachl. Sch.

145 Ebd.

146 Zahlenangaben aus Ch. Gerthsen, Physik, 4. A., Berlin-Göttingen-Heidelberg 1956, S. 352

147 E. Hertzsprung an K. Schwarzschild vom 22. 12. 1915, Nachl. Sch.

148 Vgl. zur Ostwaldschen Typologie der Forscher: W. Ostwald, Grosse Männer, 3. + 4. A., Leipzig 1910, S. 371 ff.

149 E. Hertzsprung an K. Schwarzschild vom 20. 1. 1916, Nachl. Sch.

150 Ebd. v. 14. 12. 1914

151 P. van de Kamp, Dark Companions of Stars, In: Space Science Reviews **43** (1986) 211–327, insbes. S. 300, Doordrecht 1986

152 E. Hertzsprung an seine Schwester vom 13. 3. 1916, PALD

153 Karl Schwarzschild, Über das Gravitationsfeld einer Kugel aus inkompressibler Flüssigkeit nach der Einsteinschen Theorie, In: Sitzungsberichte der Königlichen Preußischen Akademie der Wissenschaften zu Berlin, 1916 (1916) 424–434

154 Karl Schwarzschild, Zur Quantenhypothese, In: Sitzungsberichte der Königlichen Preußischen Akademie der Wissenschaften zu Berlin, 1916 (1916)

155 E. Hertzsprung an seine Schwester vom 15. 5. 1916, PALD

156 Hetty Hertzsprung an Else Schwarzschild vom 10. 5. 1916, Nachl. Sch.

157 Alle Informationen über Vorgänge um die Sternwarte Aarhus aus den Briefen E. Hertzsprungs an seine Schwester vom 2.2.1916 bis 30.8.1916, PALD

158 Hetty Hertzsprung an Else Schwarzschild vom 2.4.1916, Nachl. Sch.

159 E. Hertzsprung an seine Schwester vom 7.12.1916, PALD

160 A. Einstein, Gedächtnisrede auf Karl Schwarzschild, In: Sitzungsberichte der Kgl. Preußischen Akademie der Wissenschaften zu Berlin 1916 (1916) 768–770

161 E. Hertzsprung, Karl Schwarzschild, In ApJ **45** (1917) 285–292

162 Ebd., S. 285

163 E. Hertzsprung an G. E. Hale (Abschrift von E. Hertzsprung) vom 30.5.1917, EHA

164 Ostw. Klass., S. 66

165 Ebd.

166 A. Ritter, Untersuchungen über die Höhe der Atmosphäre und die Constitution gasförmiger Weltkörper, In: Wiedemanns Annalen der Physik **20** (1883) 149 ff.
Vgl. hierzu O. Schwarz, Zur Entdeckungsgeschichte der Masse-Leuchtkraft-Beziehung unter besonderer Berücksichtigung des Einflusses von E. Hertzsprung (1882–1926), In: Vorträge und Schriften der Archenhold-Sternwarte Nr. 23, Berlin-Treptow 1993

167 A. Ritter, Untersuchungen über die Höhe der Atmosphäre und die Constitution gasförmiger Weltkörper, In: Wiedemanns Annalen der Physik **20** (1883) 898

168 H. N. Russell, Determination of stellar Parallax, In: Astronomical Journal **26** (1911) Nr. 18–19

169 E. Hertzsprung an K. Schwarzschild vom 6.1.1915, Nachl. Sch.

170 J. Halm, Further considerations relating to the systematic motions of the stars, In: Monthly Notices of the Royal Astronomical Society **71** (1911) 638

171 H. Ludendorff, Über die Massen der spektroskopischen Doppelsterne, In: AN **189** (1911) 152

172 E. Hertzsprung an K. Schwarzschild vom 6.1.1915, Nachl. Sch.

173 Ebd.

174 E. Hertzsprung, Bemerkungen zur Statistik der Sternparallaxen, In: AN **208** (1919) Sp. 88–96

175 Ebd., Sp. 96

176 A. S. Eddington, Further Notes on the radiative Equilibrium of the Stars, In: MN **77** (1917) 596

177 A. S. Eddington an E. Hertzsprung vom 12. 7. 1917, EHA

178 A. S. Eddington, Der innere Aufbau der Sterne, Berlin 1928, S. 198

179 E. Hertzsprung an A. S. Eddington, undatiert, EHA

180 E. Hertzsprung, Briefe an seine Schwester, vom 21. 8. 1917, PALD

181 H. Hertzsprung-Kapteyn, J. C. Kapteyn, Groningen 1928, S. 154 Neuerdings liegen die Erinnerungen von Henriette Hertzsprung-Kapteyn auch in einer annotierten englischen Übersetzung vor: H. Hertzsprung-Kapteyn, The Life and Work of J. C. Kapteyn. An Annotated Translation with Preface and Introduction by E. Robert Paul, In: Space Science Reviews **64** (1993) 1–92

182 E. Hertzsprung an seine Schwester vom 30. 4. 1918, PALD

183 E. Hertzsprung an die Kriegsfürsorge-Abt. Potsdam vom 29. 9. 1915, EHA

184 E. Hertzsprung an seine Schwester vom 29. 5. 1918, PALD

185 E. Hertzsprung an seine Schwester vom 6. 8. 1919, PALD

186 Vgl. 181, S. 157

187 E. Hertzsprung an seine Schwester vom 25. 8. 1919, PALD

Als Forscher in Holland (1919 – 1944)

1 G. Müller an E. Hertzsprung vom 2. 9. 1919, EHA

2 E. Hertzsprung an seine Schwester vom 3. 10. 1919, PALD

3 Dto. vom 22. 10. 1919

4 A. Einstein an F. Haber vom 15.5.1920, Privatarchiv F. Herneck, Berlin

5 A. S. Eddington an E. Hertzsprung vom 11.10.1919, EHA

6 A. Einstein an M. Planck vom 23.10.1919, zit. nach C. Seelig, Albert Einstein, Zürich-Stuttgart-Wien 1954, S. 193

7 Vgl. 3

8 A. S. Eddington an E. Hertzsprung vom 7.12.1919, EHA

9 Dto. vom 23.1.1920

10 Vgl. B. Schröder-Gudehus, Deutsche Wissenschaft und internationale Zusammenarbeit 1914–1928, Université de Genève, These No. 172, Genève 1966, S. 158 ff

11 (W. de Sitter), Report of the director of the Observatory at Leiden for the period from May 1, 1919 to August 31, 1921, In: BAN (1921) No. 2, pp. 5

12 E. Hertzsprung, Photographische Messungen von Doppelsternen von 1914.O bis 1919.4, In: PAOP **24** (1920) No. 75

13 Ebd. S. 5

14 Ebd.

15 Vgl. hierzu u. a.: R. Skovmund u. a., Geschichte Dänemarks 1830–1939, Neumünster 1973, S. 362 ff.; R. Dey, Dänemark, Köln 1978, S. 105 ff.; Ch. Schmidt-Schönebeck, 300 Jahre Physik und Astronomie an der Kieler Universität, Kiel 1965, S. 10 ff.

16 E. Hertzsprung an seine Schwester vom 29.11.1918, PALD

17 E. Hertzsprung, Over de Kleur der Sterren, In: Physica **1** (1921) 69–78

18 E. Hertzsprung an seine Schwester vom 8.5.1921, PALD

19 Vgl. W. Seggewiss, Die Versammlungen der Astronomischen Gesellschaft 1863–1981, In: Mitteilungen der Astronomischen Gesellschaft, Nr. 57, Hamburg 1982, S. 135–142, insbes. S. 135

20 Bericht über die Versammlung der Astronomischen Gesellschaft zu Potsdam 1921, August 24–27, In: Vierteljahrsschrift der Astronomischen Gesellschaft **56** (1921) 142

21 Ebd., S. 143

22 Vgl. D. B. Herrmann, Die Internationale der Astronomie 1914–1918, In: Die Sterne **67** (1991) 155–160

23 Vgl. 20, S. 147

24 Ebd., S. 154 f.

25 Vgl. Catalogue. The Ejnar Hertzsprung Archive, History of Science Department, University of Aarhus 1982, p. 4

26 E. Hertzsprung, Remarks on the Relation between colour, proper motion and apparent magnitudes of the stars, In: BAN **1** (1922) Nr. 17, 91–92

27 Vgl. D. S. Evans, Astronomical institutions in the southern hemisphere, 1850–1950, In: General History of Astronomy, Vol. 4A, Ed. by O. Gingerich, Cambridge et al. 1984, pp. 153

28 E. Hertzsprung an seine Schwester vom 4. 2. 1923, PALD

29 Ebd., vom 23. 5. 1923

30 A. Blaauw an D. B. Herrmann vom 20. 12. 1989

31 Briefliche Auskunft von Leif Ditlevsen vom 9. 10. 1990 unter Berücksichtigung von Briefen E. Hertzsprungs an seine Schwester vom 30. 4. 1918, 1. 12. 1919 u. a.

32 E. Hertzsprung an seine Schwester vom 8. 10. 1923, PALD

33 E. Hertzsprung an seine Schwester vom 5. 11. 1923 und vom 8. 1. 1924, PALD

34 Die Entdeckung des ersten Flare-Sterns, vgl. E. Hertzsprung, Note on a peculiar variable star or Nova of short duration, In: BAN **2** (1924) No. 52, 87 f.

35 A. V. Nielsen, Ejnar Hertzsprung, 1873–1967, In: Planetarium **1** (1968) No. 3

36 In: BAN **2** (1924) No. 52, p. 86

37 E. Hertzsprung an seine Schwester vom 11.–13. 8. 1924, PALD

38 Dto., vom 14. 9. 1924, PALD

39 Briefliche Mitteilung von Rigel Thorning an den Verfasser vom
    6. 8. 1989

40 E. Hertzsprung an seine Schwester vom 24. 11.–11. 12. 1924, PALD

41 Dto., vom 10. 12. 1925, PALD

42 P. J. v. Rhijn, The observational facts on which the Giant-Dwarf-
    Theory is based, In: Observatory **48** (1925) 111 f., Ref.: AJB **27**
    (1925) 161

43 E. Hertzsprung, Giant and Dwarf Stars, Ebd., S. 265–266

44 E. Hertzsprung, On the relation between period and form of the
    lightcurve of variable stars of the Delta Cephei type, In: BAN **3**
    (1926) 115–120, Nr. 96

45 E. Hertzsprung, Referat zu 45, In: AJB **28** (1926) 157

46 Vgl. C. Hoffmeister, Veränderliche Sterne, 2. A. von G. Richter u. W.
    Wenzel, Leipzig 1984, S. 37 ff.

47 A. S. Eddington, Sterne und Atome, Berlin 1928, S. 144 ff.

48 Bericht über die Versammlung der Astronomischen Gesellschaft zu
    Kopenhagen 1926, August 16–20, In: Vierteljahrsschrift der Astro-
    nomischen Gesellschaft **61** (1926) 186 ff., hier: 189

49 E. Hertzsprung an seine Schwester. Exzerpte aus den Briefen von
    1926, PALD

50 E. Hertzsprung, Notes on eclipsing variable stars estimated on Har-
    vard plates, In: BAN **4** (1928), No 146, p. 153; Ders., Notes on vari-
    able stars of the Delta Cephei type estimated on Harvard plates, In:
    Ebd. S. 164

51 C. Payne-Gaposchkin, An autobiography and other recollections, ed.
    by K. Haramundanis, Cambridge (Engl.) 1984, p. 177 f.

52 Ebd., S. 178

53 Ebd., S. 179

54 M. Harwit, Die Entdeckung des Kosmos, München-Zürich 1981,
    S. 144 ff., insbes. 146. Im Harvard Bulletin 845 (Referat AJB **29**
    (1927) 153) findet sich aus Hertzsprungs Feder die Notiz „Note on a
    Peculiar Object of Short Duration". Leider war mir diese Quelle bis-

her nicht zugänglich. Es kann vermutet werden, daß es sich hierbei um die besprochene Beobachtung handelt.

55 E. Hertzsprung an seine Schwester, siehe 49

56 E. Hertzsprung, Entwurf eines Reiseberichtes 1926, Sonderkasten Notater 1900–1930, ohne Nr., EHA

57 E. Hertzsprung an seine Schwester vom 11. 4. 1927, PALD

58 K. Aa. Strand, Hertzsprung, Ejnar, In: Dictionary of Scientific Biography **6** (1972) 350 ff., insbes. S. 353

59 E. Hertzsprung an seine Schwester vom 6. 7. 1927, PALD

60 General History of Astronomy **4A** (1984) 159

61 Vierteljahrsschrift der Astronomischen Gesellschaft **63** (1928) 2

62 Ebd., 3

63 E. Hertzsprung an seine Schwester vom 26. 6. 1928, PALD

64 Transactions of the IAU, III 1928, Third General Assembly held in Leiden, Ed. by F. J. M. Stratton, Cambridge 1928, p. 210

65 Vgl. D. B. Herrmann, B. A. Gould and his Astronomical Journal, In: Journal for the History of Astronomy **2** (1971) 98–108

66 Siehe 63

67 E. Hertzsprung an seine Schwester vom 29. 9. 1928, PALD

68 Ebd.

69 Ebd. vom 11. 1. 1929, PALD

70 E. Hertzsprung, The Pleiades, MN **89** (1929) 660–678

71 Vgl. z. B. BAN **9** (1942) No. 346 und No. 352, Ref. AJB **44** (1942) 88

72 E. Hertzsprung an seine Schwester vom 10. 5. 1929, PALD

73 Dto. 1930, ohne Datum, PALD

74 Dto. vom 9. 2. 1933, PALD

75 Dto. 1930, ohne Datum, PALD

76 BAN **7** (1933) No. 247, 83

77 Vgl. K. Gyldenkerne, Hertzsprung as I knew him, Ms. im Besitz des Verfassers, vgl. auch E. Hertzsprung, Briefwechsel mit R. Töpfer, EHA

78 E. Hertzsprung an seine Schwester vom 10. 4. 1932, PALD

79 E. Hertzsprung, Provisional search for internal motions in the group of the Pleiades, In: BAN **7** (1934) No. 247, 187–188, Ref. AJB **36** (1934) 239

80 W. Götz, Die offenen Sternhaufen unserer Galaxis, Leipzig 1989, S. 175 ff.

81 E. Hertzsprung an seine Schwester vom 15. 9. 1933, PALD

82 Dto. vom 25. 12. 1934, PALD

83 E. Hertzsprung an seine Schwester vom 10. 4. 1933, PALD

84 Vgl. 82

85 E. Hertzsprung an seine Schwester vom 8. 1. 1935, PALD

86 Album Scholastikum Academiae Lugduno-Batavorum 1920–1974 (Nach Mitt. v. E. Dekker, Linschoten, NL)

87 Die nachfolgenden Einzelheiten über die Arbeit der Leidener Sternwarte unter dem Direktorat Hertzsprungs sind – soweit nicht anders ausgewiesen – folgender Quelle entnommen: G. v. Herk und H. Kleibrink, De Leidse Sterrewacht, Zwolle 1983, S. 81 ff.

88 E. Hertzsprung, Discussion on personal errors in photographic measures of double stars, In: BAN **9** (1942) No. 346, 253–258, Ref. AJB **44** (1942) 99

89 Ders., On the symmetrical rejection of extreme observations, In: BAN **9** (1942) 285–286, Ref. AJB **44** (1942) 21

90 K. Aa. Strand an den Verfasser vom 5. 8. 1990

91 Alle Angaben nach schriftlicher Mitteilung von K. Aa. Strand an den Verfasser.

92 Vgl. 87, S. 87

93 E. Hertzsprung an H. Ludendorff vom 30. 7. 1935, EHA

94 E. Hertzsprung an seine Schwester vom 13. 10. 1935, PALD

95 Vgl. Briefwechsel E. Hertzsprungs mit A. Schwarzschild u. E. Schwarzschild, EHA

96 E. Hertzsprung an Alfred Schwarzschild (Sept. 1939), EHA

97 Martin Schwarzschild an den Verfasser vom 17. 9. 1988

98 Ebd.

99 E. Hertzsprung an seine Schwester vom 29. 9. und 6. 12. 1936, PALD

100 Zit. nach 87

101 E. Hertzsprung an seine Schwester vom 4. 6. 1937, PALD

102 E. Hertzsprung, On Collaboration in Astronomy, In: PASP **49** (1937) 309–316

103 Bezeichnend für den immer aufs neue betonten Nationalstolz Hertzsprungs, aber ebenso für die gemeinsame Nationalität mit Rømer ist der Einschub: "let me quote these two words in his and my own language – lystets toven, 'the Mesitation of light'", In: /102/, S. 312

104 E. Hertzsprung an seine Schwester (Ende 1937), PALD

105 Vgl. l'Index biographique de l'Academie des Sciences 1666–1978, Paris (1979?)

106 Briefl. Mitteilung von Leif Ditlevsen an den Verfasser vom 4. 3. 1990

107 Betty van Bueren van den Hoven van Genderen (De Bilt) an den Verfasser vom 18. 10. 1991

108 F. Schmeidler, Die Geschichte der Astronomischen Gesellschaft, Hamburg 1988, S. 56

109 E. Hertzsprung, Brief an P. Guthnick vom 24. 2. 1937, zit. nach E. Hertzsprung, Brief an H. Ludendorff vom 15. 6. 1937, EHA

110 Zit. nach H. Ludendorff, Brief an E. Hertzsprung vom 4. 5. 1937, EHA

111 Dto.

112 E. Hertzsprung, Brief an H. Ludendorff vom 15. 6. 1937

113 Vgl. 108

114 C. Hoffmeister, Veränderliche Sterne, 2. A., Leipzig 1984, S. 36

115 E. Hertzsprung an seine Schwester vom 14. 9. 1939, PALD

116 E. Hertzsprung an L. Ditlevsen vor 10. 5. 1940, PALD

117 S. Matlock (Hg.), Dänemark in Hitlers Hand, Husum 1988, S. 11 ff.
     und S. 20 ff.

118 Briefl. Mitteilung von A. J. Wesselink, USA, an den Verfasser vom
     26. 4. 1988

119 Betty van Bueren van den Hoven van Genderen (De Bilt) an den
     Verfasser vom 8. 12. 1991

120 Vgl. 118

121 Ebd.

122 Briefl. Mitteilung von L. Ditlevsen an den Verfasser vom 4. 3. 1990

123 E. Hertzsprung an seine Schwester vom 20. 9. 1941, PALD

124 Dto. vom 13. 12. 1941, 12. 2. 1942, 7. 7. 1942, 9. 8. 1942, PALD

125 Dto. vom 20. 11. 1941

126 Ebd.

127 Dto., vom 26. 9. 1942

128 Nach einer Zusammenstellung von Hertzsprungs Veröffentlichun-
     gen im BAN im Besitz des Verfassers, übermittelt von J. Oort

129 E. Hertzsprung an seine Schwester vom 15. 11. 1943, PALD

130 Dto., vom 31. 12. 1943

131 Dto., vom 16. 5. 1944, PALD

132 Dto., vom 6. 10. 1944, PALD

133 Dto., vom 11. 2. 1945

134 Dto., vom 25. 2. 1945

135 Dto., vom 11. 3. 1945

136 Dto., vom 15. 3. 1945

137 Dto., vom 5. 5. 1945

138 Dto., vom 11. 6. 1945

139 Rigel Hertzsprung an Ellen Ditlevsen vom 16. 9. 1945, PALD

140 E. Hertzsprung an seine Schwester vom 5. 6. 1946, PALD

141 Dto., vom 26. 6. 1946

142 J. H. Oort, By het afscheid van Professor Ejnar Hertzsprung, In: He-
mel und Dampkring (1946) 166–169

143 Eine Kopie dieses Registers stellte mir Prof. J. H. Oort freundlicherweise zur Verfügung.

Die Jahre in Tølløse (1946 – 1967)

---

1 K. Gyldenkerne, Curriculum vitae (im Besitz des Verfassers)

2 K. Gyldenkerne, Hertzsprung as I knew him. Vortrag auf dem Hertz-
sprung-Kolloquium der Archenhold-Sternwarte Berlin-Treptow am
21. 10. 1992. Vgl. auch Briefe an die Familie 1946–1949, PALD

3 K. Gyldenkerne, Hertzsprung as i knew him. u. a. O.

4 Ebd.

5 Ebd.

6 K. Gyldenkerne, Brief an den Verfasser vom 20. 3. 1990

7 L. Moustgaard, Brief an den Verfasser vom 3. 10. 1990 Vgl. auch UT,
S. 66

8 E. Hertzsprung an seine Schwester vom 6. 11. 1947 und 1. 5. 1948,
PALD

9 E. Hertzsprung, Catalogue de 3259 étoiles dans les pléiades conten-
tant les mouvements propres relativs. In: Annalen Sterrewacht Leiden **19** (1947) 1, Ref. AJB **49** (1952) 353, **47** (1947) 179

10 Vgl. z. B. W. Götz, Die offenen Sternhaufen unserer Galaxis (= Wiss.
Schriften zur Astronomie, Bd. 2), Leipzig 1989

11 Persönliche Mitteilung von K. Gyldenkerne 1989

12 Siehe 2

13 E. Hertzsprung, „Letters to the Editor", PALD

14 Siehe 2

15 Ejnar Hertzsprung, Brief an Carl Iversen, Rektor der Kopenhagener Universität, vom 6. 1. 1959, PALD

16 Ejnar Hertzsprung, Brief an die Redaktion der „Information" vom 21. 7. 1961, PALD

17 Dto., vom 31. 12. 1961

18 R. Thorning, Brief an den Verfasser vom 6. 8. 1989

19 Dto., vom 26. 6. 1989

20 Richard M. West, Brief an den Verfasser vom 13. 11. 1989

21 K. Graff, A. Prey, Wahlvorschlag E. Hertzsprung zum Korrespondierenden Mitglied der Österreichischen Akademie der Wissenschaften (Math.-Naturwiss. Kl. Zl 476/47)

22 E. Hertzsprung, Brief an seine Schwester vom 29. 11. 1949, PALD
Zur Ehrenpromotion vgl. Annales de l'Université Paris (oct.-déc. 1949, p. 461–464 et 473–475)

23 Persönliche Mitteilung von K. Gyldenkerne, Mai 1989

24 E. Hertzsprung, Brief an seine Schwester vom 17. 8. 1948, PALD

25 Persönliche Mitteilung von K. Gyldenkerne

26 Dto.

27 E. Hertzsprung, Briefe an seine Schwester vom 1. 1. und 14. 5. 1949, PALD
Aus der Zeit nach 1949 liegen keine Briefe Hertzsprungs an seine Schwester mehr vor. Nach Auskunft von Leif Ditlevsen wurde der Kontakt nunmehr hauptsächlich per Telefon aufrechterhalten.

28 Vgl. 2

29 A. V. Nielsen, Ejnar Hertzsprung, 1873–1967, In: Planetariun **1** (1968) No. 3

30 N. Richter, Das Karl-Schwarzschild-Observatorium der Deutschen Akademie der Wissenschaften zu Berlin, In: Die Sterne **37** (1961) 89–96

31 G. Rienäcker, Brief an E. Hertzsprung vom 9. 9. 1960, EHA

32 Briefpartner Hertzsprungs seit 1914!

33 E. Hertzsprung, Brief an U. Güntzel-Lingner vom 23. 9. 60, EHA

34 E. Hertzsprung, Brief an den Generalsekretär der Deutschen Akademie der Wissenschaften vom 3. 10. 1960, EHA

35 Vgl. 2

36 H. Siedentopf (Hg.), Symposium über Automation und Digitalisierung in der Astronomischen Meßtechnik am 27. und 28. April 1962 in Tübingen (= Sitzungsberichte der Heidelberger Akademie der Wissenschaften. Math.-Nat. Klasse, Jahrg. 1962/63, Heidelberg 1963

37 G. v. Herk, Brief an den Verfasser vom Januar 1992

38 K. Aa. Strand, Brief an den Verfasser vom 5. 8. 1990. Das Meßverfahren ist beschrieben von Hertzsprung in PAOP **24** (1920) Nr. 75 und von Strand in „Annalen van de Sterrewacht Leiden" Deel XVIII, 2, 1937

39 Persönliche Mitteilung vom Mai 1989

40 M. Schwarzschild, Stellar Evolution, In: Transactions of the IAU XI B (Proceedings), London und New York 1962, S. 137–143; Der englische Originaltext der Schlußpassage in Schwarzschilds Vortrag lautet: „Indeed, I would think that it must be to you, Professor Hertzsprung, cause of appreciable puzzlement to have watched throughout your life a stream of eager theoreticians working hard on these problems and succeeding to understand even by now only the most abvious feature in the diagram which you plotted for the first time more than fifty years ago" (p. 143)

41 R. Kippenhahn, Persönliche Mitteilung an den Verfasser vom 15. 5. 1990

42 K. Aa. Strand, Briefliche Mitteilung vom 24. 4. 1988

43 K. Aa. Strand, The 61-inch Astrometric Reflector Project of the U. S. Naval Observatory, In: Sitzungsberichte der Heidelberger Akademie der Wissenschaften 1962/63, 2. Abh., S. 94–99

44 A. Beer und K. Aa. Strand (Hg.), Aspects of Stellar Evolution (= Vol. 8, Vistas in Astronomy) Oxford u. a. O. 1965

45 E. Hertzsprung, Sur la luminosité de masse des composantes d'une étoile double, In: Journal des Observateurs **47** (1964) 31–33

46 E. Hertzsprung, Über Doppelsterne mit eben merklicher Bahnbewegung, In: AN **190** (1912) Sp. 113–118

47 Sky and Telescope, Brief an E. Hertzsprung vom 29. 10. 1965, EHA

48 R. Thorning, Briefe an den Verfasser vom 6. 8. 1989 und 26. 6. 1989

49 L. Ditlevsen, Brief an den Verfasser vom 28. 1. 1993

50 Dto.

51 A. V. Nielsen, Ejnar Hertzsprung, 1873–1967, In: Planetarium **1** (1968) No. 3

52 A. J. Wesselink, Obituary Notice Ejnar Hertzsprung, In: Quarterly Journal of the Royal Astronomical Society (1968) 341

53 K. Aa. Strand, Ejnar Hertzsprung, 1873–1967, In: Publications of the Astronomical Society of Pacific **80** (1968) 56

54 J. Hopmann, Ejnar Hertzsprung, In: Almanach für das Jahr 1969 **119** (1970) 328; P. Th. Oosterhoff, Ejnar Hertzsprung. 8. 10. 1873 – 21. 10. 1967, In: AN **291** (1968) 87

55 G. A. Tamann, Zum neunzigsten Geburtstag von Ejnar Hertzsprung, In: Orion **IX** (1964) No. 83, S. 9

1873	*8. Oktober:* Ejnar Hertzsprung in Frederiksberg/Kopenhagen geboren
1892	Abitur in Kopenhagen
1893	*27. Oktober:* Hertzsprungs Vater, Severin Hertzsprung gestorben
1898	*Januar:* Abschluß an der Technischen Hochschule Kopenhagen als „Chemieingenieur"
1899	*August:* Tätigkeit in Petersburg
1901	*Dezember:* Ende der Tätigkeit in Petersburg
1902	Arbeit im Laboratorium bei Ostwald in Leipzig
1902	*September:* Rückkehr nach Kopenhagen und freischaffender Forscher
1902	Erste Veröffentlichung „Normalabmessungen für Stereoskopie"
1905/07	„Zur Strahlung der Sterne"
1906	Teilnahme an der Mt. Rosa-Expedition
1907	*16. Oktober:* erster Kontakt mit Karl Schwarzschild
1909	*Mai:* Hertzsprung wird a. o. Professor in Göttingen
1909	*22. November:* Hertzsprung Observator am Astrophysikalischen Observatorium Potsdam
1910	*27. September:* Beginn des Briefwechsels mit Russell

1911	Entdeckung der Veränderlichkeit von α UMi; FHD Plejaden/Hyaden
1912	Verlobung mit Henriette Kapteyn 6monatige Reise in die USA
1913	Entfernungsbestimmung der Kleinen Magellanschen Wolke
1913	*17. Mai:* Heirat
1914	Ausbruch des 1. Weltkrieges Versuch, die dänische Staatsbürgerschaft zu erhalten
1916	*11. Mai:* Tod Karl Schwarzschilds
1916	*18. Juni:* Geburt der Tochter Rigel Hertzsprung
1918	Angebot aus Leiden/Holland
1919	Entdeckung der Masse-Leuchtkraft-Beziehung
1919	*März:* Übersiedlung nach Leiden
1921	Außerordentlicher Professor in Leiden
1922	Entdeckung der Hertzsprung-Lücke; Scheidung
1923/24	6monatiger Beobachtungsaufenthalt in Johannesburg
1926	Entdeckung des Zusammenhangs zwischen Periode und Form der Lichtkurven der δ-Cephei-Sterne
1926/27	Beobachtungsaufenthalt am Harvard-Observatorium
1928	Dänische Staatsbürgerschaft
1929	Goldmedaille der RAS
1930/31	2. Südafrika-Reise
1935	Direktor der Sternwarte Leiden
1937	6monatige USA-Reise

1944   Entpflichtung als Ordentlicher Professor und Direktor
            der Sternwarte Leiden

1946   Rückkehr nach Dänemark

1946   *30. Juli:* Umzug nach Tølløse

1947–67   Private Forschungen und Reisen

1967   *21. Oktober:* Tod in Roskilde (kein Grab)

*Hertzsprungs Mutter Henriette Christiane Charlotte, geb. Frost
im Alter von 43 Jahren (1882)*

Hertzsprungs Vater Severin im Alter von etwa 46 Jahren

Ejnar Hertzsprung im Alter von etwa 2 Jahren, damaliger Gepflogenheit entsprechend in Mädchenkleidern (Zeichnung, unbek. Künstler)

Das Kopenhagener Wohnhaus der Familie Hertzsprung von 1882 bis 1900
(St. Knudsvej 36)

Interieur der Familienwohnung der Hertzsprungs in Kopenhagen

Ejnar (links) und Bruder Ivar in ihrer Kopenhagener Studierstube (ca. 1896)

Ejnar Hertzsprungs Stereokamera mit Plattenetui

Die Grimmaische Straße in Leipzig, aufgenommen von Ejnar Hertzsprung
(1902)

Zur Strahlung der Sterne.

Von Ejnar Hertzsprung.

In den „Annals of the Astronomical Observatory of Harvard College" Vol. XXVIII (Cambridge 1897—1901) geben Antonia C. Maury und Annie J. Cannon eine detaillierte Übersicht von Spektren der bezw. nördlich und südlich sichtbaren hellern Sterne.

Die beiden ersten Säulen der untenstehenden Tab. 1 geben eine gekürzte Übersicht der von den genannten Autoren benutzte Bezeichnung der Spektralklassen. In den zwei letzten Säulen sind charakteristische Sterne nebst ihren Spektren angegeben. Für die nähere Beschreibung der benutzten spektralen Kennzeichen muß auf die Originalarbeiten hingewiesen werden. Hier mögen nur einige Worte über die drei Unterabteilungen b, a und c Platz finden. Die b-Sterne haben breitere Linien als die der „division" a. Die relativen Intensitäten der Linien scheinen aber die gleichen für a- und b-Sterne zu sein „so that there appears to be no decided difference in the constitution of the stars belonging respectively to these two divisions".[1] Als wichtigste Merkmale der Unterabteilung c können erwähnt werden erstens, daß die Linien ungewöhnlich eng und scharf sind, zweitens, daß zwischen den „metallischen" Linien solche vorkommen, die mit keinen Sonnenlinien identifiziert sind, und die relativen Intensitäten der übrigen entsprechen nicht den im Sonnenspektrum beobachteten. „In general, Division c is distinguished by the strongly defined character of its lines, and it seems that stars of this division must differ more decidedly in constitution from those of Division a than is the case with those of Division b". Antonia C. Maury vermutet, daß die a- und b-Sterne einerseits und die c-Sterne andererseits kollateralen Serien der Entwicklung angehören. Es ist damit gemeint, daß nicht alle Sterne dieselbe spektrale Entwicklung haben. Welche Gründe (Unterschiede an Masse und Zusammensetzung, oder andere) eine solche Teilung bedingen, bleibt dabei dahingestellt.

Es entsteht die Frage, wie groß die systematischen Unterschiede der auf gleichen Abstand reduzierten Helligkeiten von Sternen der verschiedenen Gruppen sein werden. Für diesen Zweck habe ich die Eigenbewegungen der Sterne in der folgenden einfachen Weise benutzt:

---

[1] Der spektroskopische Doppelstern β Aurigae z. B. gehört je nach der Stellung der Komponenten der a- oder b-Division an. l. c. Remark 56.

32*

Erste Seite der klassischen Abhandlung „Zur Strahlung der Sterne" (1905)

Hertzsprung im Alter von 30 Jahren. Selbstporträt vom 26.3.1904

Die Urania-Sternwarte in Kopenhagen zur Zeit Hertzsprungs

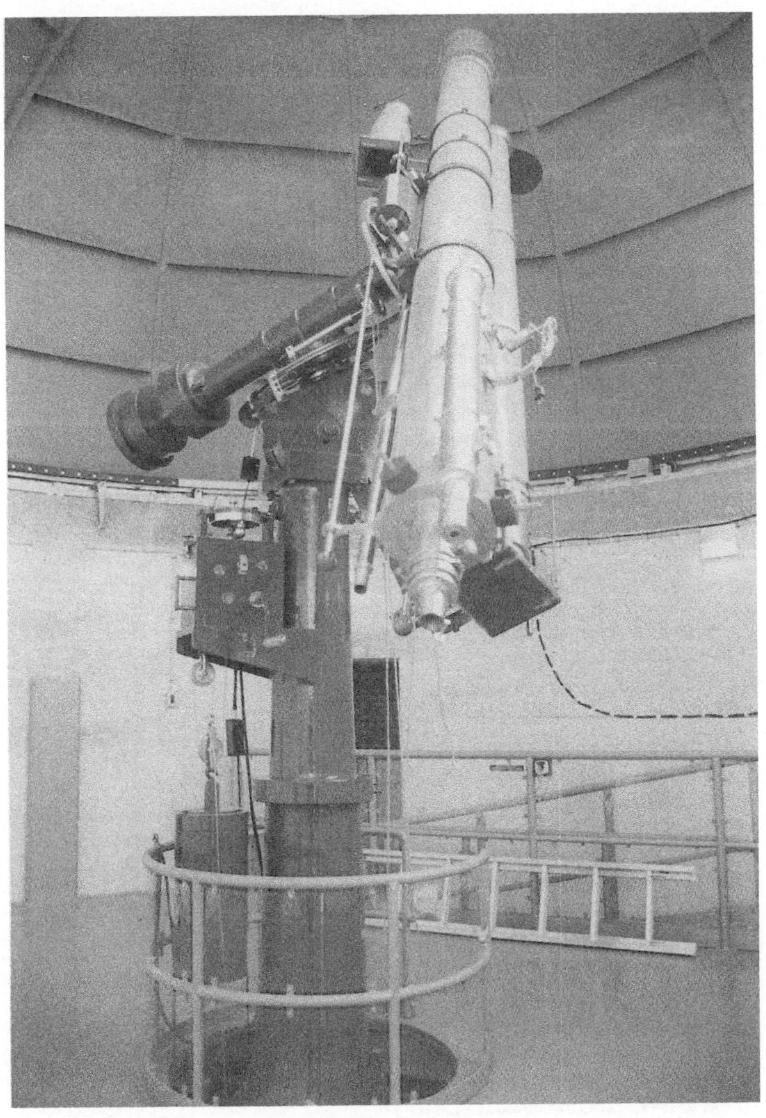

*Refraktor der Urania-Sternwarte im heutigen restaurierten Zustand
(Neue Sternwarte zu Ålborg)*

Herrn Professor Dr. K. Scharzschild   Kobenhavn 1907 okt. 16.
Göttingen

Sehr geehrter Herr Professor,

Anbei erlaube ich mir, Ihnen einen Sonderabzug meiner Notiz „Zur Best. d. phot. Sterngr." zu schicken. Ihre Bestimmung der Plejaden-Sterngrössen durch Schwärzungsmessungen wurden mir erst nachher bekannt und es ist mir deshalb eine besondere Befriedigung, dass Ihre Zahlen, wie aus der anbei gefügten Tabelle hervorgeht, denselben Gang der Differenzen gegen Potsdam zeigen als die meinigen d. h. ein Minimum der Diff. phot.–vis. etwa bei der Grösse 7 zeigen.

In den Differenzen zwischen Ihren und meinen Sterngrössen scheint ein kleiner willenförmiger Gang angedeutet zu sein.

Die Farbeneffekte bei Ihnen und mir zeigen keinen Unterschied. Für die beiden H-Sterne Bessel 8 und 25 betragen die Differenzen $m_s - m_t$ bezw. –.01 und –.01.

Den Stern Bessel 29 finden auch Sie photogr. eben merklich abweichend von den übrigen wahrscheinlich physisch zusammengehörigen gleicher vis. Sterngrösse.

Dass ich den Stern Bessel 21 so hell finde, kommt daher, dass ich den Doppelstern Gaultier 138, 139 unter eins gemessen habe.

Die Durchmessermethode scheint mir etwas unverdient in Misskreditt geraten zu sein. Dass die älteren Versuche von Scheiner und Charlier so ziemlich schlecht ausgefallen sind, kann dieses Verfahren meines Erachtens nicht fällen. Vergleichende Versuche zwischen beiden Methoden werden wohl am besten von demselben Forscher unternommen.

Zu beachten ist ja auch, dass man oft gezwungen sein wird, die Durchmessermethode zu benützen, so dass es allein aus diesem Gründe wünschenswert er=

Erster Brief von Hertzsprung an Schwarzschild (16.10.1907)

Karl Schwarzschild im Alter von 27 Jahren

Schwarzschild (links) und Hertzsprung im Professorentalar (Göttingen 1909)

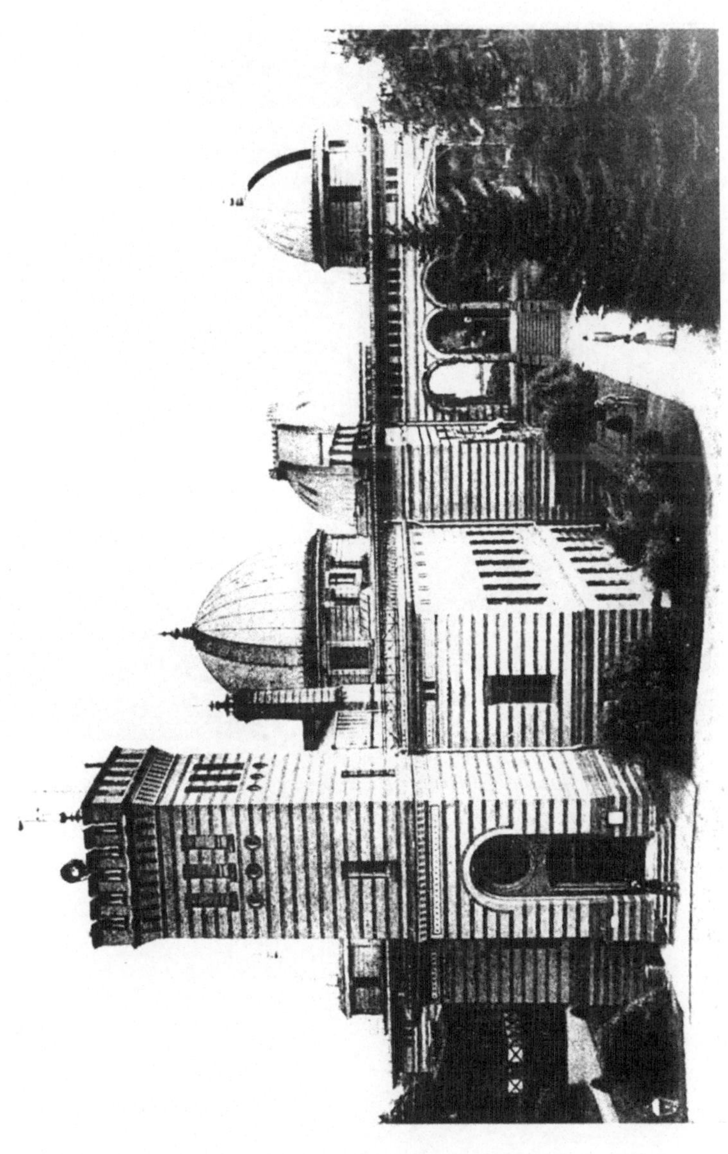

Blick auf die Kuppeln des Astrophysikalischen Observatoriums Potsdam (Ende d. 19. Jhs.)

*Hertzsprungs Gitter zur Bestimmung effektiver Wellenlängen
(Sammlung des Astrophysikalischen Instituts Potsdam)*

Henry Norris Russell

Blick auf die Kuppeln des Harvard College Observatory um 1899

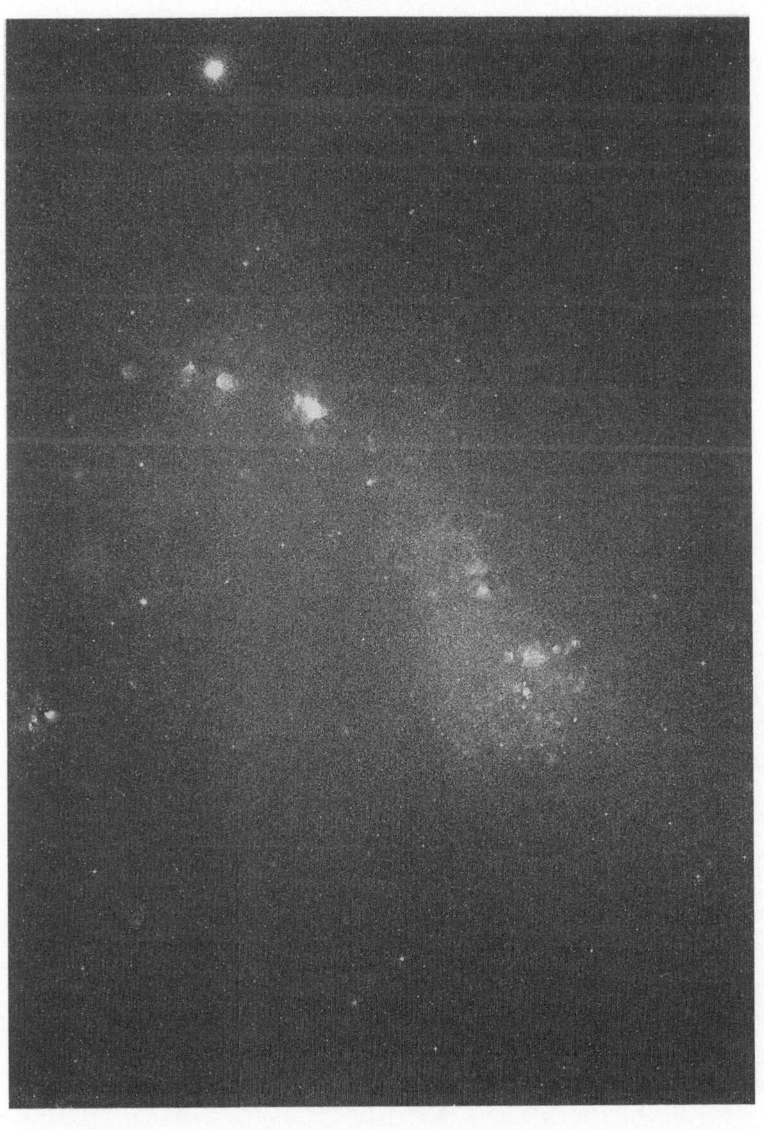

Die Kleine Magellansche Wolke am südlichen Sternhimmel, deren Entfernung Hertzsprung als erster bestimmte

Der 60 inch-Reflektor des Mt. Wilson Observatory

*Großer Refraktor (Yerkes-Refraktor) des Yerkes-Observatoriums
der Universität Chicago in Williams Bay / Wisconsin (USA).
Das Instrument verfügt mit seiner Öffnung von 102 cm
über das größte Objektiv der Welt*

Kapteyn mit seiner Tochter Henriette (Hetty), Hertzsprungs Ehefrau

*Gruppenaufnahme von Mitarbeitern und Studenten vor der Sternwarte Leiden
(Hertzsprung: 1. Reihe, 5. v. l., links daneben: J. H. Oort, rechts daneben:
W. de Sitter)*

Einstein (rechts), Eddington (2. v. l., stehend), Hertzsprung (1. v. l., stehend)
u. a. in Leiden (1923)

*E. Hertzsprung und A. S. Eddington 1932 in Cambridge (USA) anläßlich
einer IAU-Tagung (Ausschnitt aus einer Gruppenaufnahme)*

Oben:

Ejnar Hertzsprung an der holländischen Nordseeküste mit dänischer Flagge

Unten:

Hertzsprung mit seiner Tochter Rigel

Hertzsprung am Okularende des Leidener Refraktors (um 1935)

K. Aa. Strand, Hertzsprungs Schüler und Mitarbeiter (1935)

*Jan Hendrik Oort, Hertzsprungs Nachfolger als Direktor
der Sternwarte Leiden (Aufnahme 1946)*

Hertzsprungs Haus Villavej 6 in Tølløse

Hertzsprung im 74. Lebensjahr (1946)

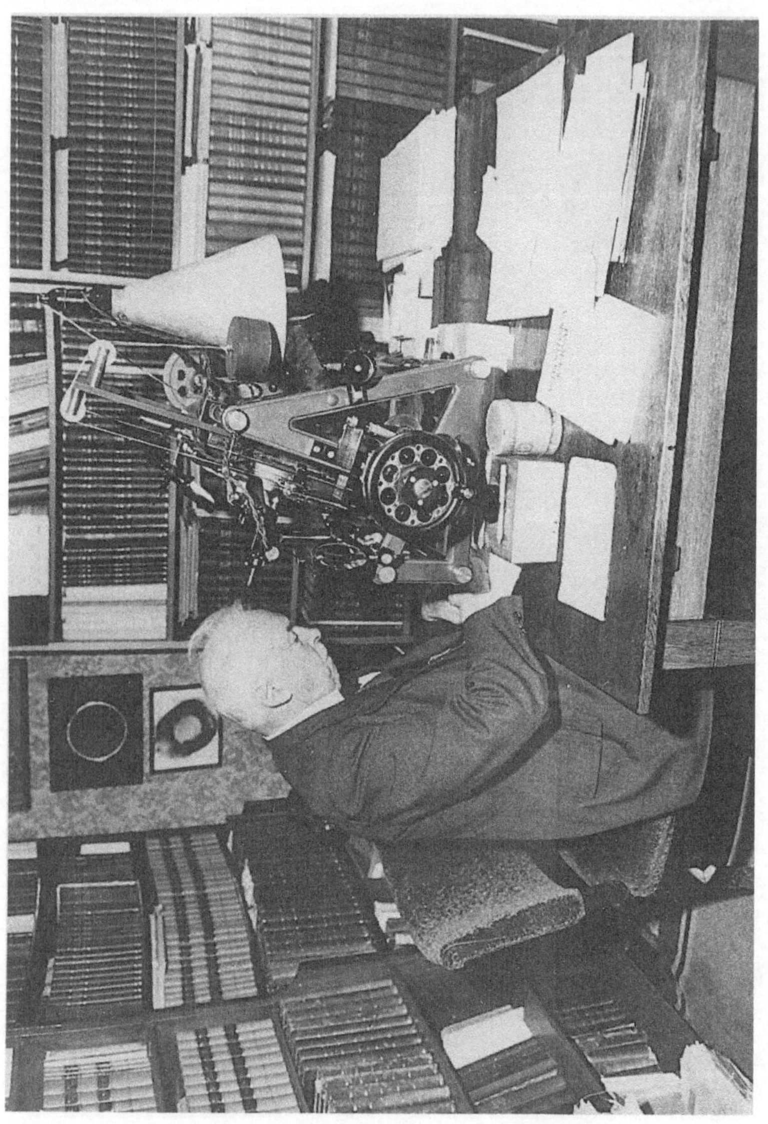

Hertzsprung an seiner Meßmaschine in Tølløse

Hertzsprung auf der Moskauer IAU-Tagung (1958) mit Stratton, Kuiper und Shapley (v. l. n. r.)

Der 86jährige Hertzsprung mit seiner Schwester Ellen in Roskilde

Ejnar Hertzsprung am 8. Oktober 1963, seinem neunzigsten Geburtstag

Bildquellen

Privatarchiv Leif Ditlevsen, Roskilde (Dänemark)

D. B. Herrmann, Berlin

Ejnar-Hertzsprung-Archiv Aarhus, Institut für Geschichte der exakten Wissenschaften der Universität Aarhus

Schwarzschild-Nachlaß, Niedersächsische Staats- und Universitätsbibliothek Göttingen

Per Barner Darnell, Rodovre (Dänemark)

Fotosammlung aus dem Nachlaß von Ejnar Hertzsprung, Det Kongelige Bibliotek København

Prof. Dr. Hans-Heinrich Voigt, Göttingen

Michael Arndt, Berlin

Prof. Owen Gingerich, Cambridge/Mass. (USA)

Prof. E. Lamla, Bonn

Privatarchiv K. Aa. Strand, Washington (USA)

Privatarchiv J. H. Oort †, Leiden (Holland)

Gemeentelijke Archiefdienst Leiden (Holland)

Prof. Dr. Kjeld Gyldenkerne, Brorfelde (Dänemark)

Prof. Dr. A. Blaauw, Groningen (Holland)

Europäische Südsternwarte (ESO), La Silla (Chile)

Reproduktionen: M. Arndt, Berlin und H. Hansen, Brorfelde (Dänemark)